자동차 정비 교과서

자동차 정비교과서

Car Maintenance & Repair Guide

카센터에서도 기죽지 않는
오너드라이버의 자동차 상식

와키모리 히로시 지음 | 김정환 옮김 | 김태천 감수

보누스

부위별 정비 색인

복잡한 메커니즘의 집합체인 자동차에는 각종 부품이 빼곡히 들어차 있다. 그런 까닭에 많은 사람들이 의외로 자동차 부품의 모양과 장착 위치를 모르는 경우가 적지 않다. 이 책에서 다루는 주요 정비 부위를 일러스트로 표시했다.

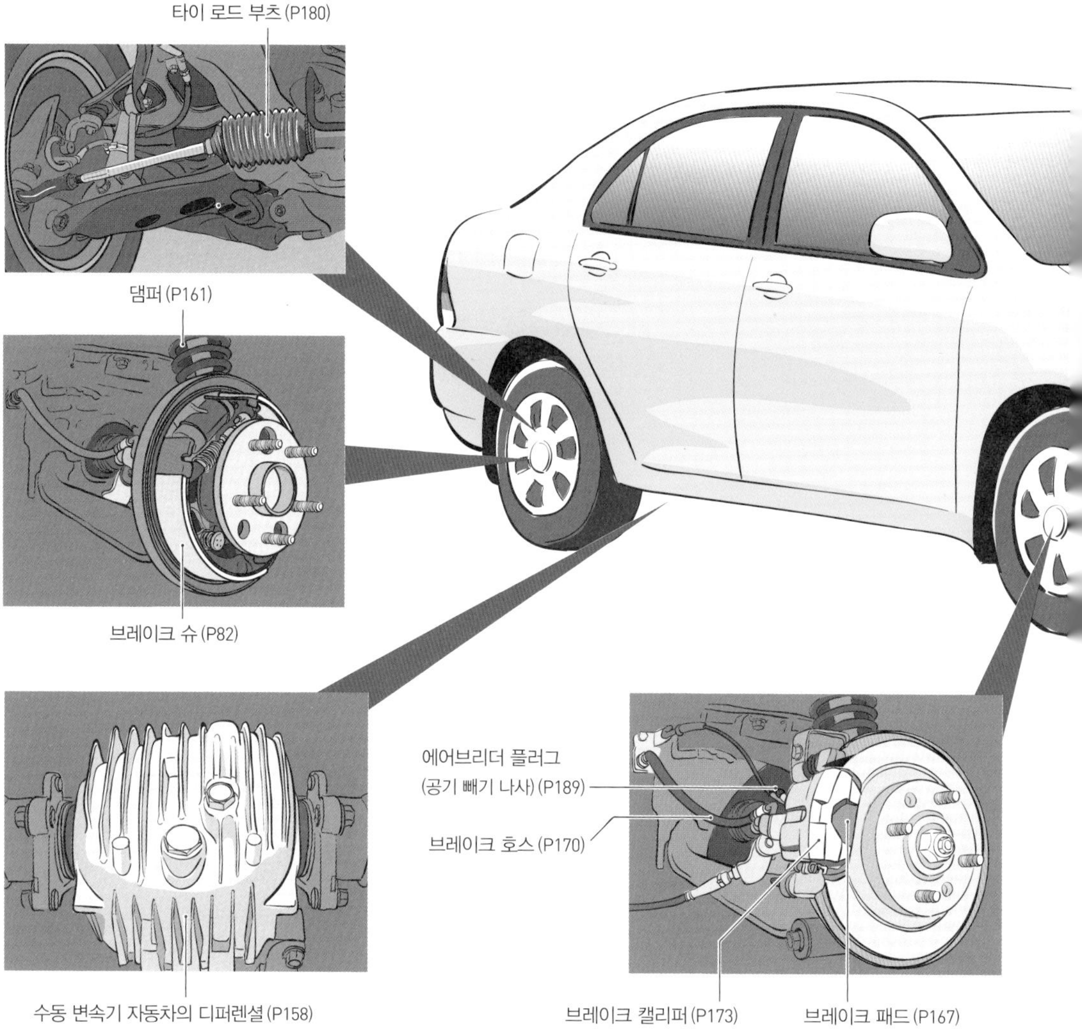

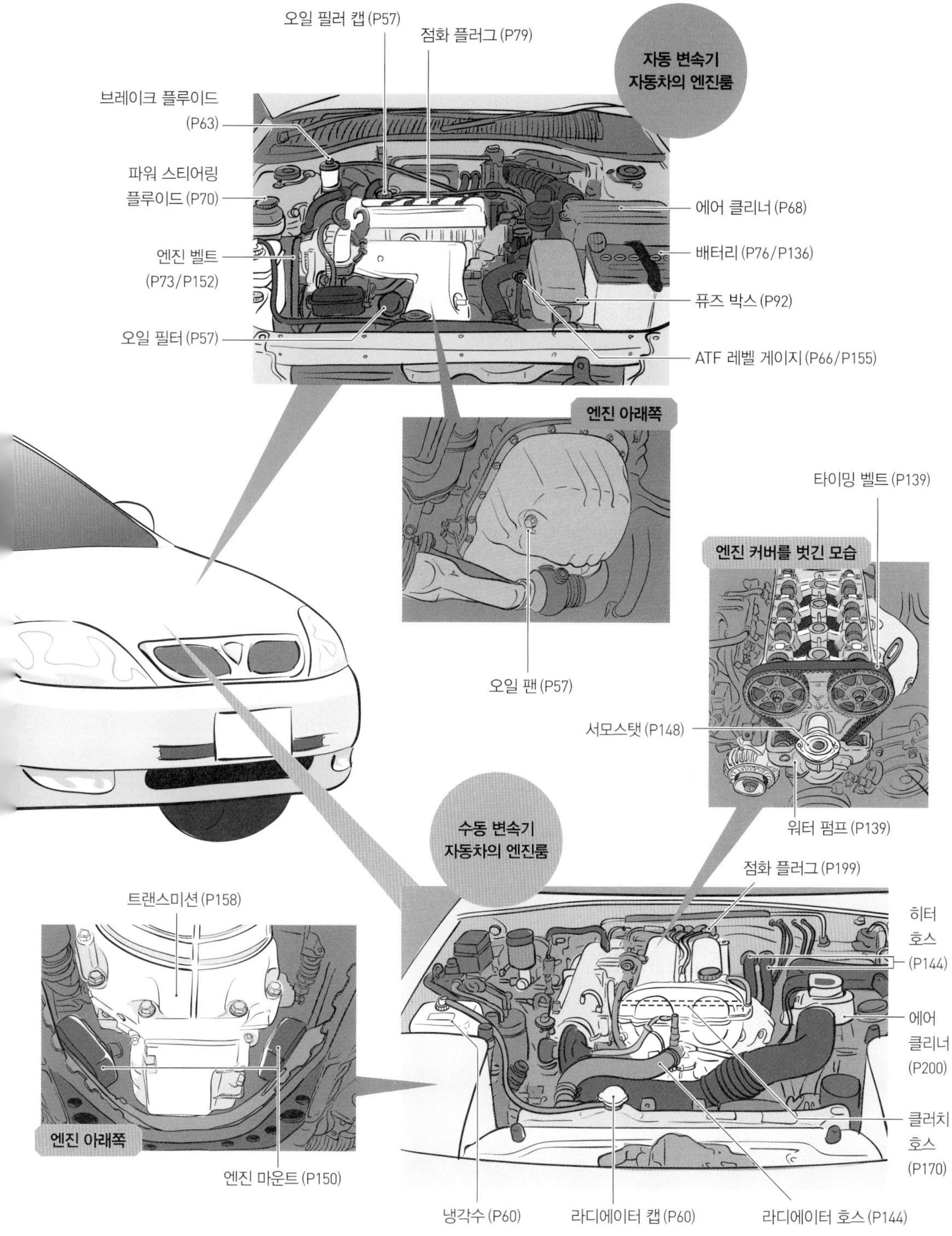
자동 변속기
자동차의 엔진룸
오일 필러 캡 (P57)
점화 플러그 (P79)
브레이크 플루이드
(P63)
파워 스티어링
플루이드 (P70)
엔진 벨트
(P73/P152)
오일 필터 (P57)
에어 클리너 (P68)
배터리 (P76/P136)
퓨즈 박스 (P92)
ATF 레벨 게이지 (P66/P155)
엔진 아래쪽
오일 팬 (P57)
타이밍 벨트 (P139)
엔진 커버를 벗긴 모습
서모스탯 (P148)
워터 펌프 (P139)
수동 변속기
자동차의 엔진룸
점화 플러그 (P199)
히터
호스
(P144)
에어
클리너
(P200)
클러치
호스
(P170)
냉각수 (P60)
라디에이터 캡 (P60)
라디에이터 호스 (P144)
트랜스미션 (P158)
엔진 아래쪽
엔진 마운트 (P150)

차례

Chapter 1
자동차의 기본 구조를 알자

Chapter 2
간단한 점검·정비를 해보자

Chapter 3

공구·화학 용품의 사용법을 알자

Chapter 4
본격적인 고난도 정비

Chapter 5
내 차를 업그레이드하자

Chapter 6
여러 문제 상황이 발생했을 때의 대처법

정비 페이지를 보는 방법

작업 시간

작업 시간은 공구나 차고의 설비 등에 따라 달라진다. 여기에서는 작업에 걸리는 대략적인 평균 시간을 표기했다.

아이콘

왼쪽의 아이콘은 이 페이지에서 설명하는 해당 부품과 부위를 나타낸다. 좀 더 자세한 정보는 4~5쪽의 부위별 정비 색인을 참조하기 바란다.

부품 총액

부품 가격은 일부를 제외하고 현대 소나타(NF/YF, 2014년 5월 7일자 가격)를 기준으로 평균가를 산출했다. 따라서 차종과 연식에 따라 차이가 있다. 참고용으로 표기했다. 인건비는 포함하지 않았다.

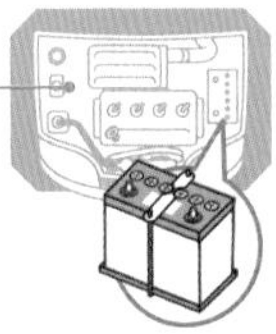

배터리의 교체

작업 시간 30분 **부품 총액** 121,000원 **사용 공구** 스패너, 복스 렌치

사진 속 신품 배터리는 순정품과 동일한 크기의 55B26L. 26센티미터의 길이는 소형 승용차 중에서는 큰 축에 속한다.

용량을 높여 성능을 강화할 수도 있다

배터리는 실용적인 일반형부터 고성능을 발휘하는 고급형까지 다양한 종류가 있으며, 교체 작업도 그리 어렵지 않다. 다만 문제는 다 쓴 배터리를 어떻게 처리하느냐다. 확실히 처리할

작업은 비교적 간단하다. 배터리를 고정하는 막대와 전극 단자를 분리하고 오래된 배터리를 차체에서 빼낸다. 그다음 신품으로 교체하고 연결해주기만 하면 된다. 탑재 공간에 여유가 있다면 더 큰 크기의 대용량 배터리로 바꿔

INDEX

Chapter 1

자동차의 기본 구조를 알자

자동차에는 수많은 기술이 고밀도로 집약되어 있다. 달리기, 방향 전환, 정지라는 3대 요소를 높은 수준으로 실현하기 위해 다채로운 부품과 첨단 기술이 사용된 자동차의 기본 구조를 살펴보자.

엔진의 종류

자동차 엔진은 일단 구조 차이에 따라 레시프로와 로터리 엔진으로 분류한다. 그리고 사용하는 연료를 기준으로 분류하면 가솔린(휘발유)과 디젤(경유)로 나눌 수 있다. 이 가운데 현재 주류는 레시프로 가솔린 엔진이며, 탑재 차종과 사용 목적에 맞춰 다양한 유형의 엔진을 생산하고 있다. 한편 최근에는 가솔린 엔진과 강력한 전기 모터를 조합해 충분한 동력을 확보하면서 고연비를 실현한 하이브리드 자동차*도 증가하고 있다.

레시프로 가솔린 엔진

오늘날 자동차용 엔진의 주류. 실린더 안을 왕복 운동(Reciprocating)하는 피스톤의 힘을 회전 운동으로 변환해 출력한다. 실린더 상부에 흡배기 밸브가 있고 그것을 정확히 움직이는 기구도 필요하기 때문에 구조가 조금 복잡하지만, 긴 역사와 더불어 기술이 꾸준히 발전한 덕분에 현재의 레시프로 엔진은 완성도가 매우 높다. 또한 카탈로그 등에서 자주 볼 수 있는 4밸브라는 용어는 실린더 하나에 흡배기 밸브의 수가 4개라는 의미다. 트윈캠(DOHC)은 밸브를 구동하는 캠샤프트(캠축)가 흡기 밸브와 배기 밸브에 각각 하나씩 2개가 있다는 뜻이다.

디젤 엔진

흡기에서 배기까지의 동작 사이클은 가솔린 엔진과 같지만 점화 플러그로 대표되는 전기 점화 장치가 없는 것이 디젤 엔진의 가장 큰 특징이다. 실린더 안으로 흡입된 공기는 가솔린 엔진의 약 1.5~2배로 압축되면서 고온이 된다. 여기에 연료를 고압 분사해 착화함으로써 폭발력을 얻는다. 이런 구조 때문에 디젤 엔진은 가솔린 엔진보다 튼튼하고 무거우며, 고회전화가 불가능하다. 하지만 저속 토크가

* 하이브리드 자동차 기존의 내연 기관(가솔린 엔진)에 전동기나 유압 모터 등 복수의 원동기를 결합해 연비 향상과 저공해를 실현한 자동차.

강력하고 상대적으로 저렴한 경유를 연료로 사용하는 만큼 경제성 또한 우수하다.

레시프로 엔진의 실린더 레이아웃

레시프로 엔진에는 피스톤의 왕복 운동을 통해 원활히 출력을 내기 위한 복수의 실린더(기통)가 사용되는데, 그 수와 배열 방식이 엔진의 크기와 무게, 자동차의 주행감이나 조작성에도 영향을 끼친다. 정비성도 실린더의 배열에 따라 크게 차이가 난다.

직렬 엔진

복수의 실린더를 직렬로 나열한 레이아웃의 엔진. 가장 일반적인 배열로, 흡배기 기구가 일렬로 모여 있기 때문에 구조가 단순하다. 그래서 대부분의 레시프로 엔진이 이 방식으로 만들어진다. 직렬 4기통이 가장 많지만 국내 경차 중 일부는 직렬 3기통이다. 고급 승용차는 좋은 주행감을 위해 직렬 6기통 엔진을 탑재하는 경우가 많다.

레시프로 가솔린 엔진 단면도

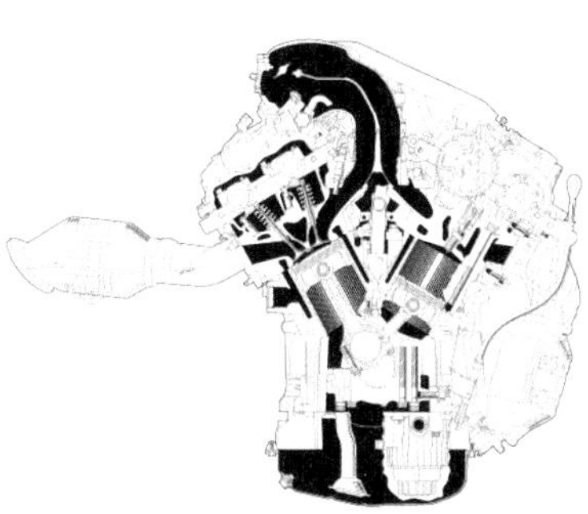

자동차용 엔진으로 가장 많이 채용되고 있는 레시프로 가솔린 엔진. 현재 많은 엔진이 DOHC 방식으로 만들어지고 있다.

디젤 엔진 단면도

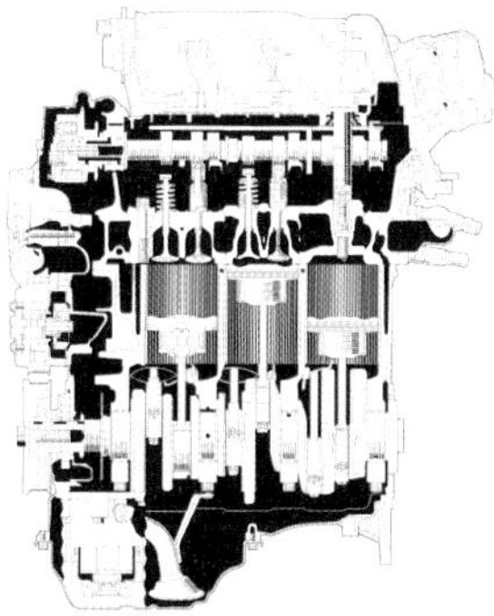

디젤 엔진은 강력한 저속 토크와 우수한 경제성이 특징이다. 예전에는 상용차나 버스, 트럭 등에 주로 탑재되었으나 요즘에는 승용차에도 많이 사용된다.

V형 엔진

직렬 엔진은 흡배기 기구가 간결하게 모여 있는 반면에 실린더의 수를 늘리면 엔진이 길어져 공간을 많이 차지한다. 그래서 회전축의 방향에서 볼 때 V자가 되도록 실린더를 좌우로 교차 배열한 것이 V형 엔진이다. 6기통일 경우는 3기통 엔진 2기를 합쳐놓은 듯한 모양이 되기 때문에 흡배기 계통이 복잡해지지만, 차량에 탑재할 때 엔진의 길이를 줄일 수 있다.

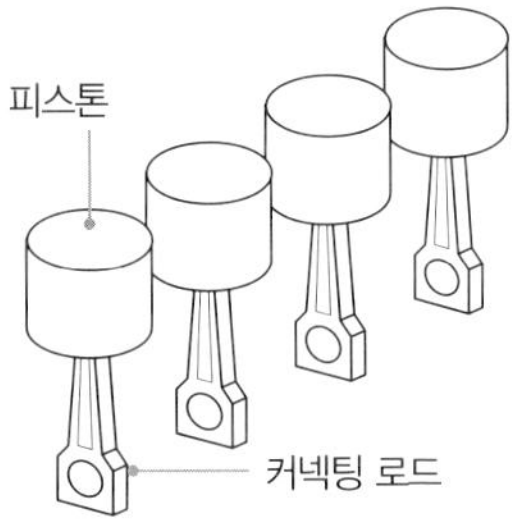

직렬 엔진
실린더가 일렬로 나열된 가장 기본적인 구조. 직렬 4기통 엔진은 구조가 간단하기 때문에 많은 차종에서 사용한다.

수평 대향 엔진

V형 엔진의 좌우 실린더열(뱅크) 각도를 더욱 벌려서 수평으로 만든 엔진. 엔진의 폭은 넓어지지만 중량이 무거운 엔진의 무게중심이 낮아지기 때문에 차량의 주행 안정성을 향상하는 데에 이점이 있다.

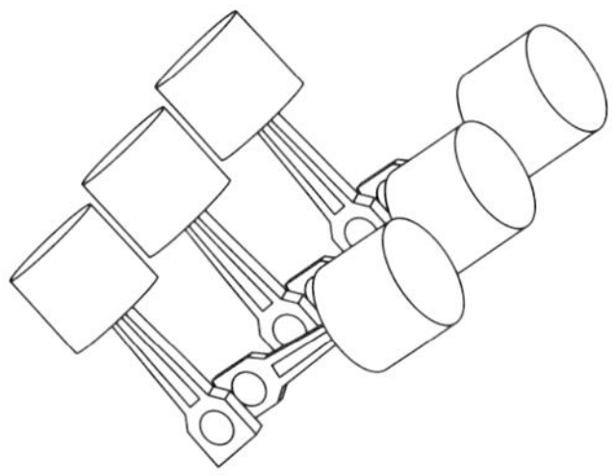

V형 엔진
실린더를 2열로 나눠서 V자 모양으로 배치한 레이아웃. 엔진의 길이를 줄일 수 있다는 이점이 있다.

최근 고급차에 많이 탑재하는 V6 엔진.

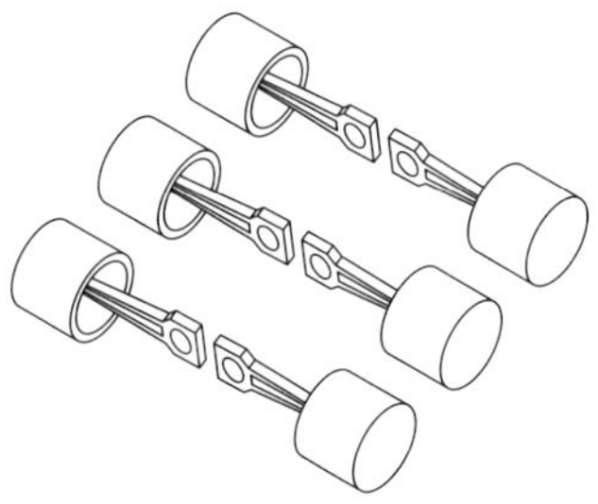

수평 대향 엔진
좌우의 뱅크 각을 수평으로 만든 배치. 피스톤은 수평 방향으로 왕복 운동한다.

엔진의 구조와 작동 원리

엔진의 주요 명칭

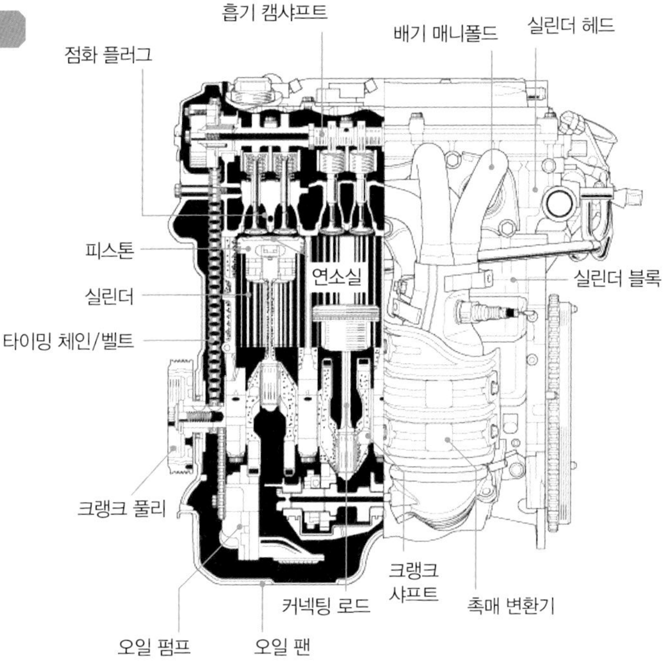

엔진 단면도

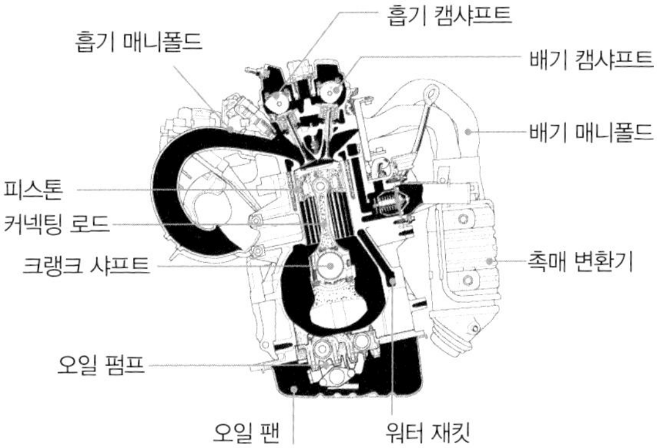

레시프로 엔진의 주요 구조

엔진의 중핵이 되는 실린더 블록은 현재 대부분이 가벼운 알루미늄으로 만들어진다. 그 내부에서 왕복 운동을 하는 피스톤의 폭발력을 전달하는 것이 커넥팅 로드로, 실린더 블록 하부에 있는 크랭크 샤프트(크랭크축)와 함께 왕복 운동을 회전 운동으로 변환해 출력한다.

실린더 헤드의 아래쪽에는 흡배기 밸브를 갖춘 연소실이 있다. 또 위쪽에는 타이밍 벨트나 체인 등으로 구동되는 캠샤프트*가 있는데, 트윈캠의 경우 흡기와 배기에 각각 하나씩 있다. 캠 하나로 구동하는 OHC*는 로커암이라는 지레 같은 부품으로 밸브를 민다.

연료 계통

에어 클리너에서 투과된 공기가 에어 덕트(air duct, 공기 통로)를 지나 에어 플로 미터에서 유입량이 계측된 뒤 실린더 안으로 흡입된다. 여기에 흡기 매니폴드(manifold)*에 부착된 인젝터가 직접 고압으로 연료를 분사함으로써 혼합기를 만드는 전자 제어 연료 분사 방식이 현재 주류이다. 카뷰레터(carburetor)는 흡입 공기의 부압을 이용해 분무기의 원리로 공기와 연료를 섞어 혼합기를 공급한다.

점화 계통

점화 계통은 엔진 속으로 ①흡입된 혼합기가 상승하는 피스톤에 ②압축되면 불을 붙이는 역할을 한다. 각 기통의 점화 타이밍을 관장하는 디스트리뷰터(Distributor : 배전기) 또는 12볼트의 전원을 이용해 불꽃을 일으킬 수 있도록 고전압으로 승압하는 점화 코일을 이용한다.

연소실에서 ③폭발해 피스톤에 힘을 완전히 전달한 혼합기는 ④배기가스가 되어 배기 매니폴드*로 유도된다. 이후 배기가스는 촉매를 통해 정화되고 머플러에서 소음이 줄어든 뒤 테일 파이프를 통해 배출된다.

냉각 계통 / 윤활 계통

실린더 블록 안에 설치된 워터 재킷*을 통과하는 냉각수는 뜨거워지기 마련이다. 이때 냉각 계통은 라디에이터를 통해 냉각수의 열을 밖으로 내보면서 엔진이 원활하게 돌아갈 수 있는 온도를 유지한다. 윤활 계통은 오일 펌프를 이용해 오일을 엔진의 각 부분에 압송(壓送)한다. 이는 회전부나 접동부(마찰이 일어나는 부분)의 유막이 사라지는 것을 방지한다.

흡배기 밸브의 구동에는 타이밍 벨트가 많이 사용되었지만 현재는 끊어질 우려가 없는 금속 체인으로 바뀌고 있다.

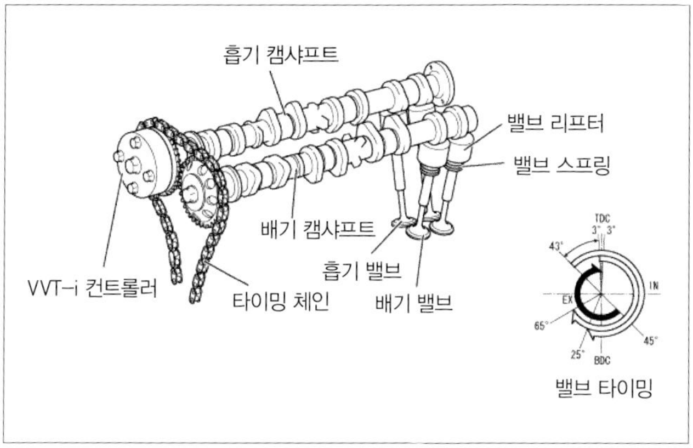

예전에는 흡배기 밸브의 개폐 타이밍이 속도와 상관없이 똑같았지만, 요즘 엔진들은 회전수에 맞춰 밸브의 개폐 시기를 바꿀 수 있는 엔진들이 대부분이다. 게다가 흡기뿐만 아니라 배기 밸브의 개폐 시기까지 제어한다.

레시프로 4사이클의 작동 행정

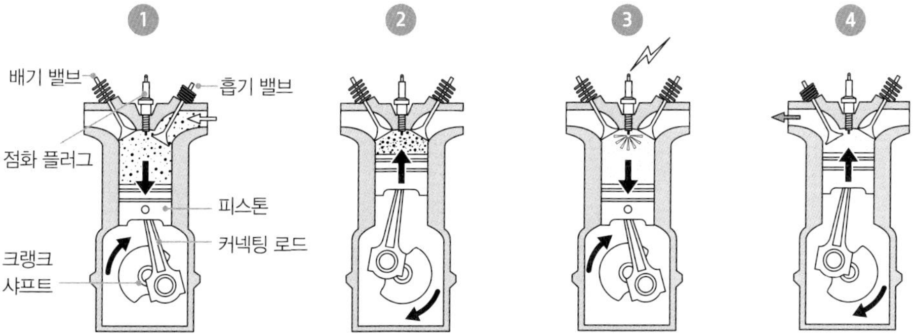

① **흡기 행정 :** 흡기 밸브가 열리고 피스톤이 하강하면서 혼합기가 흡입된다.
② **압축 행정 :** 흡기와 배기 밸브가 모두 닫히고 피스톤이 상승해 혼합기를 압축한다.
③ **폭발·팽창 행정 :** 압축된 혼합기에 점화 플러그로 불을 붙인다. 피스톤이 힘차게 밀려 내려간다.
④ **배기 행정 :** 배기 밸브가 열리고 피스톤이 상승하면서 연소를 마친 가스가 배출된다.

＊ 캠샤프트 엔진의 힘으로 회전하며 흡배기 밸브를 캠으로 미는 기능을 한다. 축의 중심을 기준으로 정원이 아닌 타원형 축이 밸브와 맞닿는 지점에 순차 나열된 부품.

＊ OHC 오버헤드 캠샤프트(OverHead Camshaft)의 약자. 캠샤프트가 실린더 헤드의 정수리 부분에 있는 엔진으로, 종류에 따라 SOHC (Single OverHead Camshaft) 또는 DOHC(Double OverHead Camshaft)라고 표기한다.

＊ 흡기/배기 매니폴드 엔진에서 가장 가까운 곳에 있는 흡기 다기관과 배기 다기관을 가리킨다.

＊ 워터 재킷 실린더 블록 등에 설치된 냉각수의 통로. 실린더 옆을 지나면서 뜨거워진 냉각수는 라디에이터를 통과하면서 열을 대기 중으로 방출한다.

구동 방식과 엔진 레이아웃

자동차가 주행하기 위해서는 회전력을 만들어내는 엔진과 변속을 하는 트랜스미션, 바퀴까지 구동력을 전달하는 파워 트레인(Power train : 동력 전달 계통에 있는 여러 구성품들) 등이 있어야 한다. 이러한 부품들을 차체의 어느 부분에 배치하느냐에 따라 자동차의 성능과 성격, 운전 편의성 등이 크게 달라진다. 자동차의 기본 성능을 좌우하는 구동 방식과 엔진 레이아웃에 대해 알아보자.

Front Engine Front Wheel Drive

현재 승용차의 주류는 엔진을 차체의 앞쪽에 배치하고 앞바퀴를 구동해 주행하는 FF 방식이다. 엔진에서 구동 바퀴인 앞바퀴까지의 거리가 가깝기 때문에 변속기 또는 기어 박스를 간결하고 효율적으로 배치할 수 있어 실내 공간을 넓게 확보할 수 있다는 이점이 있다. 반

FR 방식을 채택한 6기통 엔진의 구동 계통. 엔진의 출력을 AT(Automatic Transmission, 자동 변속기)로 변속한 뒤 프로펠러 샤프트로 전달해 뒷바퀴를 구동한다.

면 엔진룸 안에 여러 부품들이 조밀하게 들어가는 탓에 앞뒤 바퀴의 중량 배분이 앞쪽으로 치우친 프런트 헤비(front heavy)*가 된다. 그뿐만 아니라 앞바퀴로 조향하기 때문에 뒷바퀴에 비해 부담이 크고 타이어의 마모도 빠르게 진행된다는 단점이 있다. 거의 대부분의 FF 자동차가 엔진을 가로로 탑재하며, 여러 부품이 함께 있어 엔진룸이 협소하기 때문에 상대적으로 정비가 용이하지 않은 차종이 많다.

Front Engine Rear Wheel Drive

차체 앞쪽의 보닛 안에 엔진을 세로로 탑재하고 트랜스미션을 거쳐 프로펠러 샤프트로 뒤쪽까지 회전력을 전달한 다음 디퍼렌셜 기어(커브 주행을 할 때 생기는 좌우 바퀴의 회전차/주행 거리차를 흡수하는 역할을 하는 부품)로 힘을 좌우에 분배해 뒷바퀴를 구동한다. 1970년대 후반까지 대부분의 차종이 선택한 방식이었지만, 공간 효율이 우수한 FF 방식이 대두되자 외면받기 시작했다. 현재는 대형 승용차나 스포츠카 등에 쓰인다. 예전에 비해 적용 차종이 줄었다. 조타는 앞바퀴, 구동은 뒷바퀴가 담당한다. 이처럼 역할 분담이 명확해 자연스러운 조타감을 얻을 수 있으며 앞뒤 바퀴의 중량 배분도 균일하게 맞출 수 있는 특징이 있다.

4 Wheels Drive

FF나 FR 등 다른 구동 방식이 앞바퀴나 뒷바퀴 중 한쪽만을 구동해 주행하는 데 비해 4WD는 그 이름처럼 네 바퀴에 구동력을 전

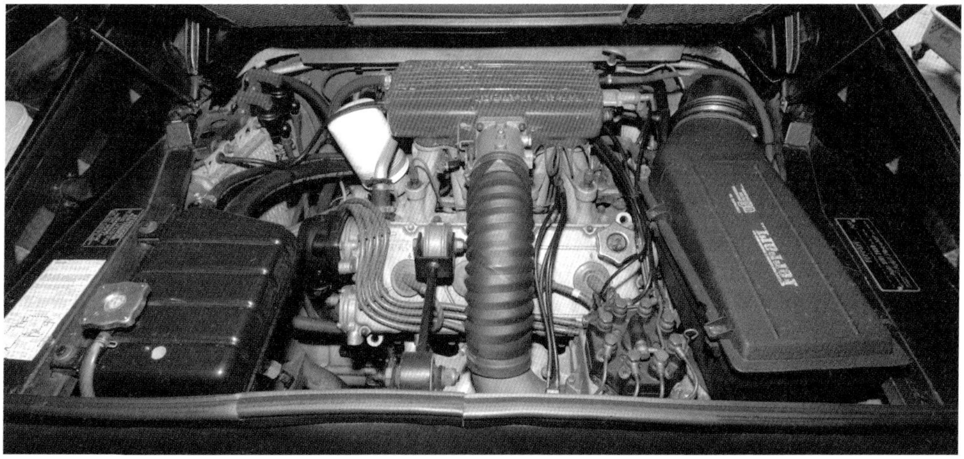

페라리의 미드십 엔진

달한다. 그런 까닭에 미끄러운 길이나 고르지 않은 길을 달리는 능력이 우수하다는 특징이 있다. 4WD는 FF과 FR 중 어느 것을 베이스로 삼아도 상관이 없지만, 변속기를 거친 출력을 앞뒤 바퀴에 분배하는 트랜스퍼(transfer)* 등의 부품이 추가되고 프로펠러 샤프트도 필요하다. 따라서 2WD에 비해 무거울 수밖에 없어 연비 측면에서는 불리하다.

또 유지 보수도 2WD에 비해 어렵다. 4WD에는 항상 네 바퀴 모두를 구동하는 풀타임 4WD와 평소에는 2WD로 주행하다 필요할 때만 4WD로 전환할 수 있는 파트타임 4WD가 있다. 현재는 전자 제어를 이용해 최적의 상태로 앞뒤 바퀴에 구동력을 전달하는 풀타임 4WD가 주류이다.

Rear Engine Rear Wheel Drive

차체의 뒤쪽에 엔진을 탑재하고 뒷바퀴를 구동해 주행하는 방식이다. 구동을 위한 기구가 전부 뒤쪽에 집중되어 있기 때문에 FF와는 반대로 리어 헤비(rear heavy)*가 되지만, 조향과 관련된 힘은 걸리지 않으므로 FF만큼 구동 바퀴에 부담을 주지는 않는다. 과거의 폭스바겐 비틀이나 포르쉐가 대표적인 RR 차종이지만 많은 차종에 사용되지는 않았다. 엔진이나 구동 계통이 후방에 집중되어 있기 때문에 정비성은 그다지 좋지 않다.

Midship Engine Rear Wheel Drive

앞뒤 바퀴 사이의 차체 중심과 최대한 가까운 위치, 즉 실제로는 운전석 후방에 엔진과 변속기를 설치하고 뒷바퀴를 구동하는 방식. 차 무게가 차체 중심에 집중되어 균형감이 있고 운동 성능이 우수하지만, 실내 공간이 극단적으로 제한을 받기 때문에 빠른 운전을 즐기는 스포츠카에 이 방식을 주로 사용한다. 엔진 탑재 방식은 세로와 가로, 두 가지가 있다.

* 프런트 헤비/리어 헤비 프런트 헤비는 차의 앞부분이, 리어 헤비는 차의 뒷부분이 무거운 상태를 의미한다. 중량의 균형이 한쪽으로 치우치면 자동차의 운동 성능에 영향을 끼친다.

* 트랜스퍼 4WD 자동차의 앞뒤 바퀴에 구동력을 분할하는 장치.

구동 계통의 구조

엔진이 만들어낸 힘을 자동차의 주행 상황에 적합한 회전수와 힘으로 변환해 타이어까지 전달하는 것이 구동 계통의 역할이다. 변속기와 디퍼렌셜 기어, 드라이브 샤프트 등으로 구성되며, 구동 계통의 부품은 전부 튼튼하게 만들어진다.

변속기는 크고 작은 기어를 조합해 엔진이 만든 힘과 회전수를 변환하는 장치다. 발진이나 저속 주행을 할 때는 출력축의 회전수가 낮은 기어를 선택해 힘을 크게 하고, 속도가 상승할수록 회전수가 높아지는 기어를 순차적으로 선택한다. 수동 변속기의 경우, 발진할 때 힘을 천천히 전달하고 기어를 바꿀 때 엔진에서 전달되는 힘을 일시적으로 차단하기 위해 클러치가 변속기의 앞에 설치되어 있다. 변속기에서 디퍼렌셜까지는 프로펠러 샤프트*를 통해 동력이 전달된다.

자동 변속기는 그 이름처럼 자동으로 기어

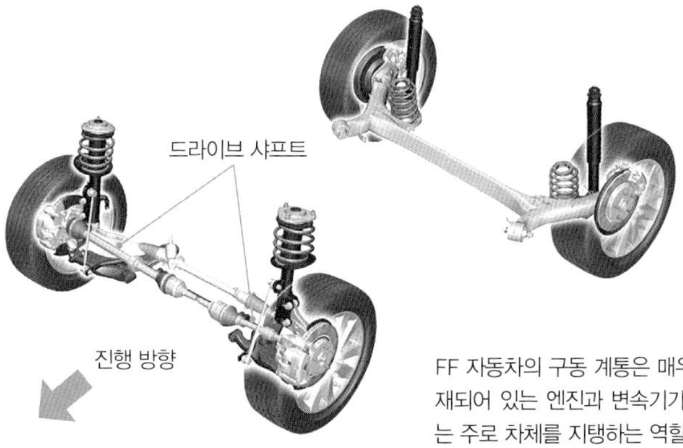

FF 자동차의 구동 계통은 매우 간단하다. 그림에는 없지만 앞바퀴 사이에 탑재되어 있는 엔진과 변속기가 양옆에 있는 바퀴를 구동해 주행한다. 뒷바퀴는 주로 차체를 지탱하는 역할을 한다.

* 프로펠러 샤프트 차체의 앞뒤 방향으로 설치되어 있는 구동력 전달축. FR 자동차나 4WD 자동차는 이 프로펠러 샤프트가 있기 때문에 실내 바닥의 중앙부가 불룩 솟아올라 있다.

를 바꿔주는 변속기다. 클러치 대신 한 쌍의 날개(Impeller)와 ATF(Automatic Transmission Fluid)로 엔진의 회전력을 전달한다. 토크 컨버터를 설치하는 동시에 변속기의 기어 전환도 자동화했다. 최근의 자동 변속기는 전자 제어가 기본이어서 제어의 세밀함이 크게 향상되었으며, MT(Manual transmission : 수동 변속기)와 같은 조작감의 변속 모드를 갖춘 변속기가 일반적이다.

트랜스미션에 전달된 출력은 디퍼렌셜 기어를 경유해 드라이브 샤프트를 거쳐 휠로 전달된다.

FF 자동차의 구동 계통

FF 자동차는 엔진이 차체 앞쪽에 탑재되고 앞바퀴를 구동하는 방식이기 때문에 구동 계통이 매우 간결하다. 엔진의 힘은 바로 옆에 있는 트랜스 액슬*에 전달되어 그 내부에서 모든 변속 조작이 이루어진다. 디퍼렌셜 기어를 경유해 좌우로 분배된 회전력은 드라이브 샤프트를 통해 휠에 전달된다. 엔진을 가로로 탑재할 경우 크랭크 샤프트에서 구동축까지 전부 방향이 같아 회전력의 방향을 전환할 필요가 없다는 이점이 있다.

FR 자동차의 구동 계통

FR 자동차의 경우, 차체 앞쪽에 세로로 탑재된 엔진과 변속기의 출력을 차체 밑에 있는 프로펠러 샤프트로 전달한다. 그리고 뒷바퀴 축의 디퍼렌셜 기어 부분에서 힘의 방향을 90도 변환한 뒤 좌우의 드라이브 샤프트를 통해 휠을 구동한다.

4WD 자동차의 구동 계통

4WD 자동차의 구동 계통은 FF와 FR을 조합한 것 같은 구조다. FF 자동차가 베이스인 4WD는 FF의 구동 계통에 FR의 구동 계통을, FR 자동차가 베이스인 4WD는 FR의 구동 계통에 FF의 구동 계통을 추가한 형태이다. 일반적으로 변속기를 거친 동력은 트랜스퍼 케이스가 앞뒤 바퀴로 분배한다.

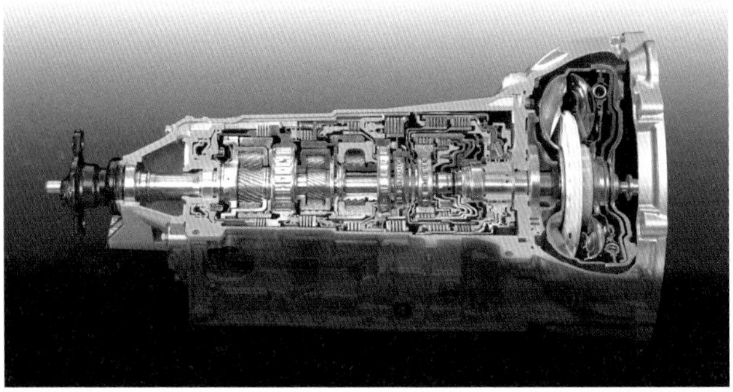

자동 변속기의 단면도. 오른쪽에서부터 전달된 엔진의 힘이 토크 컨버터를 통해 회전력이 증폭된 뒤 왼쪽의 변속기에서 변속되어 출력된다.

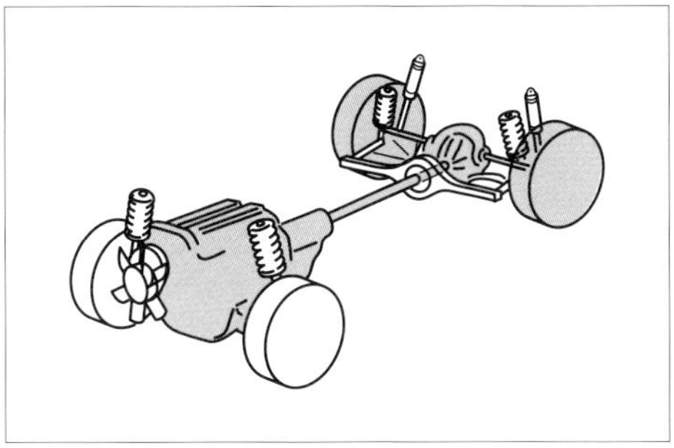

FR 방식은 메커니즘의 관점에서 볼 때 가장 무리가 없는 구조다. 세로로 배치한 엔진에서 발생한 힘은 트랜스미션을 지나 긴 프로펠러 샤프트로 이어진다. 그리고 뒷바퀴의 축에 있는 디퍼렌셜이 구동력을 좌우로 분배한다. FR 방식은 앞바퀴가 조향, 뒷바퀴가 구동 역할을 맡는다.

차체 밑에 사다리꼴 프레임(Ladder frame) 섀시가 있는 4WD 자동차는 그곳에 구동 계통이나 서스펜션을 부착한다.

디퍼렌셜의 작동 원리

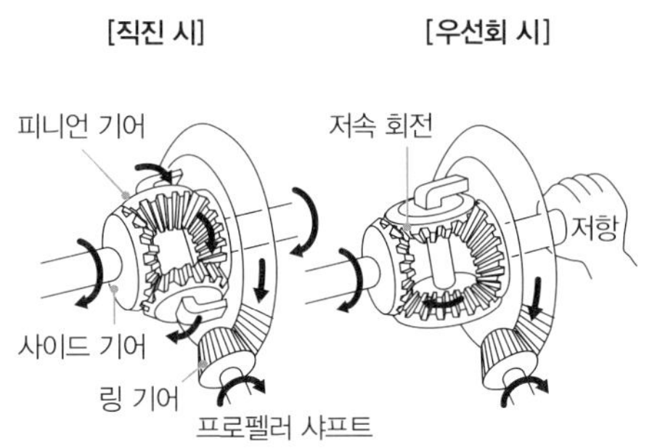

디퍼렌셜 기어는 좌우 바퀴를 연결하는 사이드 기어와 링 기어 그리고 2개의 피니언 기어를 조합한 구조다. 직진을 할 때는 사이드 기어와 피니언 기어가 일체화된 상태로 회전하지만, 선회를 할 때 한쪽 바퀴가 저항을 받으면 피니언 기어가 사이드 기어를 따라 회전해 좌우 바퀴에 회전 차이를 준다.

토크 컨버터의 구조

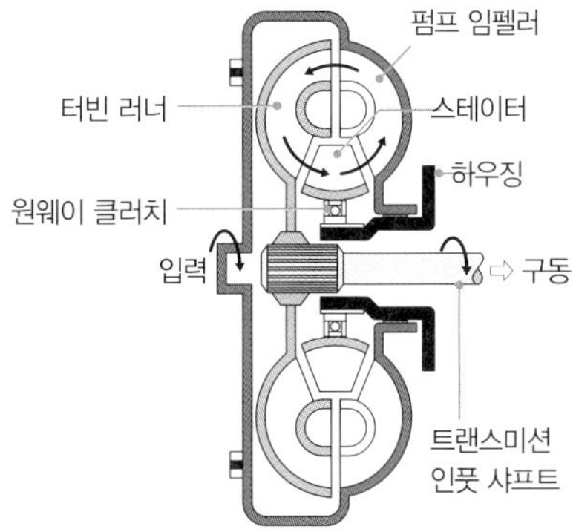

자동 변속기의 토크 컨버터는 2개의 날개를 마주보게 한 것 같은 구조다. 엔진의 힘으로 펌프 임펠러가 회전하면 내부에 가득 찬 ATF가 터빈 러너에 힘을 전달한다. 그 안쪽에는 한 방향으로만 회전하는 작은 날개가 달린 스테이터라는 부품이 있어서 회전력을 증폭하는 역할을 한다.

---

* 트랜스 액슬(Trans axle) 변속기와 디퍼렌셜 기어를 일체화한 유닛.

서스펜션의 종류와 구조

서스펜션은 4개의 타이어를 항상 노면에 접지시켜 차체의 안정을 유지하면서 조향과 구동력 전달을 담당한다. 사람에 비유하면 발바닥을 정확히 지면에 접촉시키고 몸을 안정적으로 지탱하면서 민첩하게 움직이는 허리 아래의 뼈와 관절, 근육 등에 해당한다고 할 수 있다. 구성 부품은 휠의 바퀴를 지지하는 각종 암(arm) 또는 링크, 차체를 지지하는 동시에 노

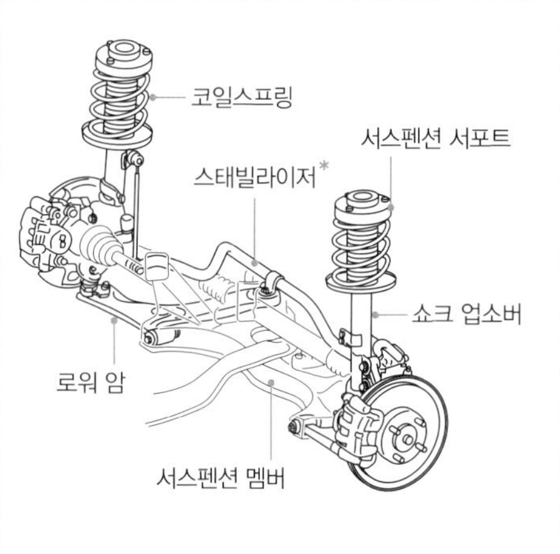

스트럿 서스펜션은 구조가 단순한 것이 특징이다. FF 자동차의 프런트 서스펜션에 폭넓게 쓰인다.

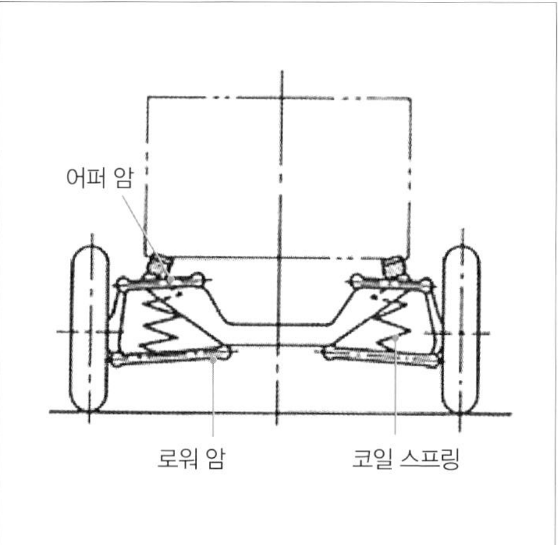

더블 위시본은 두 갈래로 갈라진 형태의 암을 상하에 배치한 구조다. 고급차나 스포츠형 자동차, 4WD의 리어 서스펜션 등에 많이 쓴다.

* 스태빌라이저(stabilizer) 좌우 바퀴를 토션 바(비틀린 막대 형식의 스프링) 등으로 연결해 바퀴의 자세를 안정시키는 장치.

* 고무 부싱(rubber bushing) 서스펜션 암 등의 축 부분에 부착하는 고무 완충재. 노면에서 전달되는 충격이나 진동을 완화하는 역할을 한다.

면에서의 충격을 완화하는 스프링, 서스펜션의 움직임을 빠르게 조절하는 댐퍼(또는 쇼크 업소버) 등이다. 각 요소의 지지부와 장착부에는 고무 부싱*을 비롯한 부품을 사용해서 승차감을 높였다. 이런 구성 부품들 가운데 특히 암 또는 링크의 모양과 배치에는 다양한 유형이 있어서 이에 따라 여러 가지 서스펜션 형식이 있다.

스트럿

스트럿(strut)은 구성이 단순해서 가장 많은 차종에 쓰이는 서스펜션 형식이다. 하부의 로워 암이 바퀴의 전후와 가로 방향 움직임을 제어하고, 상단이 차체에 고정된 댐퍼와 스프링의 상하 방향을 지탱하는 구조다. 별다른 특징은 없지만 경쾌한 스티어링 휠링이 요구되는 자동차에 사용되는 경향이 강하다. 댐퍼와 스프링이 실내 쪽으로 튀어나오는 구조라서 프런트 서스펜션에 적용할 때가 많지만, 리어 서스펜션에 사용한 4륜 스트럿 자동차도 적지 않다.

더블 위시본

위시본(wishbone)은 두 갈래로 갈라진 새의 가슴뼈를 의미한다. 더블 위시본은 새의 가슴뼈처럼 두 갈래로 갈라진 암이 상하에 2개씩 배치된 서스펜션으로, 댐퍼와 스프링은 로워 암과 차체 사이에 설치되어 있다. 더블 위시본 방식의 이점은 타이어가 노면에 밀착되는 접지력이 우수하다는 것이다. 이 때문에 스티어링 휠링을 중시하는 스포츠형 자동차에 많이 쓰인다. 강성이 높아서 4WD의 리어 서스펜션에도 많이 사용된다.

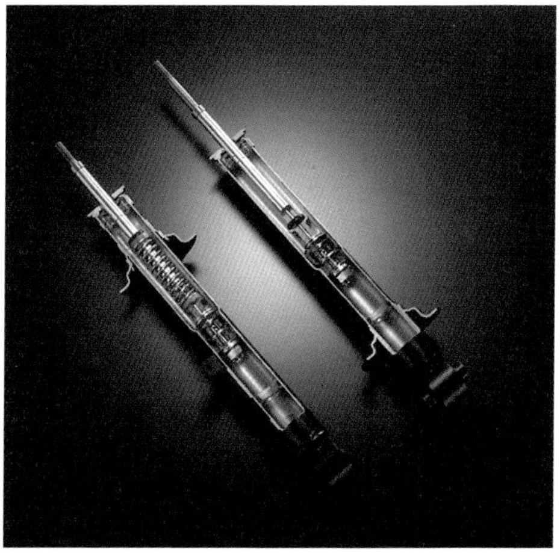
모노튜브(단통) 댐퍼를 자른 모습. 모노튜브 방식은 미세한 진동을 잘 흡수하는 특징이 있다.

전자 제어 에어 서스펜션의 서스펜션 유닛. 댐퍼 상부에 공기실이 있어서 펌프로 불어넣는 공기의 양을 달리해 스프링의 강도와 차고를 조절할 수 있다.

토션 빔

FF 자동차의 리어 서스펜션에 많이 쓰는 서스펜션 형식. 비틀림을 방지하는 구조재의 양쪽 끝에 좌우 바퀴를 배치했다. 좌우의 휠은 반대쪽 바퀴의 움직임과 연동하면서도 빔이 비틀림에 따라 어느 정도 독립적으로 움직인다. 구조적으로는 리지드(Rigid) 타입이지만 독립 현가에 가까운 움직임을 보이는 반독립 현가라고 해도 무방한 방식이다. 댐퍼와 스프링을 분리 배치한 차종이 많지만, 조합한 것도 있다.

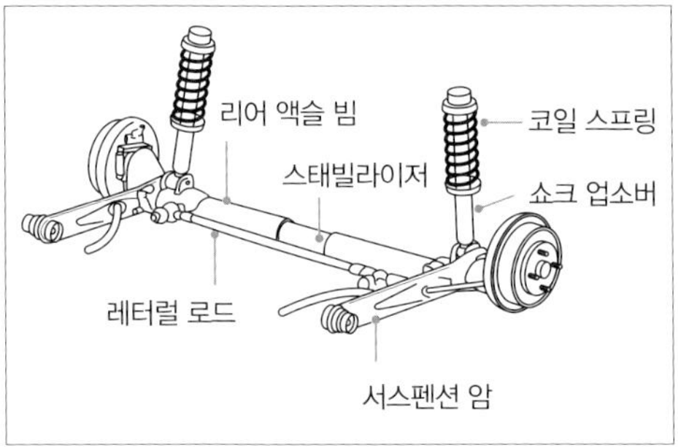

토션 빔 방식의 리어 서스펜션은 FF 자동차의 뒷바퀴에 많이 사용되는 형식이다. 비틀림을 받으면 반력(反力)을 발생시키는 토션 빔을 좌우 바퀴 사이에 설치했다. 좌우의 휠이 서로 영향을 주면서도 독립적으로 움직인다.

전자 제어 서스펜션

댐퍼와 스프링을 전자 제어로 컨트롤하는 서스펜션. 엄밀히 말하면 이것은 서스펜션 형식이 아니라 구성 부품을 컨트롤하는 방식을 뜻하지만, 댐퍼를 단독으로 조절하는 유형 외에 스프링에 금속이 아닌 에어 스프링을 이용하거나 댐퍼와 스프링의 역할을 에어 또는 유압으로 동시에 제어하는 유형도 있다. 에어 서스펜션을 쓴 자동차는 차고(車高)를 조절하는 일도 가능하다.

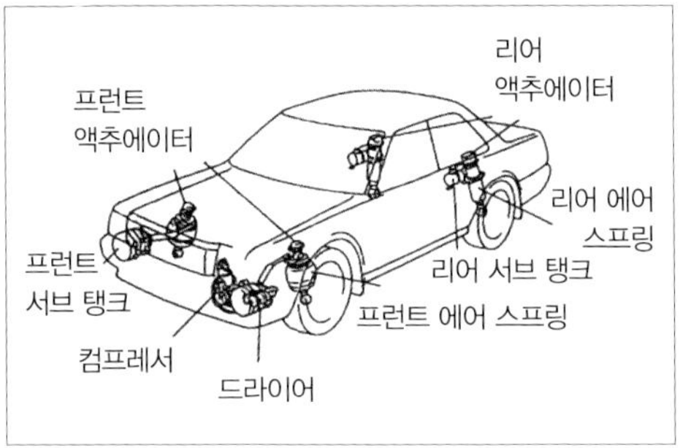

전자 제어 에어 서스펜션은 일부 고급 승용차에 쓰인다. 전자 제어를 통해 댐퍼의 감쇠력이나 에어 서스펜션에 있는 스프링의 강도까지 최적으로 조절한다.

멀티 링크

이름처럼 복수의 암 또는 로드를 배치해 바퀴의 움직임을 컨트롤하는 서스펜션이다. 다른 형식과 달리 이렇다 할 정형은 없으며, 스트럿이나 더블 위시본의 변형에 가까운 것도 적지 않다.

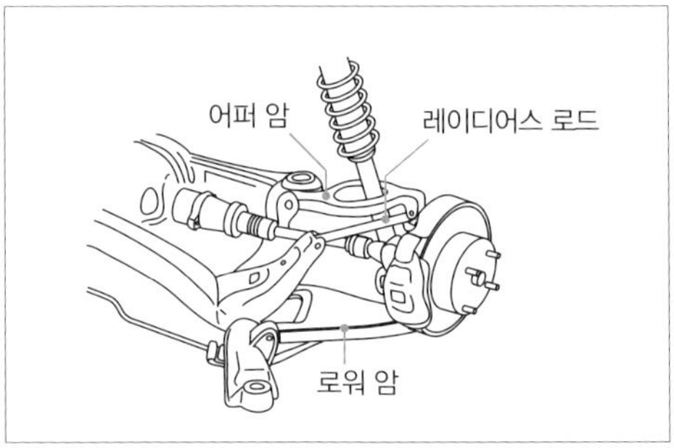

멀티 링크는 다양한 방향의 링크로 바퀴의 움직임을 컨트롤하는 구조다.

브레이크의 종류와 구조

바퀴와 함께 회전하는 디스크 로터나 드럼에 패드 혹은 슈 등의 마찰재를 압착시켜 회전 에너지를 열에너지로 변환하고 열을 대기 중으로 방출해 자동차에 제동을 거는 것이 브레이크의 역할이다.

자동차의 브레이크 시스템은 '밀폐된 액체의 일부에 힘을 가하면 액체의 다른 부분에도 같은 압력이 전달된다'라는 파스칼의 원리를 이용해 힘을 전달한다. 브레이크 페달에 가해진 답력(踏力)을 브레이크 부스터*가 증폭시켜 마스터 실린더*의 피스톤을 움직이면 액압(브레이크액을 밀어내는 힘)이 발생한다. 브레이크액을 매개체로 그 힘을 네 바퀴의 휠 실린더에 전달해 패드나 슈를 작동시켜 제동을 거는 원리다.

자동차용 브레이크는 크게 디스크와 드럼으로 나뉜다. 고급차는 4륜 디스크가 주류이지만 일반적인 경우에는 뒷바퀴에 드럼 브레이크를 많이 쓴다. 현재 기본 사양이 된 ABS는 제동 시에 바퀴가 돌지 않고 잠겨 타이어가 미끄러지는 바람에 제동 거리가 길어지는 현상을 방지한다. 이 장치는 바퀴의 잠김을 감지해 각 바퀴에 전달되는 제동 압력을 조금씩 풀어 준다. 이런 식으로 완전히 바퀴가 잠기지 않게 조절한다. 타이어가 노면에서 미끄러지지 않도록 제동력을 최적으로 조절하는 것이다.

최근에는 전자 제어 시스템으로 브레이크와 구동력을 적극적으로 제어해 차량의 자세와 방향을 안정적으로 유지함으로써 사고를 미연에 방지하고 우수한 주행 성능을 발휘하는 차들이 늘고 있다. 브레이크는 단순히 자동차를 제동하는 장치에서 빠르고 쾌적하면서도 안전하게 달리기 위한 기구로 그 역할이 바뀌고 있다.

* 브레이크 부스터 페달을 밟는 힘을 줄이기 위해 장착된 브레이크 배력(培力) 장치. 엔진이 만들어내는 부압(負壓)을 이용한다.

* 마스터 실린더 브레이크 페달을 밟은 힘을 브레이크액의 압력으로 변환하는 장치.

제동력의 대부분을 담당하는 프런트 브레이크는 디스크 방식이 일반적이다. 스포츠형 자동차는 대형 디스크 로터를 쓴다.

뒷바퀴에도 디스크 브레이크를 쓴 차종이 많다. 디스크 안쪽에 사이드 브레이크용 드럼 브레이크를 내장한 드럼 인 디스크(drum in disk) 구조로 되어 있다.

디스크 브레이크는 캘리퍼 안에 설치된 피스톤으로 브레이크 패드를 디스크 로터에 압착시켜 제동하는 구조다. 현재 자동차용 브레이크의 주류이다.

드럼 브레이크

그 이름처럼 회전 드럼의 안쪽에 있는 슈를 압착해 제동을 거는 브레이크 장치다. 현재 가장 많이 사용되는 것은 피스톤의 힘으로 슈 2개를 좌우로 확장시켜 드럼을 압착하는 리딩 앤드 트레일링(leading and trailing)* 타입이다. 제동 시 슈의 일부가 드럼 안으로 파고들 듯이 압착되는 자기 배력 작용이 발생하기 때문에 비교적 적은 답력으로도 커다란 제어력을 얻을 수 있다는 특징이 있다. 그러나 방열성이 나쁜 탓에 고속 주행에서의 제동에 취약하며, 이 때문에 뒷바퀴에 사용되고 있다.

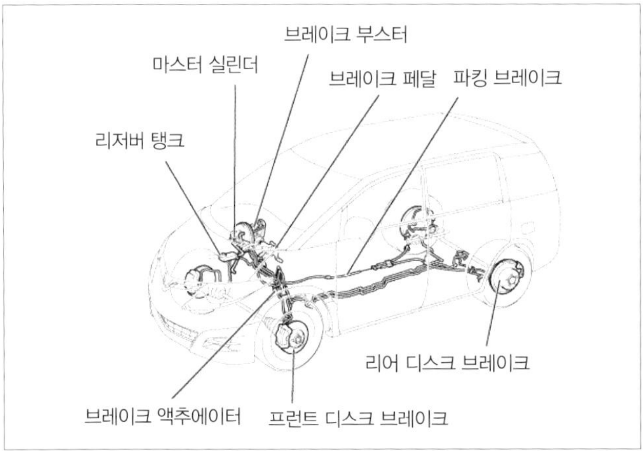

브레이크 시스템 개요도. 페달에 주어진 힘은 부스터에서 강화된 뒤 브레이크액을 통해 네 바퀴의 브레이크를 작동시킨다. 바퀴의 잠김을 방지하는 ABS 같은 전자 제어 장치도 적극적으로 도입되었다.

디스크 브레이크

디스크 브레이크는 휠과 함께 회전하는 디스크 로터를 양쪽에서 패드를 이용해 제동을 거는 구조다. 물에 강하고 고속 주행에서도 안정된 제동력을 발휘할 수 있기 때문에 현재 브레이크의 주류가 되었다. 예전에는 브레이크 디스크가 보통 솔리드 구조(단순 원반형)였다. 그리고 높은 마력의 자동차나 스포츠형 자동차에 벤틸레이티드 디스크(Ventilated Disk)를 사용했다.

이 벤틸레이티드 디스크는 중앙에 공기가 지나가는 길을 설치해 냉각 성능을 높인 것이 특징이다. 자동차의 성능이 향상되고 안전성에 대한 요구가 높아지면서 지금은 대부분의 자동차에서 벤틸레이티드 디스크를 사용한다.

브레이크 패드를 디스크에 압착시키는 피스톤이 들어 있는 캘리퍼는 부동형과 고정형의 두 종류가 있다. 부동형은 일반 자동차에 가장 많이 쓰인 구조로, 피스톤이 한쪽에만 있으며 피스톤이 패드를 누른 반력으로 캘리퍼가 살짝 미끄러져 반대쪽의 패드도 디스크에 눌려 제동을 한다. 고정형은 양쪽 패드에 각각 피스톤이 배치되어 동시에 패드를 밀어 제동하는 방식이다. 구조는 복잡하지만 더 높은 제동력을 얻을 수 있기 때문에 고성능 스포츠카나 레이싱카에 사용된다. 또한 피스톤의 수를 늘린 고성능 브레이크도 있다.

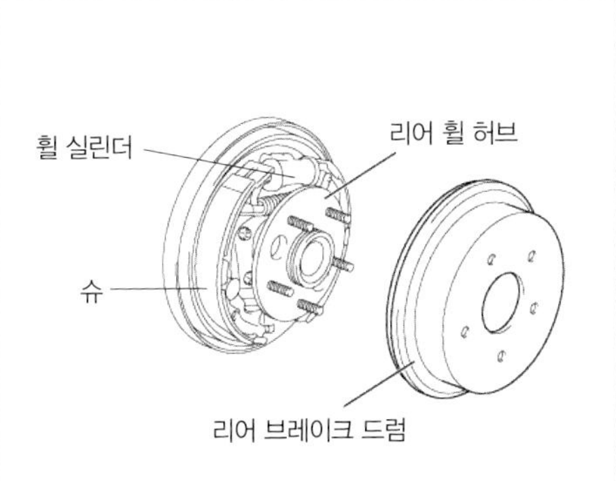

드럼 브레이크는 주로 뒷바퀴용으로 사용된다. 제어 시에는 자기 배력 작용이 발생해 적은 답력으로도 커다란 제어력을 얻을 수 있고, 저속 주행에서 효과가 좋다는 특징이 있다.

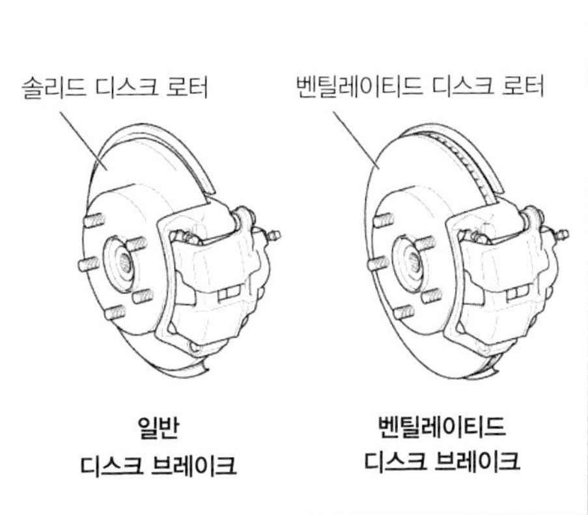

높은 마력의 자동차나 스포츠형 자동차부터 앞바퀴에 벤틸레이티드 디스크 브레이크를 사용했고, 지금은 대부분의 자동차에 적용하고 있다.

* **리딩 앤드 트레일링** 슈 2개의 받침점과 피스톤이 같은 쪽에 설치된 구조의 드럼 브레이크.

스티어링의 구조

스티어링 휠을 조작해서 자동차의 진행 방향을 바꾸는 스티어링 계통은 비교적 구조가 간단하다. 스티어링 휠의 회전력은 조인트가 달린 샤프트를 통해 랙 앤드 피니언(rack and pinion)에서 가로 방향의 움직임으로 변환된다. 타이 로드*를 통해 타이 로드 엔드를 밀거나 당김으로써 앞바퀴의 방향을 바꾼다.

랙 앤드 피니언은 피니언 샤프트에 달린 세로 방향의 기어와 빗처럼 생긴 랙 기어가 맞물리는 단순한 구조다. 파워 스티어링은 엔진의 힘으로 구동된 스티어링 펌프에서 압송되는 액체의 압력을 랙이 이동하는 방향에 가하는데, 이를 통해 운전자는 적은 힘으로도 스티어링 휠을 돌릴 수 있다.

그러나 발명자의 이름을 따 애커먼(Rudolph Ackerman) 링크라고 불리는 장치를 살펴보면 스티어링 계통의 원리가 상당히 교묘하다는 사실을 알 수 있다. 그림에서 보듯 뒷바퀴의 차축 위에서 연장선이 만나는 사다리꼴의 링크 구조를 앞바퀴에 달아 스티어링 휠을 돌리면, 안쪽의 타이어가 바깥쪽의 타이어보다 크게 꺾인다. 이를 이용하면 각 타이어의 선회 중심은 일치하며, 자동차는 보다 안정감 있게 달릴 수 있다. 실제 스티어링 시스템은 랙 기어에서 타이 로드 엔드까지가 사다리꼴 링크 기구의 윗변에 해당하며, 타이어는 차축을 지탱하는 암의 받침점을 중심으로 방향을 좌우로 바꾼다.

* 타이 로드/타이 로드 엔드 타이 로드(tie rod)는 앞바퀴의 방향을 바꾸기 위한 로드다. 또 타이 로드 엔드(tie rod end)는 그 힘을 차축 부분에 전달하기 위한 부품이다.

애커먼 링크

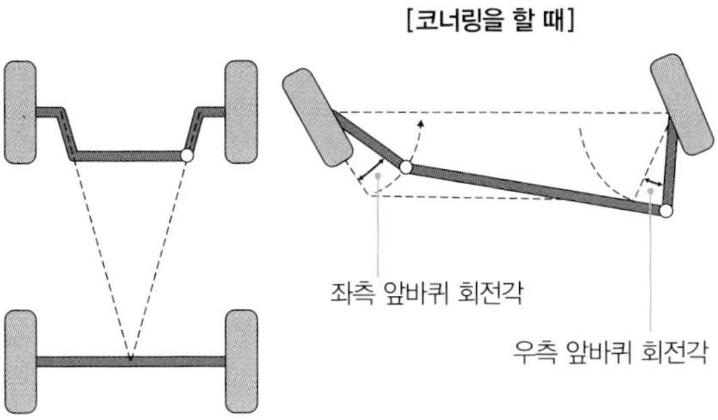

애커먼 링크의 개념도. 앞바퀴를 움직이는 링크의 연장선을 뒷바퀴의 차축 위에서 일치시키는 구조다. 선회할 때 안쪽 타이어의 회전각을 더 크게 벌어지게 함으로써 안정된 선회를 가능하게 한다.

랙 앤드 피니언

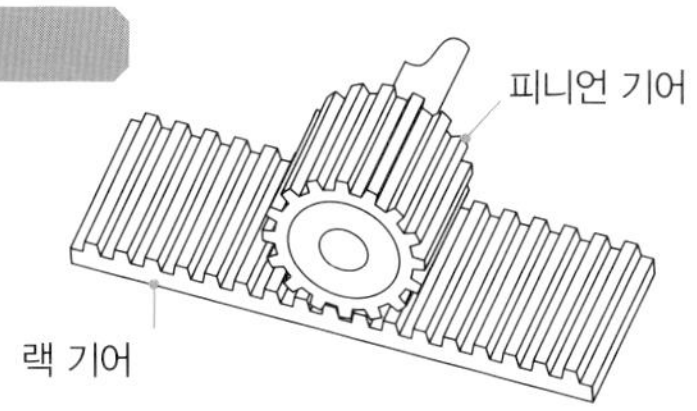

랙 앤드 피니언의 개념도. 피니언 샤프트의 선회 운동이 랙 기어의 왕복 운동으로 변환되어 앞바퀴를 움직인다.

파워 스티어링의 구조

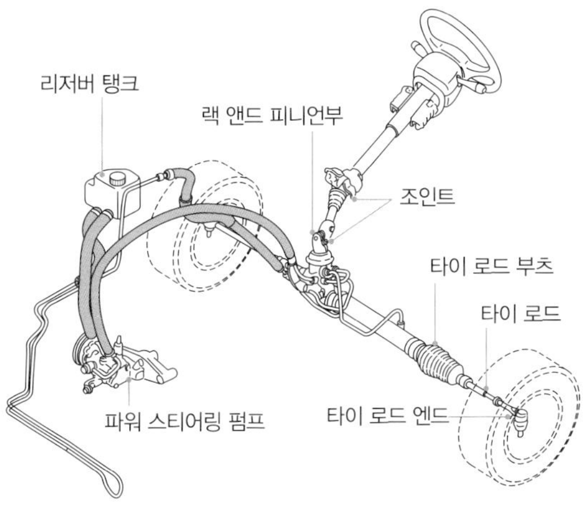

파워 스티어링의 구조다. 펌프로 만들어낸 스티어링액의 압력을 조향하는 방향으로 가해 운전자가 스티어링 휠을 돌리는 힘을 줄여준다.

충전 · 점화 계통의 구조

가솔린 엔진은 휘발유를 원료로 동력을 만들어내는데, 혼합기에 불을 붙이기 위해서는 고압의 전기가 필요할 뿐만 아니라 자동차의 각 부분에 배치된 전기 장비도 전기가 없으면 작동하지 않는다. 그래서 이를 위해 알터네이터(alternator)*가 탑재되어 있다. 엔진의 회전이 벨트로 전달되어 알터네이터의 로터를 회전시키면 그 바깥 둘레의 스테이터에는 교류 전기가 발생한다.

그러나 교류 상태로는 충전을 할 수 없으므로 정류기를 이용해 직류로 정류한다. 또한 엔진이 고회전이 되면 발전 전압이 지나치게 높아지기 때문에 이를 일정한 수준으로 억제하는 IC 레귤레이터를 통해 최적 전압(12~14볼트)으로 제어한 다음 차량 각부의 전기 장비에 송전하거나 배터리를 충전한다.

점화 계통에서는 알터네이터로 만든 전기나 배터리의 전기를 이용해 고압 전류를 만들어 점화 플러그를 발화시키는 역할을 한다. 점화 코일은 1차 코일에 배터리에서 온 전류를 흘린 뒤 차단하면 2차 코일에 높은 전압의 전류가 발생하는 전자 유도 작용을 이용해 고압 전류를 만들어낸다. 구형 엔진의 경우 크랭크 샤프트와 연동하는 디스트리뷰터를 통해 고압 전류가 각 실린더의 점화 플러그로 송전된다. 스타터는 매우 강력한 전기 모터다. 배터리의 12볼트 전기로 엔진을 회전시킨다.

* 알터네이터 자동차의 발전기. 교류를 발전하는 본체의 일부에 교류를 직류로 정류하는 정류기와 전압을 제어하는 IC 레귤레이터가 장착되어 있다. 이 전체를 알터네이터라고 부른다.

충전 계통의 개념도

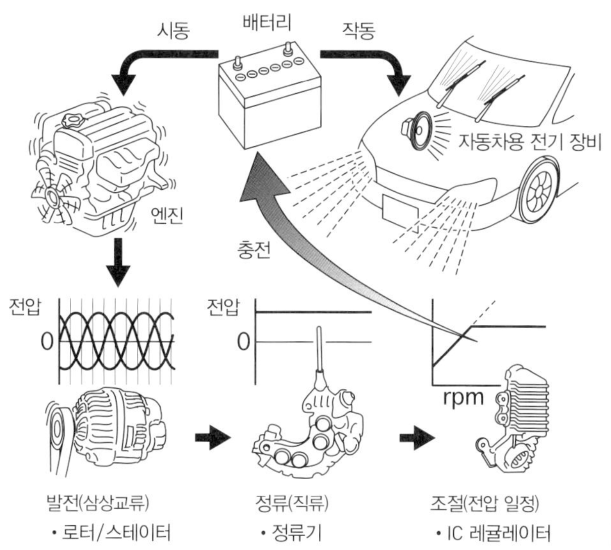

알터네이터에서 만들어진 전기는 필요한 만큼만 소비되고 나머지는 배터리에 축적된다.

점화 계통의 구성 장치

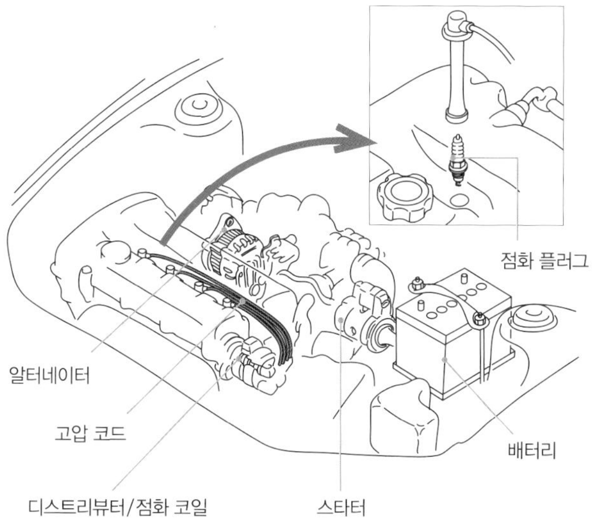

충전된 전기나 배터리의 전기로 고압 전류를 만들어내 점화 플러그를 발화시켜 혼합기에 불을 붙인다.

배터리의 구조

배터리는 자동차가 정상적으로 기능하기 위해 없어서는 안 될 중요한 존재다. 배터리가 대전류를 공급해 스타터 모터를 돌려주기 때문에 엔진을 기동할 수 있다. 또 엔진이 회전하는 중에 알터네이터가 만들어내는 전기량 이상으로 전자 장비가 작동하더라도 배터리가 저장해놓은 전기를 사용하기 때문에 자동차는 아무 문제 없이 주행할 수 있다.

자동차에 탑재된 배터리는 납축전지다. 플러스 극판에는 이산화납, 마이너스 극판에는 순납이 각각 그리드(grid)라고 부르는 격자에 반죽 형태로 발라져 있다. 극판과 극판의 접촉을 방지하는 격리판과 페이스트(paste, 반죽 형태의 전해질)가 떨어지는 것을 방지하는 글라스 매트를 배치하고 황산 전해액에 담근 구조다. 배터리 케이스 내부는 6개의 전해조가 독립되

자동차용 배터리의 구조

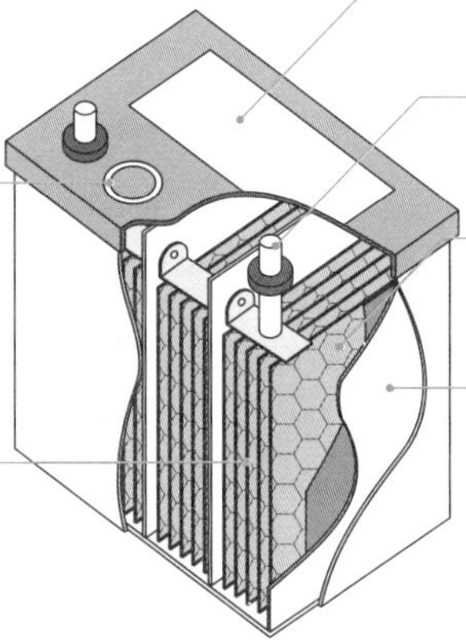

어 있다. 각 전해조에서 발생하는 전압은 배터리의 비중이 1.280일 때 2.13볼트로, 배터리 전체로는 12.78볼트의 전압을 만든다.

배터리가 충·방전을 할 때의 화학 작용은 아래 그림과 같은데, 방전이 진행되면 물이 늘어나는 것이 특징이다. 배터리의 충전 상태를 확인하기 위해 전해액의 비중을 측정하는 이유는 충·방전에 따라 배터리 안에서 이런 변화가 일어나기 때문이다. 배터리 기술이 발전하면서 1990년대 이후부터는 관리 편의성을 중시한 캡리스(capless) 구조의 배터리가 많이 등장했고, 비중 측정뿐만 아니라 전해액의 보충도 필요 없게 1회용 방식을 채택하거나 긴 수명을 지닌 배터리를 대부분 사용하고 있다.

충전이 진행되어 용량을 가득 채울 만큼 전기가 쌓이면 배터리에서는 수소 가스가 대량으로 발생하므로 불을 가까이 하지 않는 것이 취급상의 주의점이다. 플러스 극판의 이산화납과 마이너스 극판의 순납 모두 충·방전을 반복하면 서서히 화학 반응이 일어나지 않게 되어 배터리의 용량이 저하된다.

이런 일반적인 액체식 배터리와 달리 전해액을 매트에 흡착시키고 윗면의 플러그 캡과 공기구멍을 완전히 없앤 이른바 드라이 배터리(dry battery)도 있다. 액체식과는 달리 가로 방향으로 탑재해도 액체가 샐 우려가 없어 하이엔드 오디오를 장착할 때 이용한다. 경주용 차에서도 충돌에 의한 전해액 화재를 방지하기 위해 사용하는 경우가 있어 한때 주목받기도 했으나, 높은 가격 때문에 특수한 목적에만 사용하는 게 대부분이다.

충·방전의 화학 작용

충전 작용				방전 작용		
플러스극	전해액	마이너스극	방전 →	플러스극	전해액	마이너스극
PbO_2	$+\ 2H_2SO_4$	$+\ Pb$		$PbSO_4$	$+\ 2H_2O$	$+\ PbSO_4$
(이산화납)	(황산)	(순납)	← 충전	(황산납)	(물)	(황산납)

- 오른쪽의 상태가 왼쪽으로 변하는 것이 충전하는 상태
- 왼쪽의 상태가 오른쪽으로 변하는 것이 방전(전기를 사용)하는 상태

INDEX

Chapter 2

간단한 점검 · 정비를 해보자

자동차의 상태를 유지하고 문제를 미연에 방지하는 가장 좋은 대책은 운전자 본인이 자주 점검과 정비를 하는 것이다. 전부 간단하고 쉬운 것들이니 시간이 날 때 자신이 할 수 있는 것부터 도전해보자.

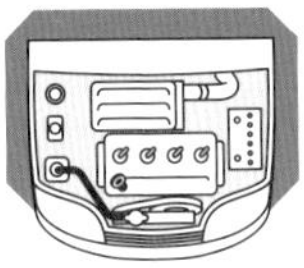

엔진룸의 레이아웃과 일상 점검 포인트

작업 시간
15분

부품 총액
0원

사용 공구
없음

엔진룸 점검은 눈으로 직접 확인하는 작업이다. 익숙해지면 금방 끝낼 수 있다.

각종 부품의 위치를 기억해둔다

엔진룸은 자동차의 중요 장치가 고밀도로 집적되어 있는 공간이다. 처음 보면 어디에 무엇이 있는지 도저히 가늠이 안 갈지도 모르지만, 각 부분을 기능별로 구분하면 쉽게 이해할 수 있다. 중앙에는 엔진과 트랜스미션이 있고, 운전석 앞쪽 벽 근처에는 엑셀과 브레이크 관련 부품이 있으며, 배터리 근처에는 퓨즈 등의 전기 부품이 설치되어 있다. 각 기계와 장비의 명칭과 위치를 기억하고 하나하나 확인하면 누구나 짧은 시간 안에 점검을 마칠 수 있다. 무엇보다 먼저 보닛을 열고 내부를 들여다보는 것이 중요하다.

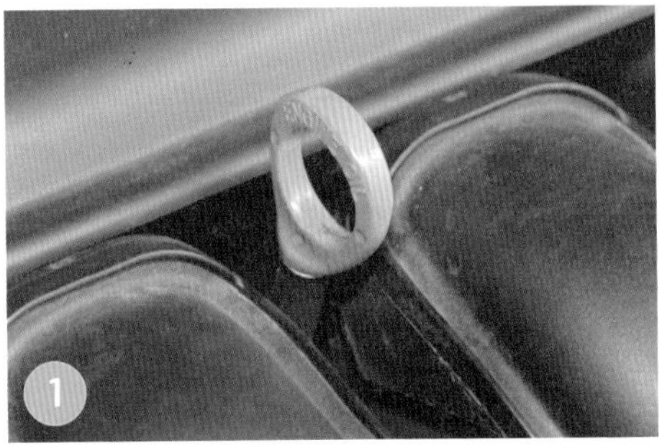

엔진 오일 레벨 게이지
엔진 옆에 있는 노란색의 게이지를 잡아당겨 오일의 양을 확인한다.

브레이크 리저버 탱크
플라스틱으로 만든 투명한 탱크. 브레이크액의 높이가 기준보다 높은지 눈으로 확인한다.

ATF 레벨 게이지
엔진이 따뜻할 때 잡아 빼서 ATF의 양을 확인한다.

배터리
구형의 경우 반투명 케이스 너머로 배터리액의 양을 확인한다. 코드 접속부의 상태도 살펴본다. 요즘엔 무보수 배터리가 대부분이다.

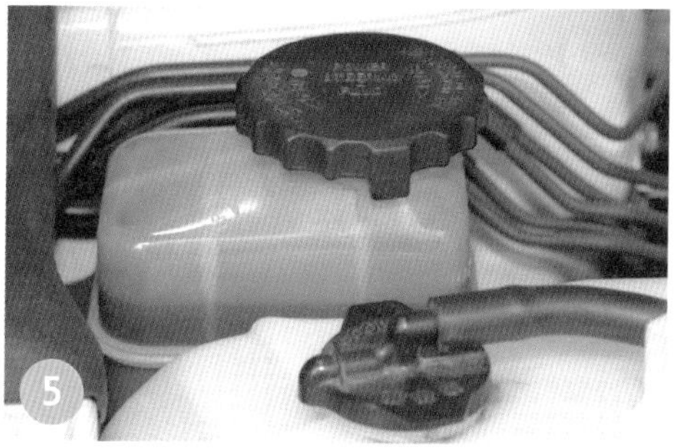

파워 스티어링 리저버 탱크
파워 스티어링 플루이드의 높이가 기준선보다 높은지를 확인한다.

엔진 벨트
엔진에 걸려 있는 각종 보조 장치를 구동하는 벨트. 느슨하지는 않은지, 피로가 심해 갈라진 상태는 아닌지 확인한다.

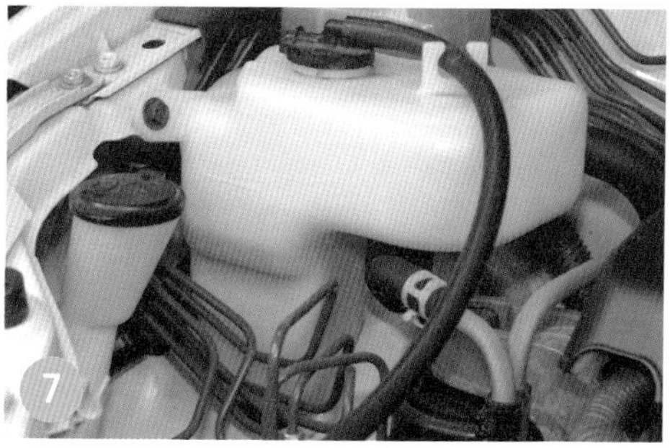

라디에이터 리저버 벨트
냉각수의 높이가 L과 H의 기준선 사이에 있는지, 더러워지지 않았는지 점검한다.

워셔 탱크
물이 충분히 들어 있는지 확인한다. 부족하면 보충한다.

앞서 말했듯 엔진룸 안에 어떤 부품들이 있는지 위치를 파악하는 게 우선이다. 일상적으로 점검해야 하는 각부의 위치를 평소에 틈틈이 익혀둔다.

운전석에서 할 수 있는 운전 전 점검

작업 시간 5분
부품 총액 0원
사용 공구 없음

계기판을 잘 살피고 오감을 활용하면 특별히 노력을 기울이지 않아도 점검을 할 수 있다.

점검 습관을 들여 자동차의 작동 상태를 확인한다

자동차의 상태를 파악하는 것은 운전자가 다 해야 할 책임이다. 운전을 하기 전에는 각 부분이 정상적으로 작동하는지 점검해야 하는데, 살펴야 할 데가 많다 보니 귀찮다는 생각이 들 때가 있다. 그러나 엔진에 시동을 건 후 출발하기 전까지 무엇을 점검할지를 행동 지침으로 만들어 습관화한다면 짧은 시간에 효율적으로 점검을 할 수 있다. 엔진 시동 소리부터 시작해 시동 전과 후에 변하는 계기의 움직임, 경고등의 점등 상황, 페달을 밟았을 때의 느낌, 기어 변환 시의 충격, 방향 지시등의 점멸 상태 등 폭넓은 항목의 점검이 가능하다. 이때 중요한 것은 주의력이다. 오감을 동원해 자동차의 상태 파악에 힘쓰자.

운전석에 앉아서 발진하기까지 각 부분을 점검한다. 엔진 시동을 걸 때의 소리나 워밍업을 할 때의 소리 등 귀로도 자동차의 상태를 알 수 있다.

계기판은 자동차의 상태를 운전석에 앉아서 알 수 있는 정보의 보고다. 특히 경고등은 중요한 부분의 작동 상태를 아는 데 도움이 된다.

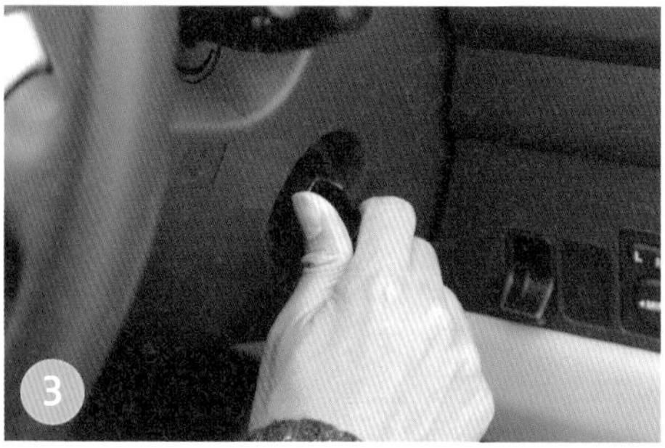

엔진의 시동을 걸 때는 시동이 잘 걸리느냐 걸리지 않느냐의 여부 외에 평소와 소리가 다르지는 않은지, 또 엔진이 켜지는 느낌이 다르지는 않은지 주의 깊게 확인한다.

타코미터의 회전수도 엔진의 상태를 아는 중요한 정보다. 회전의 안정성을 확인하고, 워밍업을 할 때 회전수가 순조롭게 떨어지는지를 점검한다.

방향 지시등이 제대로 작동하는지도 확인한다. 실제로 레버를 움직여서 인디케이터 램프로 확인한다.

해저드 램프(비상 깜빡이)가 정상적으로 점멸하는지도 점검하자. 스위치를 누르고 인디케이터 램프로 확인한다.

브레이크 페달을 밟았을 때의 느낌이 평소와 같은지 확인한다. 위화감이 느껴지면 브레이크의 각 부분을 점검해본다.

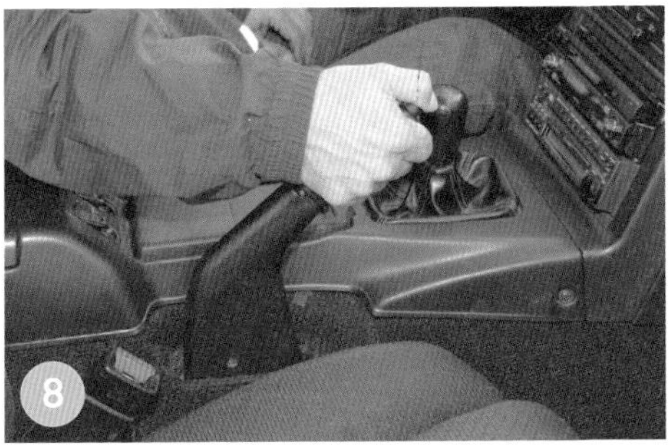

사이드 브레이크는 잡아당겼을 때의 노치(notch) 수로 상태를 판단한다. 끝까지 잡아당겨야만 효과가 있을 때는 조절 불량으로 판단한다.

발진한 뒤 스티어링 휠을 돌렸을 때 부드럽게 돌아가는지도 주의 깊게 살핀다. 이에 따라 파워 스티어링의 작동 상태를 확인할 수 있다.

자동 변속기의 셀렉트 레버를 D에 놓았을 때 전해지는 충격도 상태 파악에 도움을 주는 정보다. 충격이 지나치게 크다면 주의하자.

차체와 램프 주위의 일상 점검

작업 시간 5분

부품 총액 0원

사용 공구 없음

램프 종류는 야간 운전뿐만 아니라 안전과도 커다란 관련이 있는 장비다. 제대로 작동하는지 평소에 점검하는 습관을 키우자.

가볍게 둘러본다는 느낌으로 점검한다

자동차의 차체와 램프 주위는 미관에 큰 영향을 주는 부분이기 때문에 운전자 대부분이 무의식중에 신경을 쓰고 있을 것이다. 그리고 평소와 다른 느낌을 받으면 세심하게 확인할 것이다. 일상 점검은 그와 똑같은 가벼운 감각으로 자동차의 각 부분을 살펴보기만 하면 되는 간단한 작업이다. 타이어의 공기가 빠져서 평소보다 눌려 있지는 않은지, 차체에 상처는 없는지, 방향 지시등을 비롯한 램프가 정상적으로 작동하는지, 렌즈가 깨졌거나 금이 가지는 않았는지 등을 눈으로 살피면서 확인하면 순식간에 점검이 끝난다. 일상적으로 차를 점검하는 습관을 들이면 각종 문제를 사전에 제거할 수 있다.

외관 전체를 둘러보는 것도 중요한 확인 항목이다. 사람의 눈은 차고나 기울기가 조금만 변해도 간파해낸다. 뭔가 다르다고 느끼면 해당 부분을 점검한다.

타이어가 얼마나 눌려 있느냐는 공기압을 알 수 있는 실마리다. 변형이 심하면 공기압을 측정한다.

타이어의 상처는 파열 등의 원인이 될 수 있다. 사이드 월(side wall, 접지면과 테두리 사이의 고무층으로 타이어의 옆면을 일컫는다)을 중심으로 점검한다.

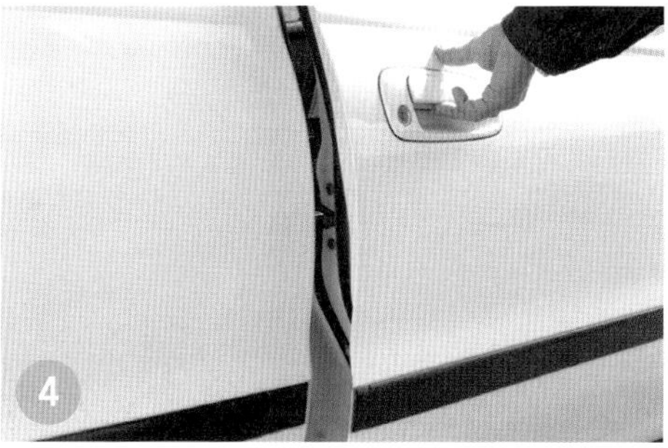

문이 여닫히는 상태도 이따금 확인한다. 윤활유가 부족한 상태가 오랫동안 계속되면 경첩의 마모가 빨라진다.

방향 지시등은 램프 중에서도 가장 중요하다. 점멸 상태 외에 렌즈가 깨졌거나 빠지지 않았는지도 주의 깊게 살핀다.

헤드라이트도 켜본다. 이때 엔진 회전수가 변한다면 발전 계통도 정상적으로 작동하고 있다고 판단할 수 있다.

스몰 램프는 주위가 밝으면 불이 들어왔는지 확인하기가 어렵지만, 이것도 전구가 끊어지지 않았는지 확인한다.

사이드마커 램프는 방향 지시등과 함께 다른 자동차나 보행자에게 의사를 표시하는 중요한 램프다. 꺼져 있지 않은지 확인한다.

제동등과 후진등은 다른 사람에게 확인해달라고 하면 그 자리에서 점검할 수 있다.

주차장 바닥에 생긴 기름얼룩도 차의 문제를 알리는 중요한 실마리다

타이어의 점검

작업 시간
30분

부품 총액
0원

사용 공구
에어 게이지, 타이어 깊이 게이지

타이어는 주행 성능과 안전의 열쇠를 쥐고 있는 가장 중요한 부품이다. 스페어 타이어를 포함해 틈틈이 점검하자.

공기압, 마모, 상처의 유무를 확인한다

타이어는 자동차의 여러 부위 중에서 유일하게 노면과 닿는 곳이다. 그래서 모든 자동차의 성능은 타이어를 통해서만 발휘될 수 있으며, 아무리 성능이 좋은 자동차라 해도 타이어의 성능을 넘어설 수는 없다. 그리고 타이어는 안전성과 매우 밀접한 관계가 있는 부품이다.

타이어를 점검할 때는 먼저 공기압을 살펴본다. 공기압 부족은 백해무익인데, 안전을 위협하고 타이어의 마모를 부추기며 연비까지 악화시킨다. 점검 시기를 따로 정하지 말고 생각날 때마다 확인하는 습관을 들이자. 상처나 접지면의 마모에도 당연히 주의를 기울여야 한다.

1 타이어 점검은 무엇보다도 공기압 확인이 중요하다. 타이어 4개가 지정된 공기압을 유지하고 있는지 측정한다.

2 지정 공기압 수치는 운전석 쪽 도어 근처에 붙어 있다. 타이어의 규격이나 적재 상태에 따라 수치가 다를 수 있으니 라벨의 표기를 따른다.

최근에는 디지털 에어 게이지도 등장했다. 밸브 캡을 벗겨내고 밸브에 끼우기만 하면 공기압이 표시된다.

예전부터 사용된 막대 모양의 에어 게이지. 밸브에 끼우면 막대 속에서 눈금자가 튀어나오는 구조로, 눈금자에 새겨진 수치를 읽는다.

전문 업자는 대형 게이지를 사용한다. 눈금이 자세해서 공기압을 정확히 읽을 수 있다.

타이어의 외관 확인도 중요하다. 프런트 타이어는 스티어링 휠을 최대한 꺾으면 안쪽 부분도 점검할 수 있다.

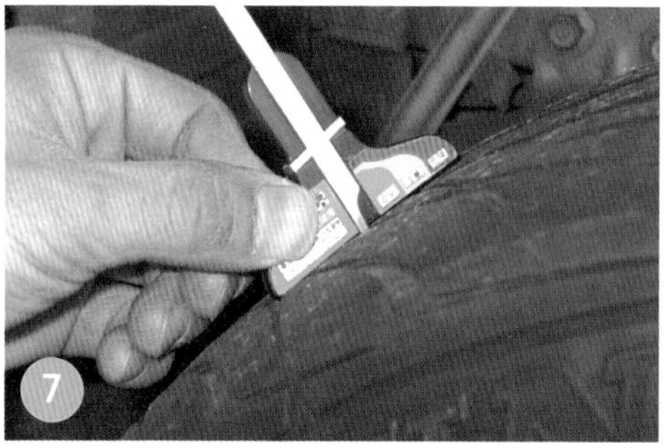

타이어의 마모도 확인. 정확히 측정하고 싶으면 타이어 깊이 게이지나 버니어 캘리퍼스(길이를 측정하는 공구)를 사용한다. 편마모의 유무도 점검한다.

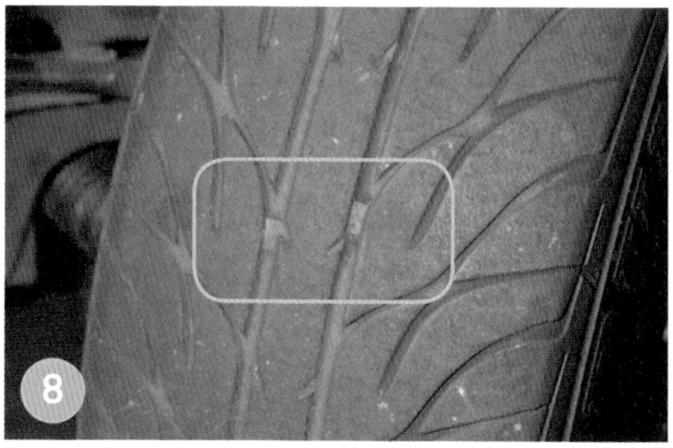

접지면의 마모가 진행되어 홈의 깊이가 1.6밀리미터가 되면 홈의 일부가 사라지는 슬립 사인(slip sign)이 나타난다. 이런 상태가 되었다면 타이어는 수명이 다한 것이다.

접지면의 표면에 못 같은 것이 박혀 있지 않은지 점검한다. 작은 돌이 끼어 있으면 주행 시에 튈 가능성이 있으므로 드라이버 등을 사용해 미리 제거한다.

휠의 뒤쪽이나 안쪽 둘레에 붙어 있는 균형추가 확실히 있는지 확인한다. 떨어진 자국이 있으면 바퀴의 회전 균형이 어긋났을 가능성이 있다.

간과하기 쉬운 스페어 타이어의 공기압도 확인한다. 스페어 타이어의 공기압은 4.2km/㎠로 높게 지정되어 있다.

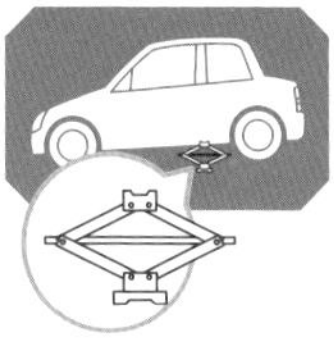

잭업과 타이어 교체

작업 시간
1시간

부품 총액
0원

사용 공구
잭, 타이어 렌치(크로스 렌치)

잭업을 능숙하게 할 줄 알면 만일의 경우에도 당황하지 않는다. 타이어 로테이션도 직접 할 수 있어 경제적이다.

순서를 지키며 착실히 작업하는 것이 가장 빠르다

잭(jack)을 이용해 타이어를 교체하는 법은 점검이나 정비를 할 때 필요할 뿐만 아니라 펑크 등 만일의 사태에 대응하기 위해서도 익혀두는 편이 좋다. 차체를 잭으로 들어 올리고 타이어를 옮기는 작업이 동반되기 때문에 어느 정도 힘이 요구되는데, 불필요한 힘을 쓰거나 부상을 당하지 않기 위해서 순서를 지키며 착실히 작업하자. 또 휴대용 잭은 지면과 접하는 면적이 작아 안정성이 떨어지기 때문에 차체나 지면에 대해 비스듬하게 놓거나 들어 올린 차체 밑으로 들어가서는 절대 안 된다. 버팀목을 대는 등 안전 대책을 충분히 실시한 다음 작업을 시작하자.

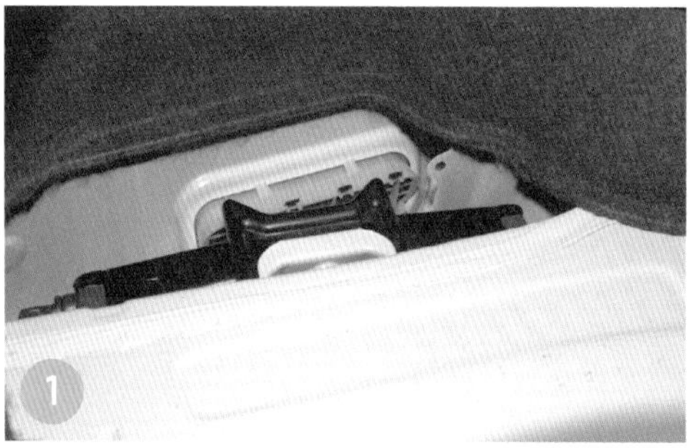

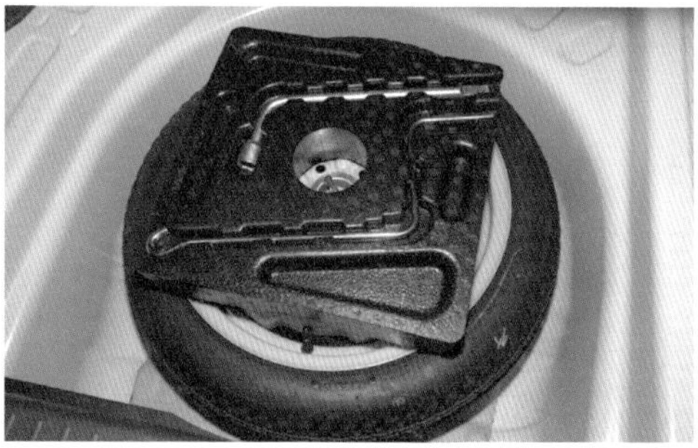

잭은 보통 트렁크에 들어 있다. 근처에 있는 스티어링 휠과 함께 꺼낸다.

스티어링 휠 끝의 갈고리를 잭의 한쪽 끝에 있는 고리에 걸고 회전시키면 잭이 높아지거나 낮아진다.

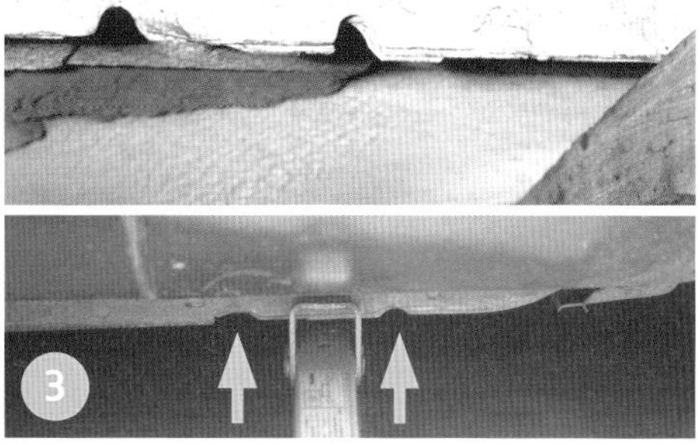

아무 위치에 잭을 놓으면 안 된다. 각 타이어 근처의 차체 하부에는 파인 홈이 2개 있는데, 그 사이에 잭을 놓는다. 다른 위치에 놓으면 차체가 변형될 수 있으니 주의하자.

잭업을 할 때는 반드시 사이드 브레이크를 걸고, 작업하는 바퀴의 대각선 위쪽 타이어에 버팀목을 설치한다.

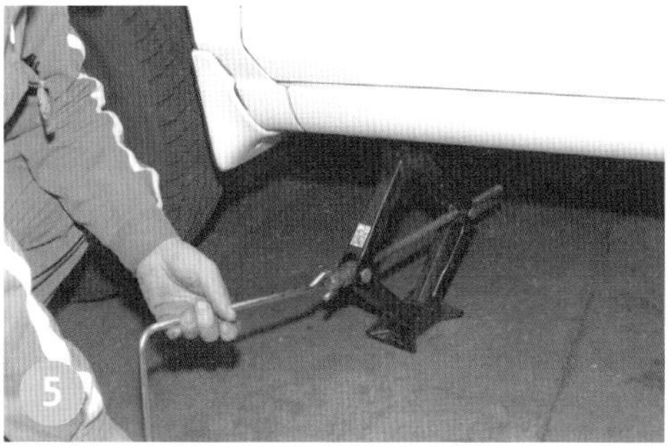

잭은 반드시 지면과 차체에 대해 수직으로 놓는다. 잭의 스티어링 휠을 오른쪽으로 돌리면 차체가 올라가는데, 타이어를 뺄 때는 차체가 완전히 들리기 전에 일시 정지한다.

이 상태에서 미리 모든 휠 너트를 조금씩 풀어놓는다. 타이어가 바닥에서 떨어질 정도로 차체를 띄우면 너트가 잘 안 풀리기 때문에 사전 준비를 하는 것이다. 너트를 풀 때나 조일 때, 대각선 순서로 하는 것이 원칙이다.

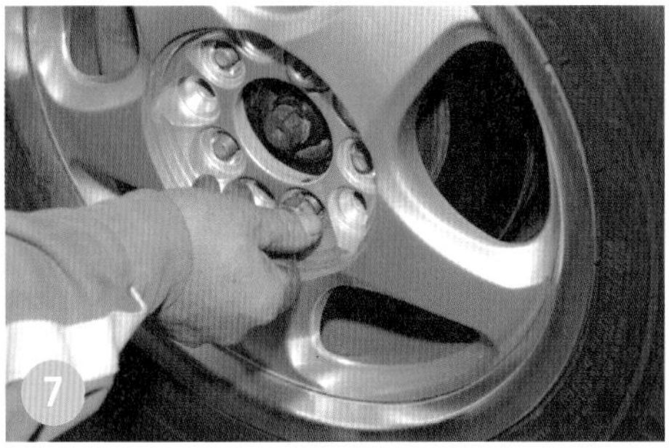

잭으로 차체를 더 들어 올리고 휠 너트(또는 볼트)를 벗긴다. 미리 풀어놓았으므로 쉽게 돌아갈 것이다. 타이어를 교체하고 너트를 키운 다음 렌치로 조였으면 타이어가 지면에 가볍게 닿을 정도로 잭을 내린다.

휠 너트 전부를 확실히 조이고 잭을 치우면 교체 작업이 완료된다. 크로스 렌치를 사용하면 작업이 크게 빨라진다.

타이어의 수명을 늘리는 타이어 로테이션

자동차의 타이어는 앞바퀴와 뒷바퀴의 역할이 각각 다르기 때문에 마모 상태에도 차이가 난다. 특히 FF 자동차의 경우, 앞바퀴가 구동과 조타를 함께하기 때문에 마모가 심한 데 비해 뒷바퀴는 회전만 할 뿐이므로 마모가 적다. 이 균일하지 못한 타이어 마모의 편차를 수정하기 위한 방법이 타이어 로테이션이다. 주행 거리 약 2만 킬로미터를 기준으로 앞뒤 타이어를 서로 바꿔 끼우면 타이어 4개가 비슷하게 마모한다. 그러면 타이어의 수명이 늘어난다. 참고로 회전 방향이 지정되어 있는 타이어는 좌우 교체가 불가능하기 때문에 같은 방향의 앞뒤 바퀴만 바꿔 끼울 수 있다.

차체 아래 주변의 점검

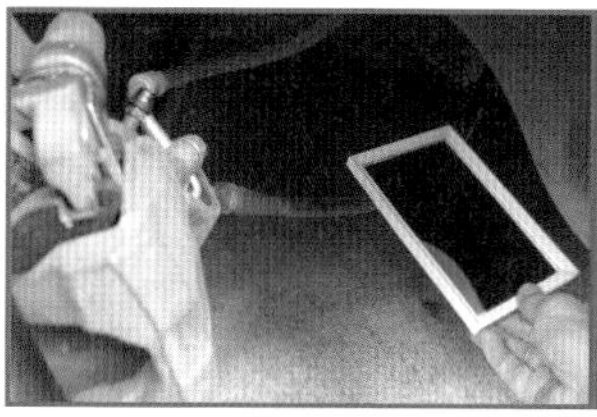

작업 시간
30분

부품 총액
0원

사용 공구
잭

잭업을 하고 손거울 등으로 차체 아래를 들여다보면 각 부분의 상태를 볼 수 있다.

누유와 부식을 중심으로 살펴본다

자동차의 점검과 정비를 자주 하는 사람도 차체 아래 주변은 의외로 잘 확인하지 않는다. 타이어 교체를 하면서 휠 하우스 근방은 가끔 보더라도 차 하부에는 좀처럼 눈이 닿지 않는다. 그러나 차체 밑에는 드라이브 샤프트 부츠 등 점검해야 할 부분이 있으며, 눈길 주행이 많은 자동차의 경우는 제설제 때문에 발생한 머플러의 녹에도 신경을 써야 한다. 일반 운전자가 자동차 전체를 높이 들어 올리는 일은 어렵지만, 잭으로 한쪽만 들어 올리고 거울을 사용해 각 부분을 살펴보면 차의 하부 상태를 잘 파악할 수 있다.

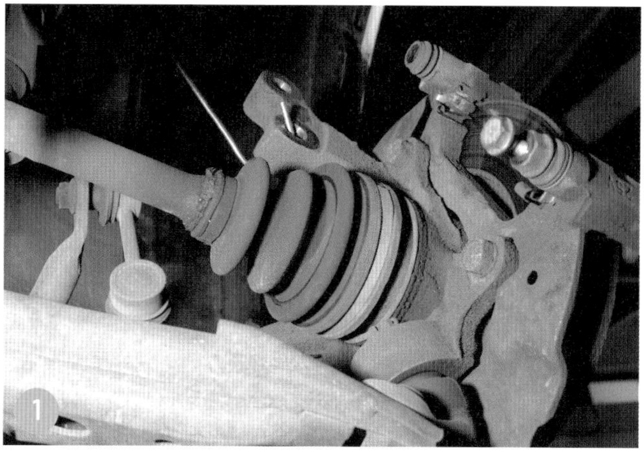

가장 점검이 필요한 곳은 드라이브 샤프트 부츠다. 특히 FF 자동차의 경우는 스티어링 휠을 꺾을 때마다 이 부위가 크게 비틀어지기 때문에 차를 오래 타면 주름의 골 부분이 찢어지기 쉽다. 균열은 없는지 철저히 점검하자.

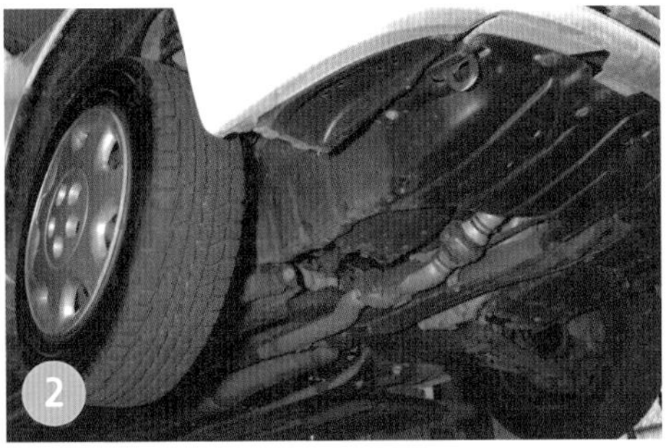

비포장도로를 달린 경험이 있는 자동차는 아랫부분이 무엇인가와 부딪혀 움푹 들어갔거나 상처가 났을 가능성이 있다. 또 언더 커버의 나사가 빠졌을 수도 있다.

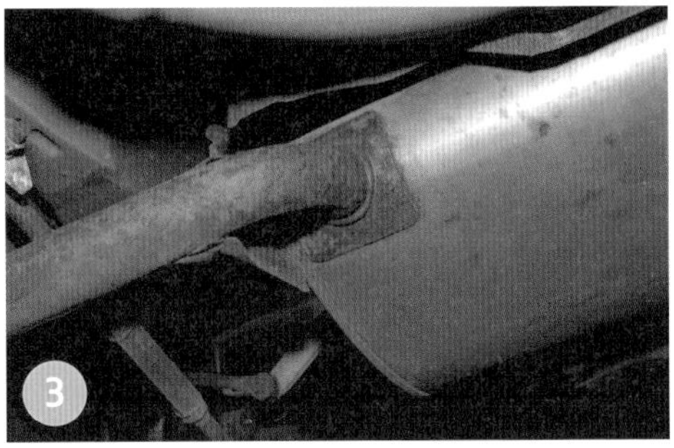

머플러와 배기관의 접속부는 녹이 발생하기 쉬운 부분이다. 녹이 심할 경우, 배기 소음이 커졌다면 교체를 각오할 필요가 있다.

눈이 내린 고속도로를 자주 달리면 이런 곳이 녹슬 때도 있다. 이 부위는 연료 주입구와 연료 탱크를 연결하는 파이프다.

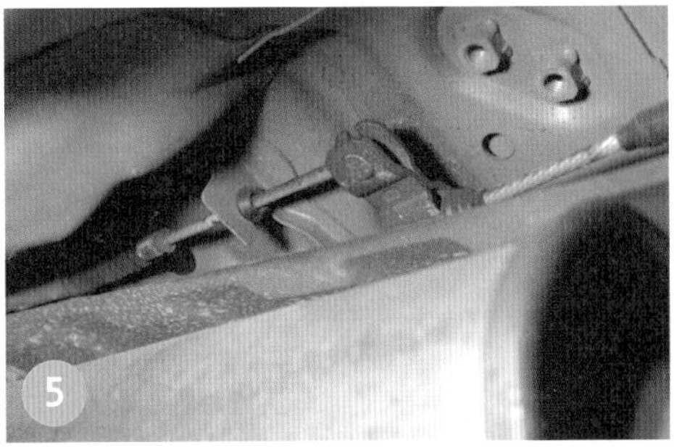

머플러의 단열판도 녹이 잘 스는 부분이다. 벗겨져 떨어질 것처럼 녹이 진행되지 않았는지 점검하자.

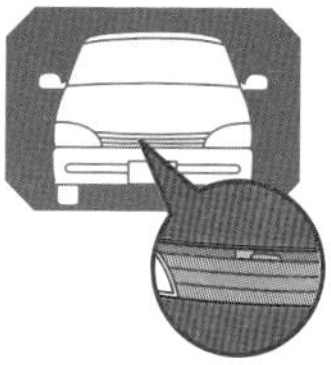

보닛을 열고 닫는 법

작업 시간
5분

부품 총액
0원

사용 공구
불필요

보닛을 여는 것은 엔진룸 내부 점검의 첫걸음이다.

기구를 이해하고 부드럽게 여닫는다

보닛의 개폐는 자동차를 정비할 때 꼭 필요한 일이다. 보닛을 열지 못하면 엔진을 비롯한 각 부분의 점검이나 조절을 할 수 없으며, 무거운 물체인 보닛을 지지대로 확실히 지탱하지 않으면 작업 중에 닫혀서 부상을 입을 수도 있다. 보닛을 여는 방법은 차종을 불문하고 동일하다. 운전석 근처에 있는 레버를 잡아당기면 록(lock)이 해제되어 보닛이 살짝 떠오른다. 그런 다음 보닛 캐치의 레버를 움직여 안전 잠금 장치를 해제하면 보닛이 올라간다. 보닛을 닫는 방법은 여는 법보다 간단하다. 보닛을 손으로 천천히 내리고 마지막에 양손으로 확실히 눌러 록을 건다. 기세 좋게 힘껏 닫는 것은 금물.

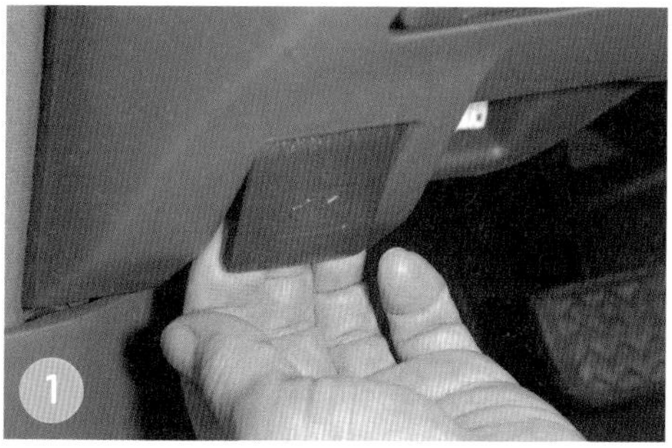

보닛 오프너는 운전석 쪽 대시보드의 아래쪽에 있는 경우가 많다. 아래에서 손가락을 걸고 앞으로 잡아당긴다.

록이 풀려 보닛이 조금 올라온다. 이 상태에서는 안전 잠금 장치가 걸려 있기 때문에 보닛이 열리지 않는다.

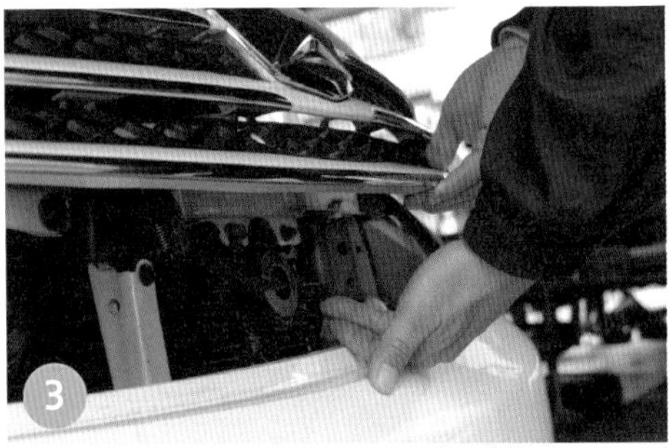

프런트 그릴 하부에 있는 보닛 캐치의 안전 잠금 장치 레버를 움직이면 훅이 풀려서 보닛을 들어 올릴 수 있다. 해제 레버는 보닛 앞쪽이나 그릴 하부에 붙어 있는 자동차가 많다.

보닛을 열었으면 고정용 지지대를 세워 보닛의 삽입용 구멍에 확실히 끼운다. 이렇게 하면 보닛이 내려오지 않는다.

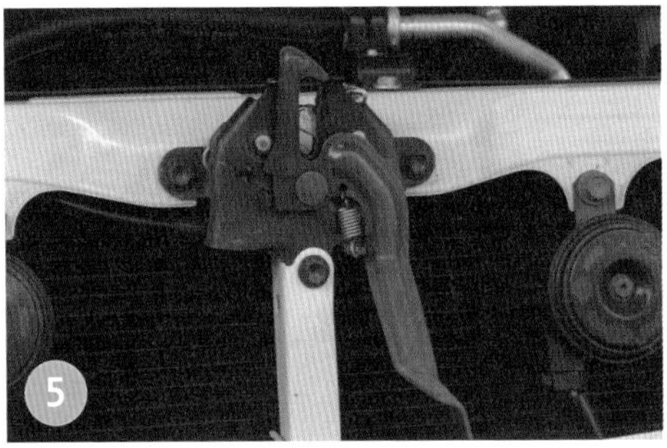

엔진룸 앞쪽 중앙 부분에 있는 보닛 캐치다. 잠금 장치에서 오른쪽 아래로 뻗어 나온 것은 안전 잠금 장치 해제용 레버다.

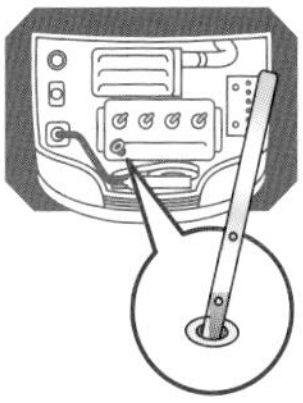

엔진 오일과 필터의 교환

작업 시간
30분

부품 총액
약 20,000원

사용 공구
더블 옵셋 렌치, 잭, 깔때기, 폐유 처리 팩, 필터 소켓, 라쳇 핸들, 익스텐션 바

엔진 오일은 약 1만 킬로미터 주행을 기준으로 교환한다. 오일 필터는 오일 교환 2회에 1회의 비율로 교체한다.

1만 킬로미터가 교환의 기준

엔진 오일은 엔진의 혈액이다. 내부의 가동 부분에 오일이 골고루 전달되지 않으면 금속끼리 직접 닿아 순식간에 마모되기 때문에 고장의 원인이 된다. 그러므로 엔진 오일 교환은 운전자가 하는 정비 중에서 가장 중요한 작업이라고 할 수 있다. 정기적으로 교환을 해줘야 하는데, 교환 주기는 고회전이나 큰 부담을 주는 운전을 할 경우 5천 킬로미터, 일반적인 운전이라면 7천~1만 5천 킬로미터가 기준이다. 주로 근처에 장을 보러 갈 때만 차를 사용해서 주행 거리가 별로 많지 않을 경우, 반년에서 1년에 한 번은 교환하자. 오일 필터는 오일 교환 2회에 1회의 비율로 교체한다.

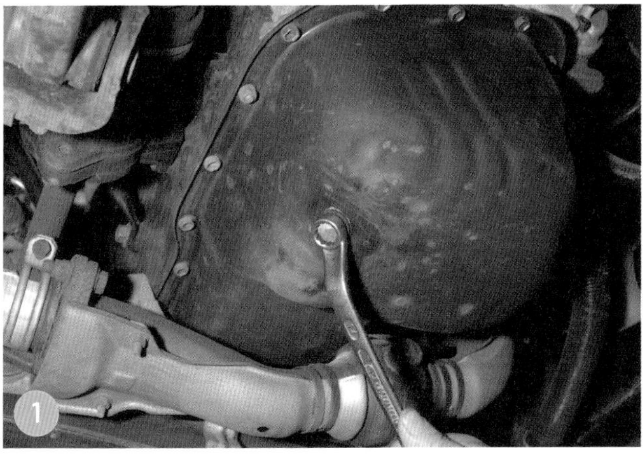

1

엔진을 예열하고 잭업을 한 다음 오일 팬 아래에 폐유 받이를 놓는다. 처음에는 오일이 힘차게 떨어지므로 폐유 받이의 위치 선정이 중요하다. 더블 옵셋 렌치를 사용해 드레인 볼트를 풀고, 조금 느슨해졌으면 손으로 볼트를 돌려 빼낸다. 오일이 뜨거우므로 재빨리 작업한다. 엔진 상부의 오일 필러 캡을 벗기면 오일을 빨리 뺄 수 있다(사진은 엔진 밑의 오일 팬을 밑에서 촬영한 것).

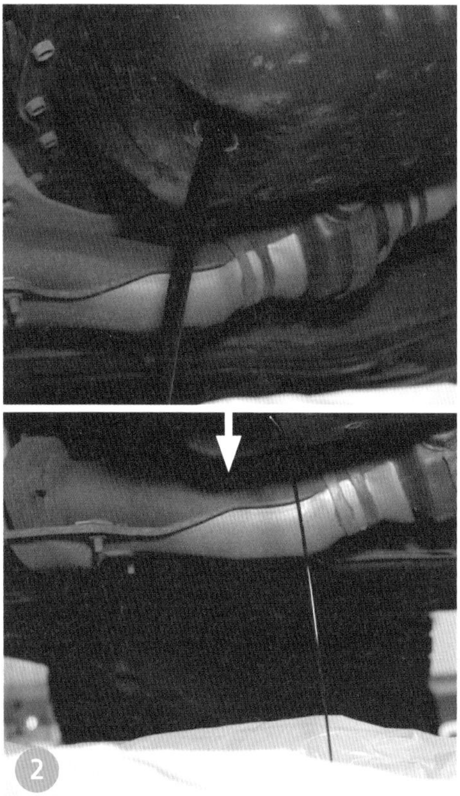

새까만 오일이 처음에는 기세 좋게 떨어지고, 조금 지나면 오일 줄기가 실처럼 가늘어진다. 방울이 떨어지지 않을 때까지 잠시 방치해둔다.

오일 필터를 교체할 경우는 필터 소켓을 사용한다. 필터의 지름에 맞는 소켓을 필터에 씌운다.

라첏 스티어링 휠을 끼우고 왼쪽으로 돌리면 쉽게 풀리며, 그 다음에는 손으로 돌려 빼낸다. 필터를 빼낼 때 오일이 흘러나오므로 미리 기름걸레 등을 밑에 깔아놓고 재빨리 작업한다.

필터는 카트리지 구조이기 때문에 내부가 얼마나 더러워졌는지 확인할 수 없다. 오른쪽에 보이는 장착부 주변에 묻은 오일은 깨끗하게 닦는다.

새 필터의 바닥에 붙어 있는 보호 필름을 벗기고 엔진에 장착한다. 양손으로 필터를 잡고 단단히 죄면 된다.

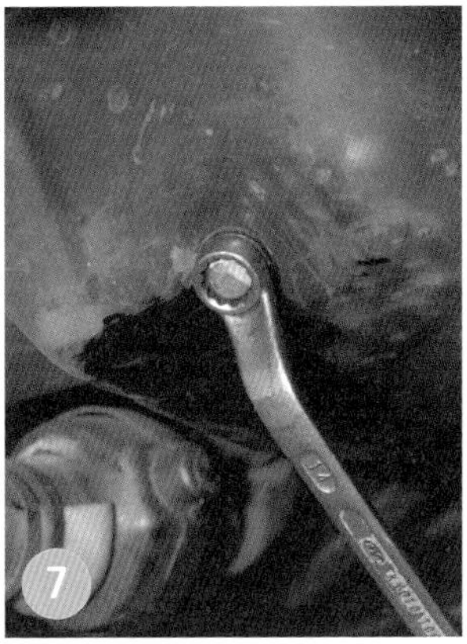

드레인 볼트에 묻은 오일을 닦아내고 오일 팬에 끼운다. 이것으로 차체 아래에서의 작업은 끝난다.

엔진 상부의 오일 주입구로 새 엔진 오일을 주입한다. 깔때기를 사용하고, 주위에 흘리지 않도록 주의한다.

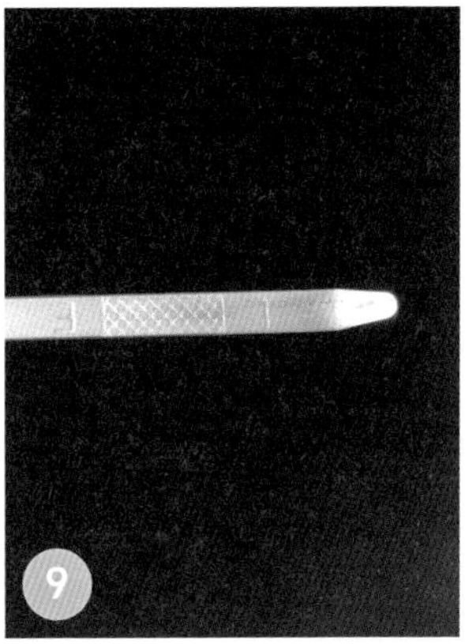

오일을 어느 정도 넣었으면 양을 확인한다. 조금씩 더 부으면서 적정량까지 넣고 시동을 걸어 오일이 골고루 퍼지게 한다. 이후 다시 점검해 적정량인지 확인한다.

다 쓴 오일의 처리 방법

정비소에서 교환을 했다면 엔진에서 빼낸 엔진 오일을 업자가 적절히 처리해주지만, 운전자가 직접 교환했을 경우는 처리가 난감할 것이다. 따라서 자가 정비 후 폐유는 정비소에 처리를 부탁해야 한다. 대부분 폐유를 받아준다.

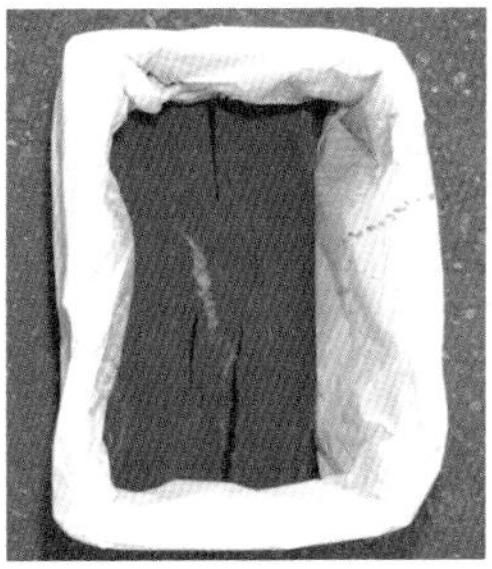

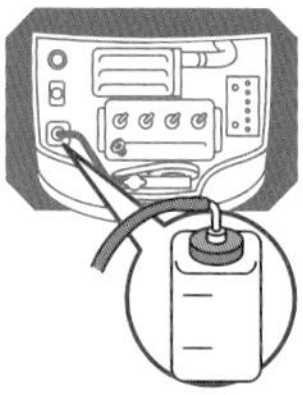

엔진 냉각수와 라디에이터 캡의 교환

작업 시간
30분

부품 총액
약 21,000원

사용 공구
잭(잭 스탠드), 드라이버, 깔때기

교환 기준은 2년이지만, 냉각수가 까맣게 변했다면 교환하자.

사용 환경에 맞춰 LLC의 농도를 조절한다

엔진의 냉각수에는 물뿐만 아니라 부동액이나 녹을 억제하는 방청제 등이 들어간 LLC(Long Life Coolant)가 혼합되어 있다. 그 덕분에 한랭지에서도 냉각수가 얼지 않는데, 2년으로 알려진 LLC의 교환 주기에 맞추어 바꾸는 게 바람직하다. 교환 작업은 비교적 간단해서, 라디에이터 하부에 있는 드레인 플러그를 풀어 오래된 냉각수를 배출하고 새로운 LLC와 물을 주입하면 된다. LLC의 농도는 주행하는 지역의 최저 기온에도 얼지 않도록 조절한다. 혼합 비율은 LLC의 용기에 적혀 있는 숫자를 따르면 된다. 이때 리저버 탱크도 청소하면 이후에 수량 확인이 용이해진다.

1 라디에이터 하부에 붙어 있는 드레인 플러그(냉각수 배수구). 모양은 볼트나 나사 등 저마다 다르다(밑에서 촬영한 사진이다).

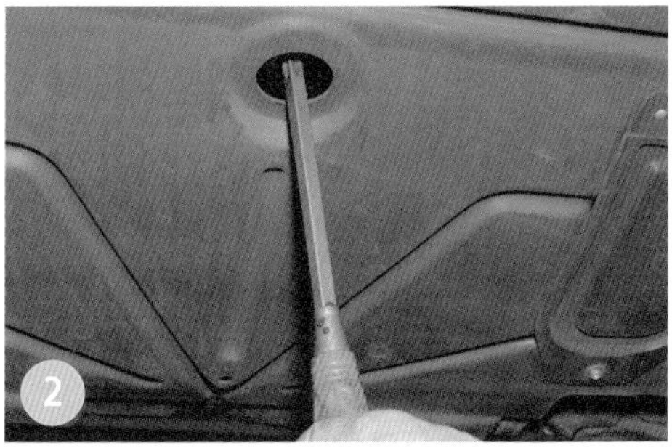

잭업을 하고 난 뒤 가능하면 잭 스탠드(→ P126)를 이용해서 자동차를 고정한다. 그다음 드라이버로 드레인 플러그를 풀어서 빼낸다. 차종에 따라서는 일단 잭을 풀어서 수평으로 맞추지 않으면 냉각수가 완전히 배출되지 않는 경우도 있다. 사진처럼 엔진룸 언더 커버가 부착된 상태에서도 냉각수를 배출할 수 있다.

플러그를 뽑으면 냉각수가 나온다. 그 후 라디에이터 캡을 벗기면 더욱 기세 좋게 배출되어 단시간에 전부 배출할 수 있다. 물방울이 떨어지지 않으면 플러그를 잠근다. 이것으로 차체 하부에서의 작업은 끝이다. 사진에서는 엔진 언더 커버를 떼고 작업했다.

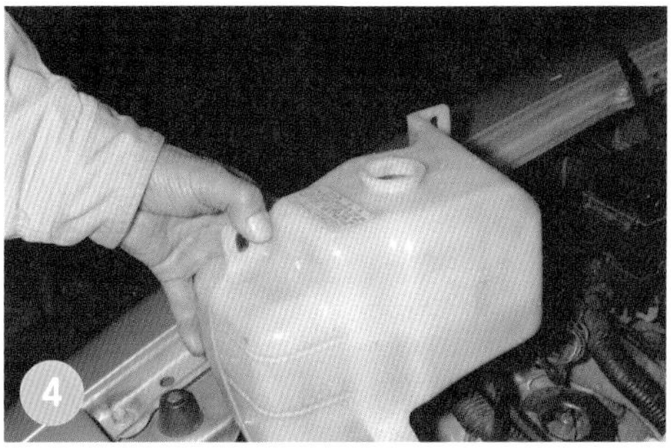

평소에 냉각수가 기준보다 적을 경우 수돗물을 리저버 탱크에 보충한다. 그러면 순환하면서 자연스럽게 냉각수와 섞인다. 탱크가 눈에 띄게 지저분해졌을 때는 냉각수를 주입하기 전에 떼어내서 희석한 중성 세제로 내부를 청소해주면 좋다.

냉각수의 용량과 최저 기온을 고려해 농도를 정했으면 라디에이터 캡으로 LLC를 주입한다. 이때 중요한 점은 사진처럼 끝이 가는 깔때기를 사용해 천천히 조금씩 넣는 것이다. 한 번에 대량으로 흘려 넣으면 공기가 라디에이터 안에 남아서 재점검이나 재주입을 해야 한다.

LLC를 다 넣었으면 이어서 수돗물을 주입한다. LLC와 마찬가지로 조금씩 넣으면서 라디에이터의 주입구가 넘치기 직전에 멈춘다. 리저버 탱크에는 기준선까지 붓는다.

라디에이터 캡이 손상되었다면 교체한다. 내장 스프링의 상태가 좋지 않거나 안쪽의 고무 패킹이 경화 또는 일부 파손되었다면 즉시 교체해야 한다.

신품 라디에이터 캡은 냉각수가 흐르는 경로 안의 압력을 일정하게 유지해 안정된 냉각 성능을 유지해준다.

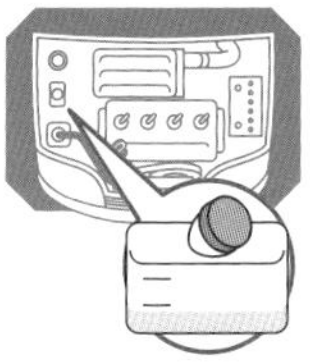

브레이크와 클러치의 점검

작업 시간 10분 | 부품 총액 0원 | 사용 공구 없음

브레이크는 자동차에서 가장 중요한 기능이다. 힘을 전달하는 플루이드의 양을 자주 확인하자.

플루이드의 양과 페달의 유격을 점검

브레이크와 수동 변속기 자동차의 클러치는 페달에 주어진 답력을 플루이드가 전달해 작동하는 구조다. 따라서 주로 점검해야 할 곳은 페달과 플루이드가 들어 있는 부분이다. 페달의 유격, 즉 덜거덕거림은 일반적으로 좋지 않은 것으로 생각하기 쉽다. 하지만 유격이 완전히 없어지면, 항상 조금은 페달을 밟고 있는 것과 같은 상태가 되어 다른 문제를 유발할 가능성이 있다. 그렇기 때문에 페달에는 약간의 유격이 있기 마련이다. 플루이드 관련 점검은 리저버 탱크에 들어 있는 양을 확인하는 게 중요하다. 급격히 줄었다면 문제가 발생했을 가능성이 높다.

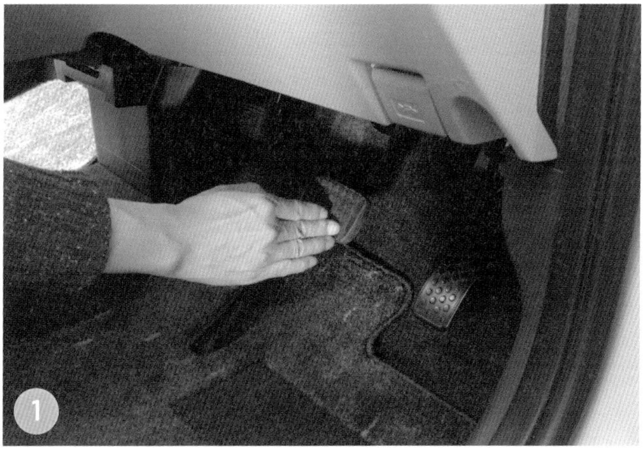

1 브레이크 페달의 유격 점검. 엔진이 정지한 상태에서 페달을 2~3회 깊게 밟은 뒤에 페달을 손으로 가볍게 눌러봤을 때, 수 밀리미터의 유격이 있다면 정상이다. 유격이 너무 크면 브레이크의 감도가 안 좋고, 유격이 없으면 항상 브레이크가 걸려 있을 가능성이 있다.

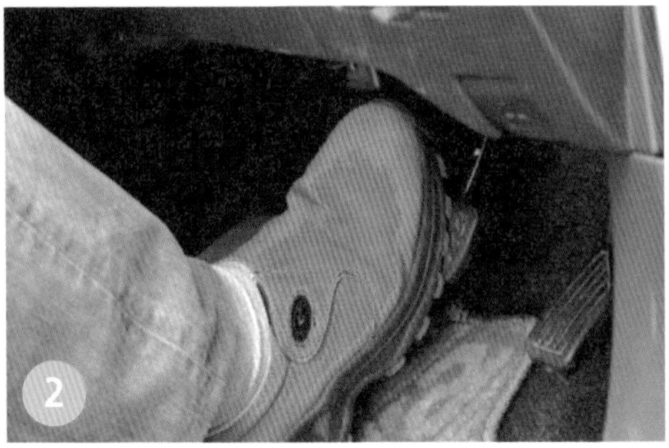

엔진을 켠 후, 힘을 줘서 페달을 깊게 밟아본다. 스펀지를 밟는 듯한 느낌이면 공기의 혼입도 의심할 수 있다. 페달과 바닥 사이에 10센티미터 정도의 여유가 있는지 확인한다.

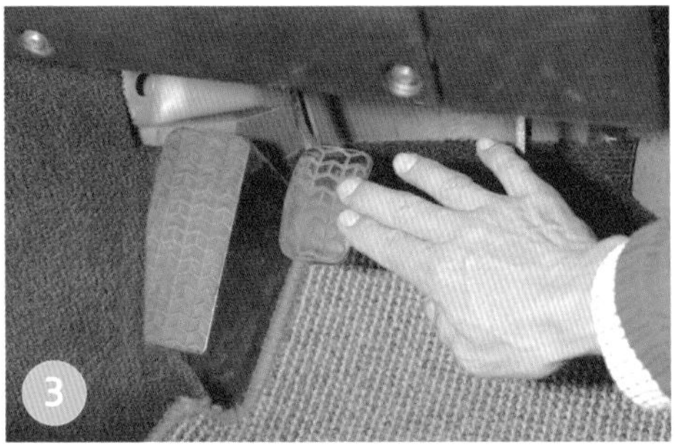

수동 변속기 자동차의 클러치 페달도 유격을 확인한다. 브레이크 페달보다 조금 큰 1센티미터 정도의 유격이 있어야 정상이다.

클러치를 힘을 줘서 밟는다. 브레이크와는 달리 바닥에 닿을 때까지 밟을 수 있다. 엔진을 켠 다음, 기어를 1단에 놓고 서서히 클러치 페달을 되돌리면서 엔진의 회전수가 변화할 때 페달의 높이가 부자연스럽지 않은지도 확인하자.

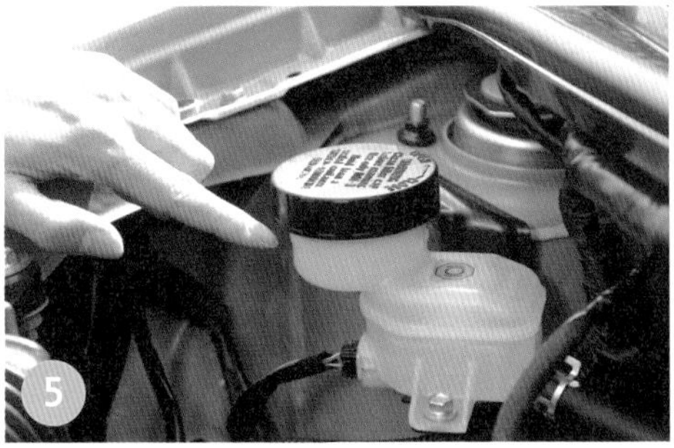

브레이크의 리저버 탱크는 엔진룸 안의 운전석과 가까운 쪽의 벽에 붙어 있다. 반투명 플라스틱으로 만든 탱크 안에 들어 있는 브레이크 플루이드의 수면이 기준선 위에 있는지를 확인한다.

조금 부족하다고 해서 브레이크 플루이드를 바로 채워서는 안 된다. 그러나 단기간에 급격히 줄었다면 문제가 발생했을 가능성이 있으므로 필요량을 보충하고 즉시 정비소에 가서 점검을 받자.

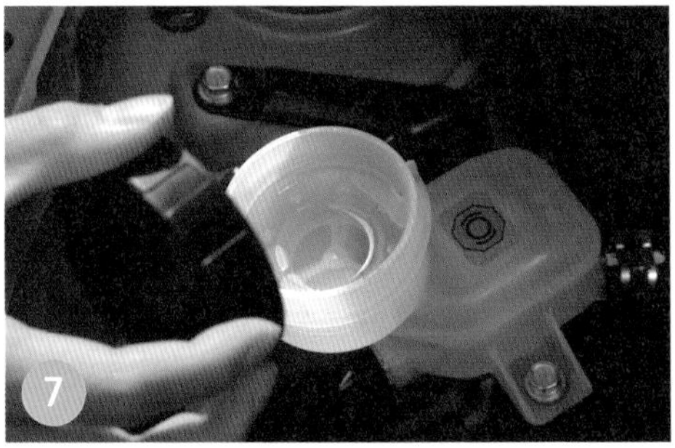

플루이드의 양과 함께 색에도 주목한다. 진한 갈색이 되었다면 오랫동안 교환하지 않았다는 증거이니 빨리 교환하자.

클러치의 리저버 탱크. 브레이크용보다 조금 작지만 점검 방법은 똑같다. 충분한 양이 들어 있는지 점검한다.

캡을 벗기고 플루이드가 얼마나 지저분한지 살핀다. 클러치의 리저버 탱크도 정기적으로 점검하자.

브레이크 플루이드에 습기는 금물

브레이크 플루이드는 흡습성이 높은 액체다. 그렇기 때문에 오랫동안 계속 사용하면 공기 속의 습기를 흡수해 소량이지만 수분이 섞이고 만다. 브레이크 라인에 수분이 혼입되면 플루이드의 끓는점이 낮아져 제동 시에 발생하는 열에 플루이드가 끓어버린다. 그렇게 되면 브레이크가 제대로 작동하지 않는 베이퍼 록(vapor lock) 현상이 발생할 우려가 있다. 브레이크 플루이드는 자동차 검사를 받을 때 교환한다고 생각하자.

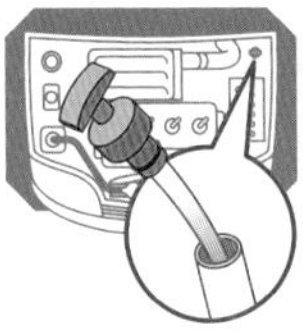

ATF의 점검

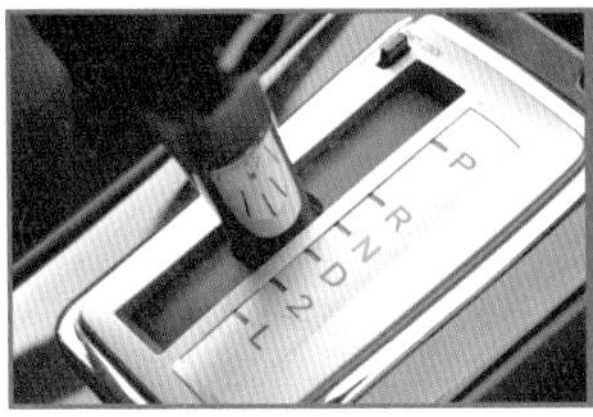

작업 시간 18분 | 부품 총액 0원 | 사용 공구 기름걸레

AT의 성능을 잘 유지하기 위해서는 ATF의 점검이 꼭 필요하다. 정기적으로 점검해 주자.

워밍업 상태에서의 계측이 기본

ATF는 자동 변속기 자동차의 혈액이라고도 할 수 있는 플루이드다. 부족하면 정상적으로 변속이 되지 않는 등 주행에 영향을 끼치기 때문에 이상이 없더라도 반년에 한 번 정도는 점검하는 것이 바람직하다. ATF의 점검은 엔진룸 안에 있는 레벨 게이지를 이용해 엔진 오일 점검과 같은 요령으로 실시한다. 다만 ATF의 경우는 엔진이 충분히 덥혀진 상태(약 섭씨 65도)에서 계측하는 것이 기본이다. 게이지에 홈이 4개 있는 경우는 위쪽의 두 홈 사이까지 플루이드가 묻어 있으면 정상이다. 아래쪽의 두 홈은 엔진이 식어 있을 때의 계측에 이용한다.

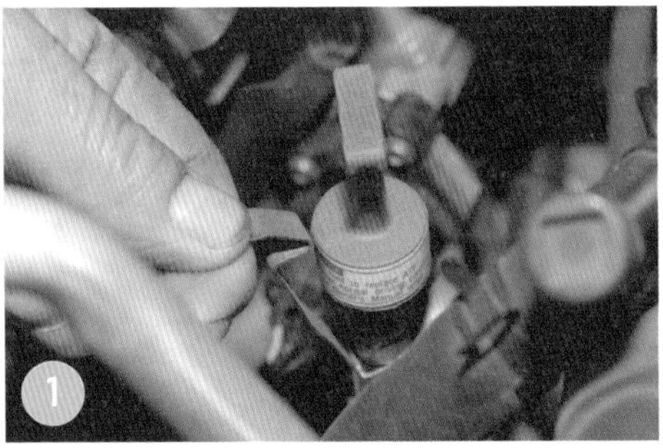

ATF의 양을 확인하는 레벨 게이지는 엔진룸 안의 변속기 근처에 있다. 워밍업을 한 뒤에 스토퍼를 풀고 게이지를 뽑는다.

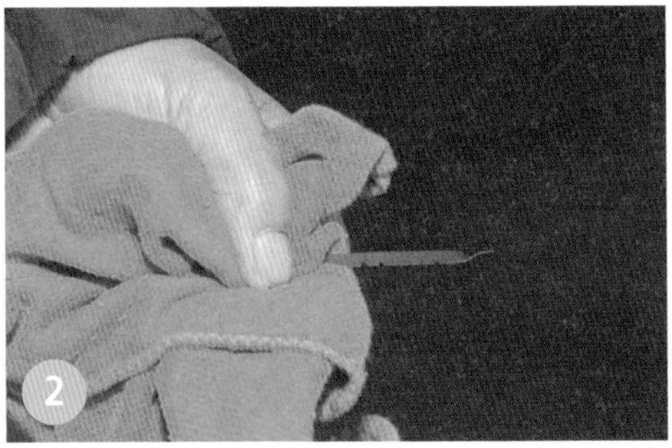

레벨 게이지에 묻어 있는 ATF를 깨끗하게 닦아낸 다음 게이지 삽입구에 다시 끼운다.

게이지를 안쪽까지 확실히 끼워 넣는 것이 중요하다. 게이지를 천천히 잡아 올려 ATF의 끈적임 정도를 확인한다.

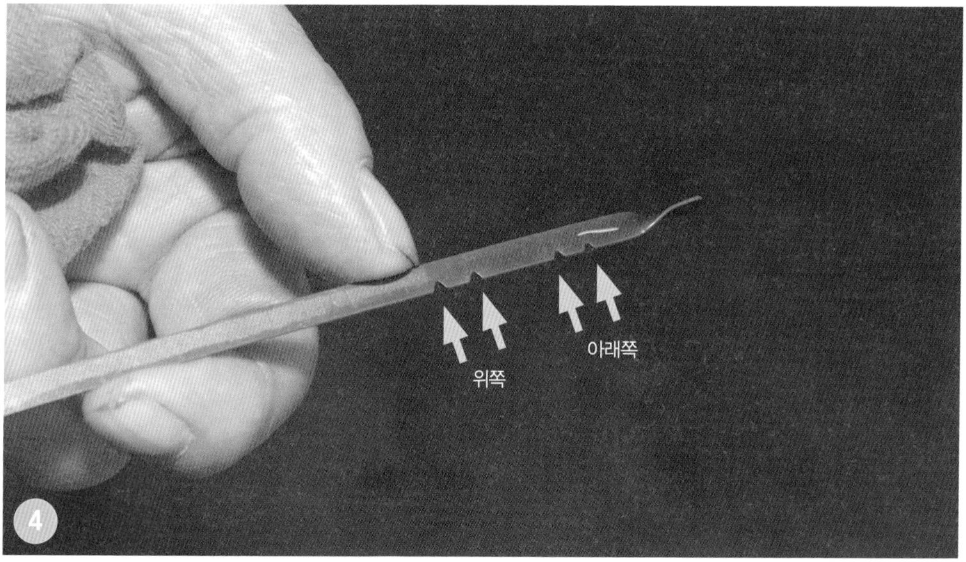

위쪽의 두 홈 사이까지 ATF가 묻어 있다면 문제가 없다. 게이지의 끝 근처에는 엔진이 차가울 때의 점검용 홈도 있다. ATF는 엔진 오일처럼 소비되지 않으므로 극단적으로 양이 줄었다면, 무턱대고 오일부터 채워 넣지 말고 정비소에서 점검을 받는 편이 좋다.

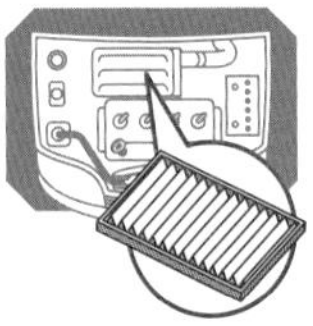

에어 클리너의 점검과 교체

작업 시간
10분

부품 총액
7,150원

사용 공구
불필요
(드라이버 등이 필요한 차종도 있음)

신품 에어 필터. 차종과 연식, 탑재 엔진을 알면 적합한 제품을 구입할 수 있다.

필터에는 건식과 습식이 있다

에어 클리너는 엔진이 흡입하는 공기에 섞여 있는 이물질, 진흙, 돌 등을 여과하는 필터다. 굵은 에어 덕트가 연결된 검은색 플라스틱 케이스 안에 들어 있다. 필터 엘리먼트는 종이나 부직포를 주름지게 접은 구조다. 교체 주기는 약 5만 킬로미터로 상당히 긴데, 오래 사용하면 외부 공기와 접촉하는 쪽이 더러워지거나 이물질이 퇴적된다. 이때 건식 필터의 경우 가볍게 털어서 떼어내거나 압축 공기로 불어내면 흡기가 원활해지지만, 오일이 도포된 습식 필터의 경우는 필터가 막히는 원인이 되니 그렇게 해서는 안 된다.

엔진룸 옆에 있는 상당히 큰 플라스틱 상자가 에어 클리너 케이스다. 사진 속 자동차의 경우 사방의 고리 4개가 뚜껑을 고정하고 있다. 차종에 따라서는 드라이버 등의 공구가 필요할 때도 있다.

뚜껑 한쪽이 흡기 덕트와 연결되어 있기 때문에 완전히 벗길 수는 없지만, 들어 올리면 필터를 교체하기 위해 필요한 공간이 생긴다.

오래된 필터를 빼낸다. 외부 공기가 들어오는 쪽의 케이스 안에 모래나 흙 등이 쌓여 있다면 젖은 걸레로 닦아준다.

오래된 에어 필터. 이 정도는 지저분한 축에도 들지 못한다. 정비를 하지 않으면 오염물이 퇴적되어 새까매진다.

새로운 필터를 끼운다. 방향이 틀리지 않았다면 딱 맞게 들어간다. 그다음에는 뚜껑을 원래대로 고정해 작업을 마친다.

파워 스티어링 플루이드의 교환

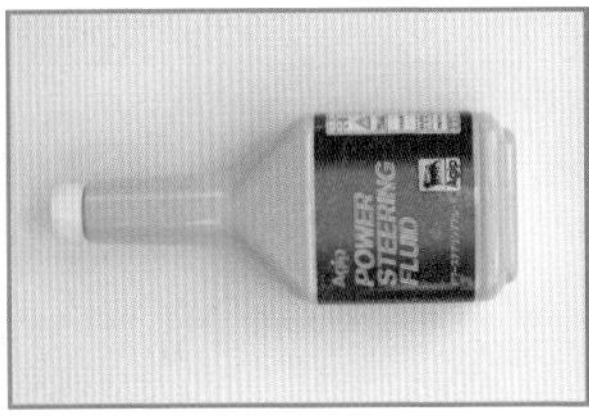

작업 시간 18분

부품 총액 11,880원

사용 공구 스포이트

파워 스티어링 플루이드. 과거에는 ATF가 사용되었지만 현재는 전용 제품이 있다. 주입, 배출을 반복하므로 1리터 정도는 준비하자.

빼내고 주입하기를 반복해 새로운 플루이드의 비율을 높인다

파워 스티어링은 전기 모터를 사용한 것도 일부 있지만 엔진의 힘으로 펌프를 돌려 발생시킨 액체의 압력으로 조타력을 경감하는 방식이 대부분이다. 그렇기 때문에 파워 스티어링 플루이드가 사용되는데, 교환을 손쉽게 하기 위한 드레인 플러그는 달려 있지 않다. 그만큼 잘 열화되지 않는다는 말이지만 교환하는 편이 좋다. 그래서 사용하는 것이 대형 스포이트다. 리저버 탱크에서 플루이드를 빨아들인 다음 다시 주입하는 작업을 몇 차례 반복해서 새로운 액의 비율을 높여 나간다. 교환 작업을 한다고 해서 조작감이 크게 바뀌지는 않지만 해두면 안심할 수 있다.

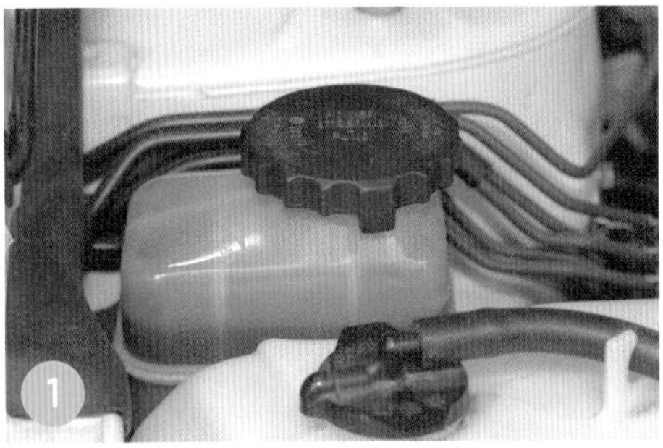

차종에 따라 다르지만, 리저버 탱크는 엔진룸 구석에 고정되어 있다. 사진 속 자동차의 경우는 플루이드가 탱크 중앙부의 선 높이까지 있으면 된다.

밖에서는 플루이드의 양을 전혀 확인할 수 없는 차종도 있다. 윗면의 레벨 게이지를 뽑았을 때 끝의 그물눈 무늬 부분까지 플루이드가 있으면 필요한 양은 확보되었다는 뜻이다.

스포이트를 사용해 리저버 탱크 안의 플루이드를 빼낸다. 가급적 큰 스포이트를 준비하면 쉽게 작업할 수 있다. 탱크의 바닥에 쌓여 있는 오염물도 함께 빨아들인다.

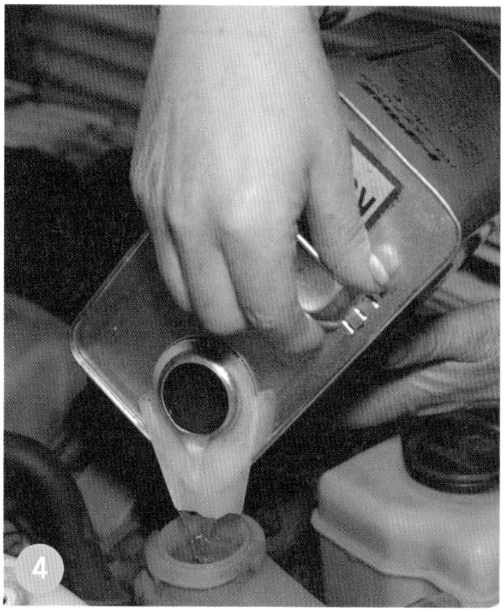

리저버 탱크에 플루이드를 주입한다. 필요한 높이까지 넣었으면 뚜껑을 덮고 엔진 시동을 건다.

스티어링 휠을 좌우로 힘껏 돌리는 작업을 2~3회 반복한다. 최대 타각 상태를 잠시 유지하면 소리가 나면서 플루이드가 급격히 순환해 새로 주입한 오일과 기존 오일이 섞인다.

다시 스포이트로 플루이드를 빨아들인다. 눈으로 보면 처음보다 플루이드의 색이 옅어졌음을 알 수 있다.

새로운 플루이드를 주입하고 다시 엔진 시동과 스티어링 휠 조작을 실시한 다음 플루이드의 색을 확인한다. 완전히 교체할 필요는 없으며, 지저분한 색이 사라졌다 싶으면 작업을 끝낸다.

마지막으로 기준선보다 높이 올라오도록 플루이드를 주입한 다음 뚜껑을 덮으면 작업은 완료된다.

파워 스티어링 플루이드와 ATF의 차이

파워 스티어링 플루이드와 ATF는 서로 가까운 관계다. 예전에는 파워 스티어링에 ATF를 사용하는 것이 일반적이었으며, 현재도 차종에 따라서는 파워 스티어링에 ATF를 사용한다. 그러므로 ATF를 사용하는 차량에 파워 스티어링 플루이드를 주입해도 되지 않겠느냐고 생각하기 쉬운데, 엄밀히 말하면 양자는 구별해서 사용하는 편이 바람직하다. 파워 스티어링의 구조는 차종에 따라 사용하는 플루이드에 맞춰 설계되어 있으므로 혼용하거나 바꿔서 사용하면 부품에 영향을 끼칠 가능성이 있으며, 최악의 경우 누액의 원인이 될 수도 있다. 무엇을 사용할지 망설여질 때는 자동차 제조사에서 권장하는 제품을 사용하면 틀림없다.

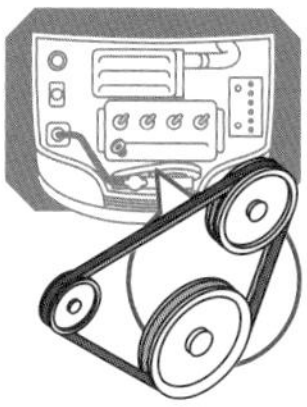

엔진 벨트의 장력 조절

작업 시간 30분 **부품 총액** 0원 **사용 공구** 더블 옵셋 렌치, 소켓 렌치

엔진 벨트의 장력 불량은 다양한 문제를 초래한다. 정기적으로 점검해 정상치를 유지하자.

보조 장치의 위치를 바꿔 벨트의 장력을 더한다

엔진의 회전력을 알터네이터와 파워 스티어링의 펌프, 에어컨의 컴프레서, 워터 펌프 등에 전달하는 보조 장치 구동용 벨트의 점검과 조절도 자가 정비의 한 축이 되는 항목이다. 벨트의 장력이 약하면 벨트가 미끄러지고, 반대로 장력이 너무 강하면 각 보조 장치의 베어링이 손상될 우려가 있다. 장력을 조절하는 작업은 알터네이터나 파워 스티어링을 고정하는 볼트를 풀고 어저스터(adjuster)로 보조 장치의 위치를 옮기기만 하면 되므로 매우 간단하다. 하지만 손을 집어넣기가 힘든 장소인 만큼 차종에 따라서는 조금 애를 먹을 수도 있다.

사진 속 자동차는 벨트를 2개 사용하는데, 왼쪽이 알터네이터와 워터 펌프, 오른쪽이 파워 스티어링과 에어컨의 컴프레서를 구동한다.

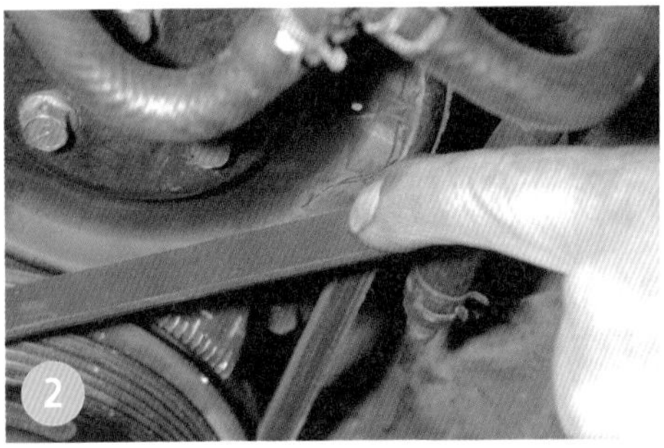

장력 조절이 필요한지는 벨트를 눌러서 판단한다. 두 풀리의 중간을 약 10킬로그램의 힘으로 눌렀을 때 1센티미터 정도 휘어지는 것이 적정 수준이다. 이보다 심하거나 덜하면 조절이 필요하다. 사진은 오른쪽 벨트다.

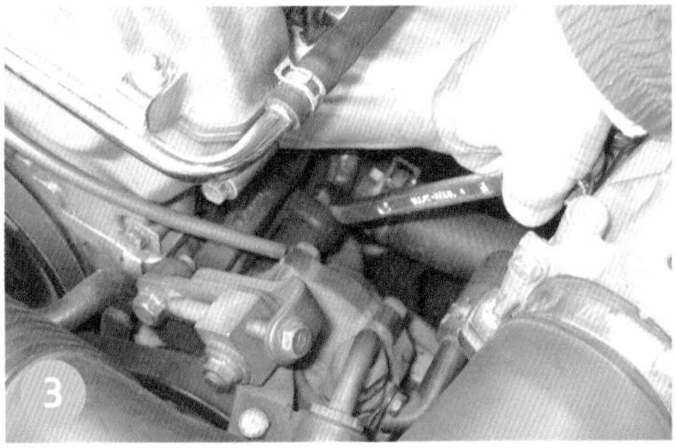

먼저 오른쪽 벨트를 조절한다. 파워 스티어링 펌프를 고정하고 있는 볼트 2개 중 엔진 쪽 볼트를 푼다. 여기가 장력 조절의 받침점이 된다.

어저스터의 잠금 너트를 푼다. 이렇게 하면 어저스터를 움직일 수 있다.

어저스터를 조인다. 오른쪽으로 돌리면 벨트의 장력이 강해지고 왼쪽으로 돌리면 약해지므로 벨트를 눌러 장력을 확인하면서 최적의 위치로 옮긴다.

잠금 너트를 조여 고정한다. 그 다음에는 앞에서 풀었던 받침점 쪽의 볼트를 조여 고정하면 조절 작업이 완료된다.

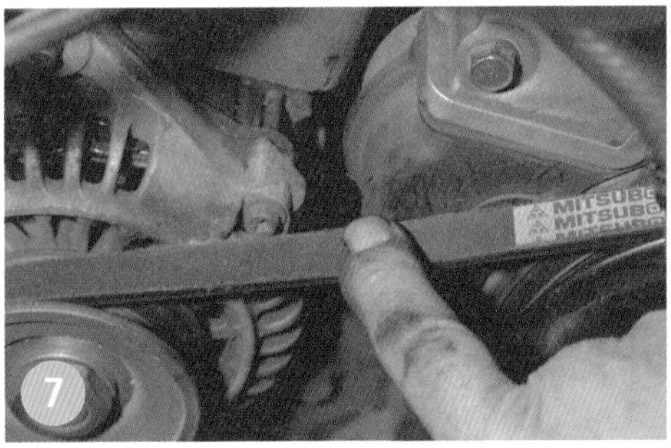

알터네이터와 워터 펌프를 구동하는 왼쪽 벨트는 조금 폭이 좁지만 장력 조절 방법은 기본적으로 같다. 먼저 장력이 어느 정도인지 확인한다.

알터네이터의 엔진 쪽 고정 볼트를 푼다. 사진 속 자동차의 경우 흡기관 아래에 숨어 있다.

알터네이터의 상부에 있는 어저스터의 고정 볼트를 푼다.

오른쪽의 벨트와 마찬가지로 어저스트를 이용해 장력을 조절한다. 마지막으로 어저스터의 고정 볼트와 받침점이 되는 엔진 쪽 볼트를 조이면 모든 작업이 완료된다.

벨트에서 소리가 날 때

요즘 벨트는 튼튼하기 때문에 어지간해서는 끊어지는 일이 없지만, 오래되면 '끽끽' 하는 소리가 날 때가 있다. 원인은 벨트의 열화다. 문제를 근본적으로 해결하려면 벨트를 교체하는 수밖에 없지만, 일단 소리라도 없애고 싶다면 화학 용품이 효과적이다. 전용 소음 방지제나 고무 보호제 또는 실리콘 그리스 등을 벨트의 측면에 조금 바르면 거짓말처럼 조용해진다.

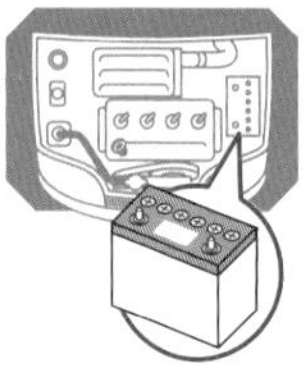

배터리의 점검

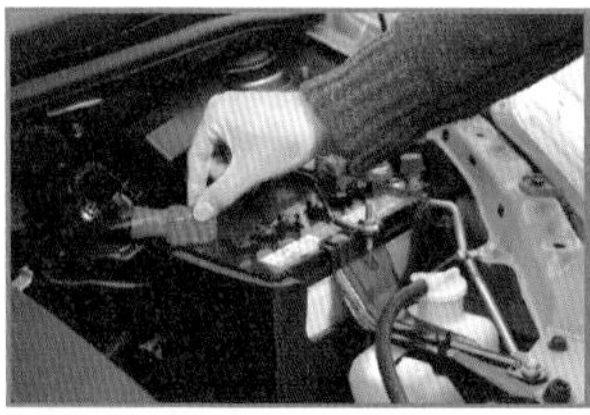

작업 시간 30분 **부품 총액** 0원 **사용 공구** 스패너, 샌드페이퍼

배터리 이상은 곧 자동차의 상태가 이상함을 의미한다. 미연에 문제를 방지하기 위해 자주 점검해주자.

액량과 단자의 접속 상태를 중심으로 본다

램프나 모터로 작동하는 기기는 물론이고 엔진과 미션 등 각 부분에서 전자화가 상당히 진행되어 요즘 자동차는 전기 자동차라고 불러도 과언이 아닐 정도다. 그런 까닭에 배터리가 방전되거나 수명이 다 되면 자동차는 전혀 움직이지 못하는 상태가 되므로 보수 점검을 확실히 해줘야 한다. 점검 포인트는 액량과 단자의 접속 상태다. 액량 부족은 배터리의 수명을 줄이며, 접속 불량은 충·방전을 방해하고 자동차의 이상이나 방전을 일으키는 원인이 되기도 한다. 정기적으로 충·방전을 하는 것도 배터리의 수명을 늘리는 비결이다.

배터리 점검의 첫걸음은 액량을 확인하는 일이다. 액면이 케이스 옆에 표시되어 있는 두 선 사이에 있으면 정상이다. 케이스 내부는 6개의 전해조(셀)가 독립되어 있으므로 하나하나 점검한다.

액량이 부족하다면 뚜껑을 벗기고 배터리액을 보충할 준비를 한다. 이때 캡에 묻은 배터리액은 절대 만지지 말자. 배터리액은 황산이므로 만약 닿으면 피부가 상하고, 옷에 구멍이 뚫린다. 만약 손에 묻었다면 즉시 대량의 물로 씻어내자. 참고로 뚜껑이 달려 있지 않은 배터리는 이 작업을 할 수 없다.

배터리액을 보충할 때는 액량을 확인하면서 조금씩 붓는다. 너무 많이 넣으면 황산의 농도가 옅어져서 배터리에 좋지 않으며, 주행 중에 새어나올 수도 있다.

배터리액 보충이 끝났으면 뚜껑을 닫고 표면에 묻은 배터리액을 닦아낸다. 배터리액은 차체에도 좋지 않으니 뒤처리를 철저히 하자.

정비를 하지 않은 배터리 단자는 표면이 가루로 덮인 상태여서 배터리 쪽의 포스트(전극)와 터미널의 접촉 상태가 어떤지도 확인할 수가 없다.

배터리의 단자는 마이너스극 쪽부터 떼는 것이 철칙이다. 또 수입차 중에는 반드시 정차 후 일정 시간이 지난 뒤에 배터리를 분리해야 하는 차종이나, 배터리를 분리하면 차량에 탑재된 컴퓨터가 초기화되는 차종도 있으니 주의하자.

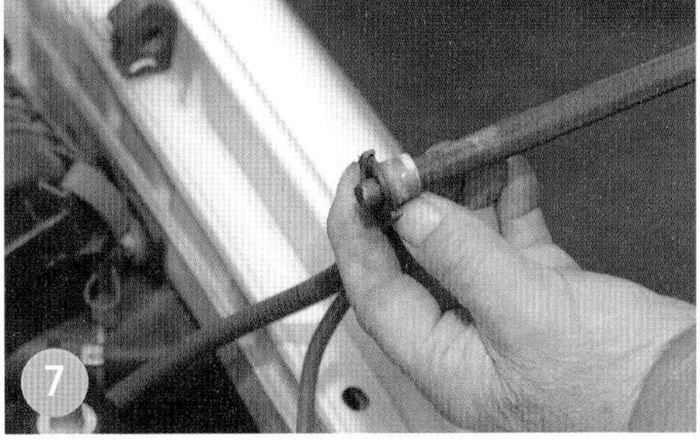

터미널의 접촉 부분이 더러울 경우는 둥근 쇠줄이나 샌드페이퍼(사포)를 둥글게 만 것을 단자의 구멍에 끼워 넣어 손질한다.

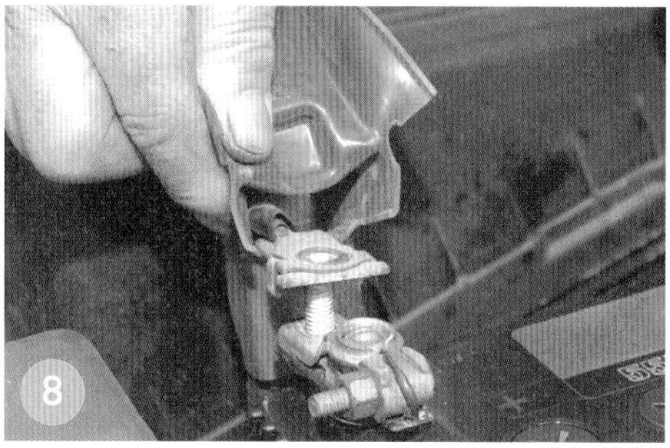

플러스극 쪽은 터미널이 코드와 분리되지 않는 유형도 있다. 그럴 경우는 벗겨낼 수 있는 부분을 전부 벗겨내고 접촉부를 손질한 다음 다시 부착한다.

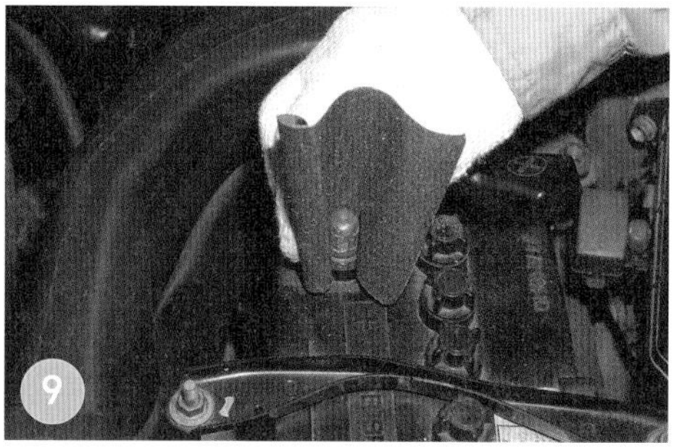

배터리의 전극도 확실히 접촉되도록 샌드페이퍼로 손질한다. 이때 힘을 주면 심하게 갈리므로 너무 거칠지 않은 샌드페이퍼를 사용해 전체를 가볍게 닦는 기분으로 손질한다.

작업 완료. 이것으로 배터리의 수명이 다하지 않는 한 당분간 배터리 때문에 걱정할 일은 없다.

배터리의 충전

배터리의 수명을 늘리는 비결 중 하나는 잦은 충·방전이다. 정기적으로 충전하면 배터리가 놀랄 만큼 오래간다. 다만 깜빡 잊고 과충전을 하면 반대로 배터리의 수명이 크게 줄어드니 주의해야 한다. 충전 상태를 감시하는 기능을 갖춘 충전기를 고르자.

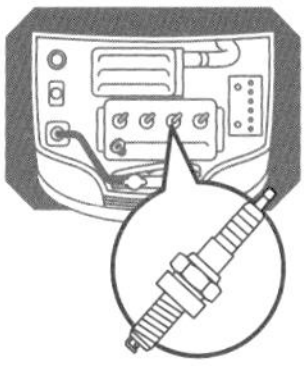

점화 플러그의 교체

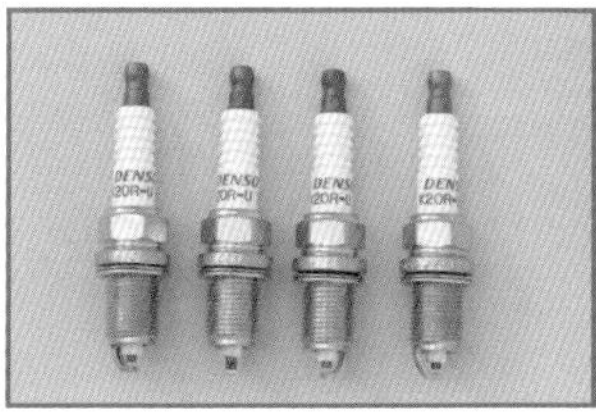

작업 시간
30분

부품 총액
7,920원(1개)

사용 공구
점화 플러그용 소켓 렌치

신품 점화 플러그. 차종과 엔진에 따라 지정된 표준 플러그 혹은 호환성이 있는 제품을 선택한다. 특히 열가(Heat range)를 틀리지 않도록 주의하자.

엔진 성능을 끌어내는 핵심 부품

점화 플러그는 흡입, 압축된 혼합기에 불을 붙이는 중요한 역할을 하는 부품이다. 교체 작업은 실린더 헤드의 맨 위에 장착된 점화 플러그를 렌치로 빼내고 새로운 플러그와 교체하면 끝이지만, 엔진의 윗면에 커버가 씌워져 있는 차종의 경우는 커버를 벗기는 데 조금 시간이 걸릴 가능성이 있다. 과거에는 점화 플러그의 발화부를 청소하거나 간극을 조절하는 작업도 했지만, 현재는 2~4만 킬로미터를 주행하면 신품으로 교체하는 방식이 일반적이다. 참고로 업체 순정 백금 플러그를 장착한 차량은 10만 킬로미터 정도까지는 교체할 필요가 없다.

엔진 상부를 지나가는 고압 코드의 끝에 점화 플러그가 붙어 있다.

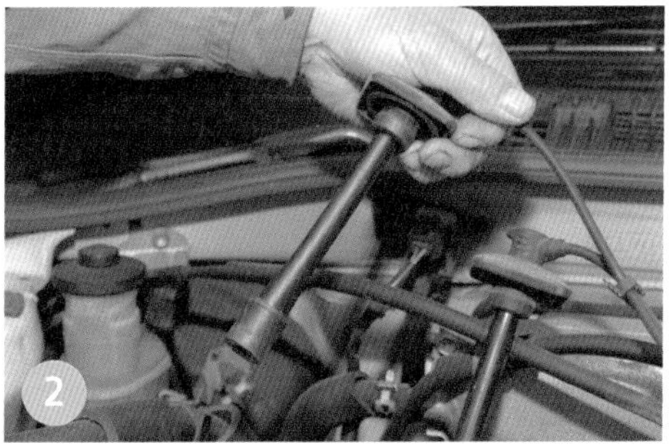

고압 코드의 캡을 뽑는다. 무턱대고 코드를 잡아당기면 내부에서 단선될 우려가 있으니 신중하게 천천히 뽑자.

점화 플러그용 소켓을 부착한 렌치로 푼다. 처음에는 단단히 조여져 있지만 일단 느슨해지면 가볍게 돌릴 수 있다.

오래된 플러그를 조심스럽게 뽑는다. 이때 거칠게 다루면 플러그가 빠져서 떨어지니 주의해야 한다. 플러그를 뽑아낸 구멍으로 이물질이 떨어지지 않도록 하는 것도 중요하다.

신품과 오래된 플러그의 발화부를 비교한 사진. 신품은 중심의 전극 끝이 평평한 데 비해 오래된 플러그는 방전의 영향으로 조금 둥글다. 그러나 사진 속 플러그는 연한 갈색으로 깨끗하게 탄 양호한 상태다. 새하얗거나 까맣다면 플러그의 열가가 일치하지 않았을 가능성이 높다. 오일이 묻어 있다면 다른 문제도 의심된다.

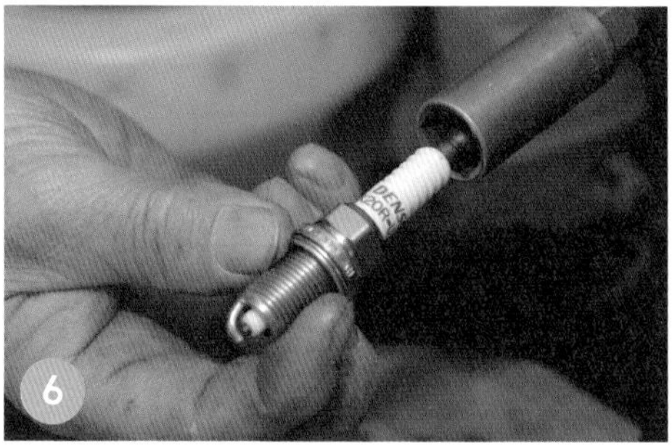

새 플러그를 소켓에 장착한다. 플러그용 소켓은 자석이나 고무의 힘으로 플러그를 확실히 잡아준다.

플러그 구멍에 끼워 넣는다. 이때 끝의 발화부가 엔진에 닿아 간극이 엉망이 되지 않도록 주의한다.

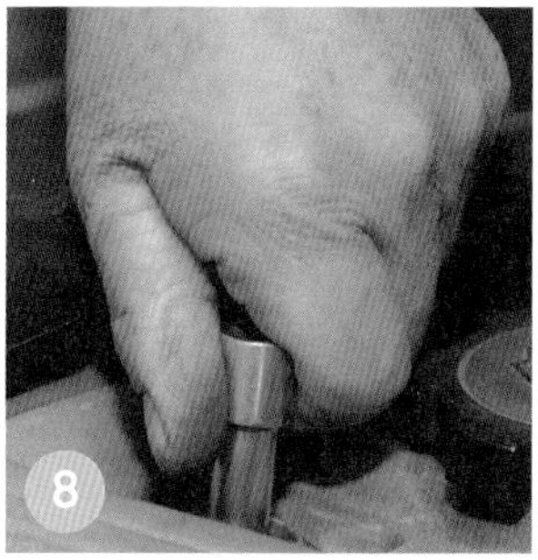

렌치의 스티어링 휠을 빼고 손으로 익스텐션 바를 돌려 최대한 조인다.

다시 스티어링 휠을 끼워서 2분의 1 바퀴 정도 더 조인다. 신품 플러그는 이 작업을 통해 와셔(자릿쇠)가 적당히 뭉개져 확실히 고정된다. 또 사용한 적이 있는 플러그의 경우는 4분의 1에서 8분의 1 바퀴 정도 조인다.

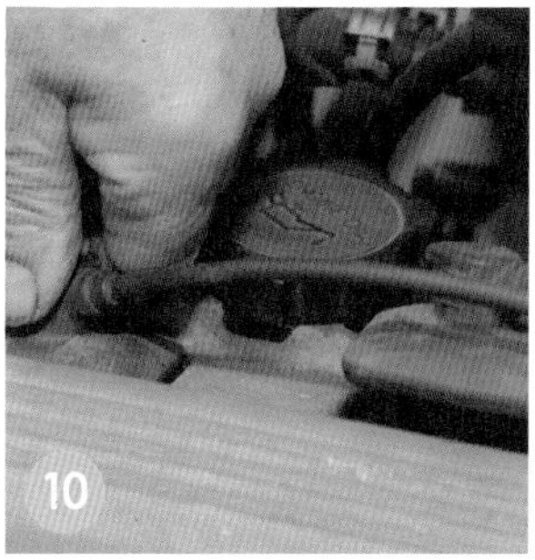

모든 실린더의 플러그를 교체했으면 코드를 장착한다. 캡 안에서 플러그의 머리가 탁 하는 느낌이 나며 들어갈 때까지 서서히 누른다. 코드를 원래대로 연결하면 작업은 완료된다.

점화 플러그의 열가

플러그를 교체할 때는 차종과 엔진별로 지정된 플러그를 장착하는 것이 가장 좋은데, 그 지정 플러그에도 몇 가지 종류가 있다. 가령 BKR6E-11이 표준일 경우 BKR5-11, BKR7E-11도 사용 가능하다는 내용이 자동차의 사용자 매뉴얼에 기재되어 있다. 이 셋의 주된 차이는 5, 6, 7이라는 수치인데, 이것이 각 플러그의 열가다. 수치가 작을수록 저속 주행 혹은 추운 환경에서도 불이 잘 붙는 유형(열형)이며, 반대로 수치가 클수록 연속 고속 주행이나 더운 환경에 적합한 잘 식는 유형(냉형)이다. 그래서 플러그가 살짝 탔을 경우는 열가를 낮추고 심하게 탔을 때는 열가를 높이는 방법도 있다. 하지만 요즘 엔진은 어지간히 가혹하게 사용하지 않는 이상 표준 플러그가 폭넓게 대응해준다. 참고로 플러그의 열가 표기는 플러그 제조 회사에 따라 달라서, 위에서 소개한 NGK 플러그의 5, 6, 7은 덴소 플러그의 경우 16, 20, 22에 해당한다. 맨 뒤에 붙은 11은 전극의 간극이 1.1밀리미터임을 나타낸다.

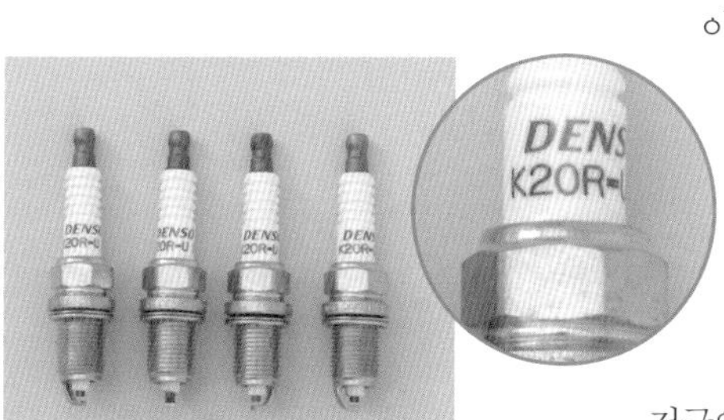

브레이크 패드/슈의 잔량 점검

작업 시간 60분 | 부품 총액 0원 | 사용 공구 잭, 더블 옵셋 렌치

브레이크 패드의 잔량을 확인해놓으면 안심하고 브레이크를 밟을 수 있다.

프런트를 중심으로 점검한다

디스크 브레이크는 로터를 양쪽에서 패드로 감싸서 제동하며, 드럼 브레이크는 드럼 안쪽에서 슈를 압착시켜 제동한다. 따라서 패드나 슈는 브레이크를 밟을 때마다 조금씩 마모되며, 특히 제동력의 대부분을 담당하는 앞바퀴의 브레이크 패드는 운전 방법에 따라 차이는 있지만 5~6만 킬로미터 정도를 달리면 상당히 닳아 없어진다. 브레이크 패드의 두께가 약 1밀리미터 정도라면 교체해야 한다고 알려져 있으며, 마모가 진행되면 운전석의 경고등이 들어오거나 패드에 들어 있는 경고용 금속이 제동 시에 끼익 하는 소리를 내서 알려준다. 하지만 그렇게 되기 전에 점검해두자. 작업을 하려면 타이어를 빼야 하므로 타이어를 점검하거나 교체할 때 함께하면 효율적이다.

프런트 FRONT

① 브레이크는 휠 안쪽에 있기 때문에 패드나 슈의 잔량을 점검하기 위해서는 먼저 잭업을 하고 휠을 빼내야 한다.
② 타이어를 빼면 서스펜션에 매달린 바퀴와 브레이크가 나타난다. 브레이크 패드는 로터를 양쪽에서 감싸는 형태로 캘리퍼 안에 장착되어 있다.

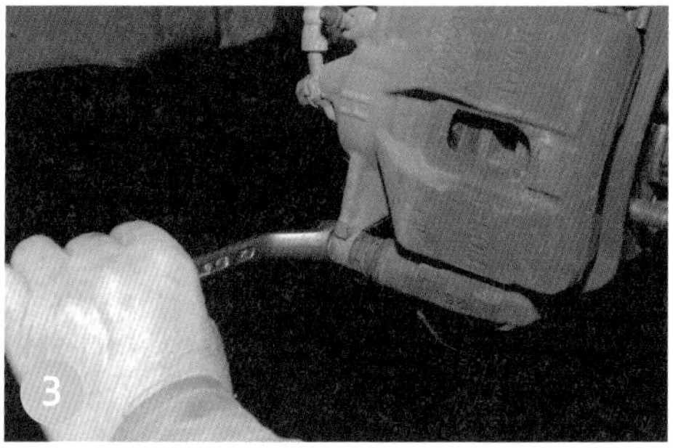

캘리퍼에는 점검창이 있어서 패드의 잔량을 확인할 수 있지만, 패드의 상태를 자세히 보고 싶다면 분해한다. 캘리퍼 하단의 볼트를 푼다.

볼트를 빼면 상단의 슬라이드 핀을 받침점으로 캘리퍼를 들어 올릴 수 있다.

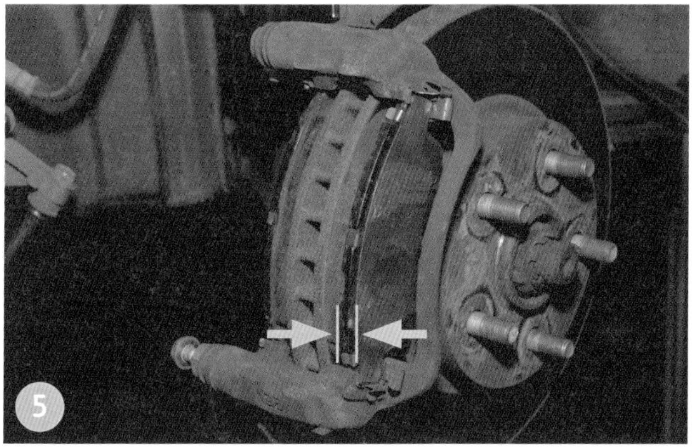

위쪽으로 크게 들어 올리면 캘리퍼가 차체 안쪽 방향으로 빠지면서 패드 전체가 노출된다. 패드는 로터에 접촉하는 마모재의 두께(화살표 부분, 뒤쪽에 있다)가 1밀리미터 근처까지 줄어들었다면 교체한다.

캘리퍼를 끼우기 전에 상부의 슬라이드 핀에 브레이크용 그리스를 바른다. 제동 시의 움직임이 좋아져 제동감이 향상된다.
하부에 있는 볼트의 끝부분도 캘리퍼가 미끄러지도록 핀 모양으로 되어 있다. 여기에도 그리스를 발라준 다음 원래의 상태로 조립한다.

리어 REAR

드럼 브레이크는 브레이크 기구를 드럼이 완전히 뒤덮고 있기 때문에 드럼을 벗겨야 점검할 수 있다.

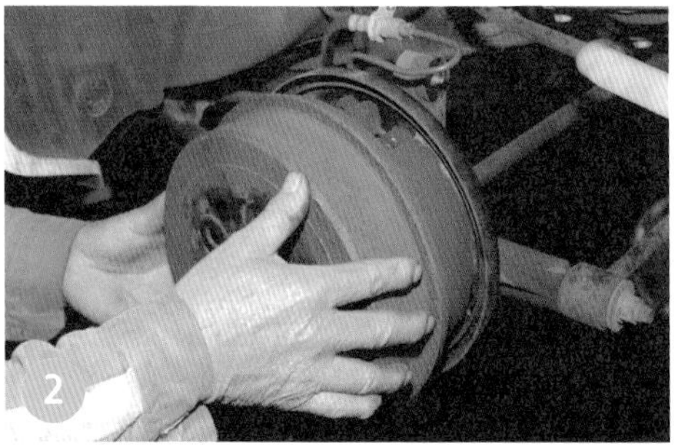

드럼은 대개 단순히 끼워져 있을 뿐이므로 사이드 브레이크만 풀면 손으로 벗겨낼 수 있다. 만약 고착되어 있다면 플라스틱 해머 등으로 두드려서 벗긴다.

드럼을 벗기면 슈 한 쌍이 나타난다. 상부에 있는 피스톤이 슈를 양쪽으로 누르면서 드럼 안쪽에 압착시키는 방식으로 제동한다. 슈는 피스톤과 가까운 차체 앞쪽 방향의 위쪽이 가장 많이 마모되므로 이곳을 중심으로 점검한다. 슈가 비정상적으로 마모되었다면 교체해야 한다.

피스톤에서 액체가 새지 않는지도 확인한다. 만약 새고 있거나 샌 자국이 있다면 분해해서 교체해야 한다.

드럼 안쪽도 점검한다. 표면이 거칠다면 내부 전체를 샌드페이퍼로 갈아 매끄럽게 만든다.

사이드 브레이크의 점검과 조절

작업 시간
18분

부품 총액
0원

사용 공구
드라이버, 스패너

조절해서 바로잡으면 작은 힘으로 확실히 브레이크를 걸 수 있다.

노치 수로 당김 거리의 좋고 나쁨을 판단한다

사이드 브레이크는 주차뿐만 아니라 수동 변속기 자동차로 비탈길에서 발진할 경우에 필요한 장치다. 항상 좋은 컨디션을 유지하도록 관리하자. 사이드 브레이크의 구조는 센터 콘솔 옆 또는 대시보드 아래에 있는 레버나 페달로 와이어를 잡아당겨 뒷바퀴의 드럼이나 디스크 브레이크를 기계적으로 작동시키는 단순한 방식이므로 조절도 간단히 할 수 있다. 일반적인 레버식의 경우, 주위의 커버를 벗기고 조절용 너트를 돌려 레버의 당김 거리를 바꾸기만 하면 끝이다. 누구나 금방 할 수 있는 작업이다. 다만 브레이크 자체가 확실히 정비되어 있지 않으면 조절해도 효과가 없다.

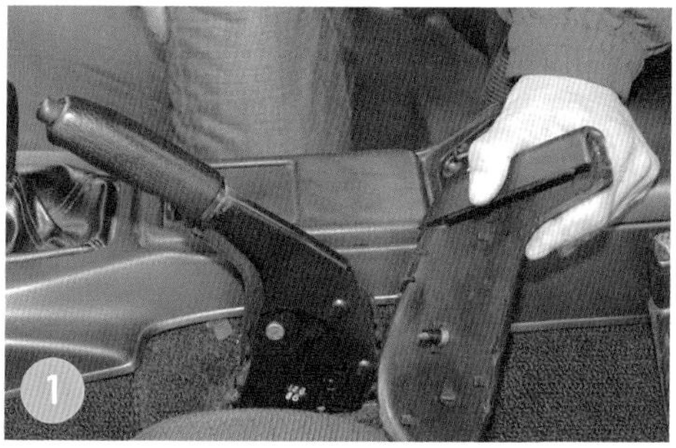

작업을 위해 일단 커버를 벗겨야 한다. 드라이버 등으로 나사를 풀고 커버를 벗긴다.

레버가 시작되는 부분에 조절용으로 쓰는 가늘고 긴 너트가 달려 있다. 레버를 내리면 돌리기 쉬워진다.

스패너를 사용해 너트를 조인다. 한꺼번에 너무 많이 돌리면 당김 거리가 줄어든다. 레버를 당기면서 조금씩 조절한다.

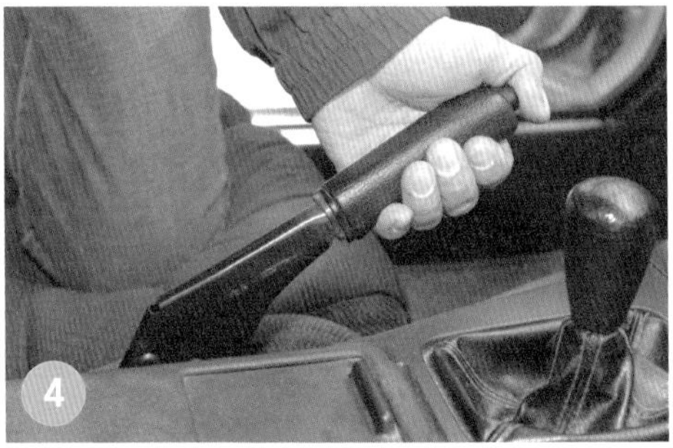

당김 거리는 '딸깍, 딸깍' 하는 노치 수로 9 전후가 적당하다. 이 정도 당김 거리일 때 가장 편하게 브레이크를 걸 수가 있다. 레버의 받침점이나 톱니 부분에 그리스를 조금 바르면 조작할 때의 소리도 줄어든다.

커버를 원래대로 끼우면 완료된다. 이것으로 사이드 브레이크를 사용하기가 훨씬 편해진다.

워셔의 점검과 조절

작업 시간 18분 **부품 총액** 0원 **사용 공구** 안전핀

노즐이 막히지 않고 각도도 적절한 워셔는 단시간에 유리창을 깨끗하게 닦아준다.

노즐 막힘을 해결하고 방향을 맞춘다

워셔는 전방 유리창을 깨끗하게 닦기 위한 기구인데, 물이 충분히 나오지 않거나 방향이 맞지 않으면 도움이 되지 않을 뿐만 아니라 오히려 유리창 전체를 지저분하게 한다. 이 문제의 원인은 워셔 노즐의 막힘 또는 적절하지 못한 노즐 방향이다. 또 탱크에 물이 충분히 들어 있고 모터가 돌아가는 소리가 나는데 물이 조금밖에 나오지 않을 때도 있는데, 이 경우에는 호스 접속부가 느슨해짐에 따른 누수 때문이다. 이와 같이 워셔 관련 문제는 전부 경미한 것들로, 물이 지나가는 길을 따라 찾아보면 반드시 원인을 찾아낼 수 있다. 세차하기 전에 작업하면 차체를 청소하는 수고도 줄어든다.

1 노즐 막힘의 원인은 왁스 찌꺼기일 때가 많다. 안전핀을 노즐에 꽂아 청소한다.

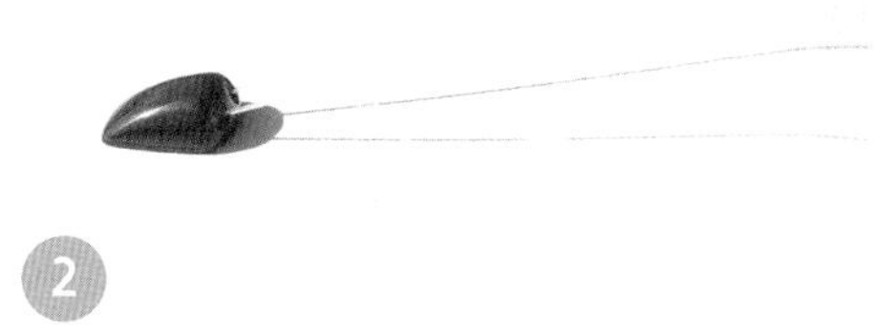

2 노즐의 방향도 역시 안전핀을 꽂아서 조절한다. 한 번에 최적의 방향을 찾는 일은 쉽지 않다.

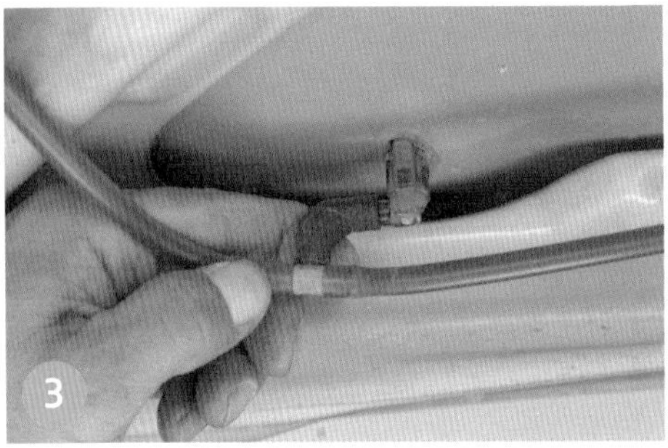

수량이 부족하면 호스 중간에서 물이 새는 경우가 많다. 보닛을 열고 호스를 따라가며 접속부를 중심으로 점검해 원인을 찾아낸다.

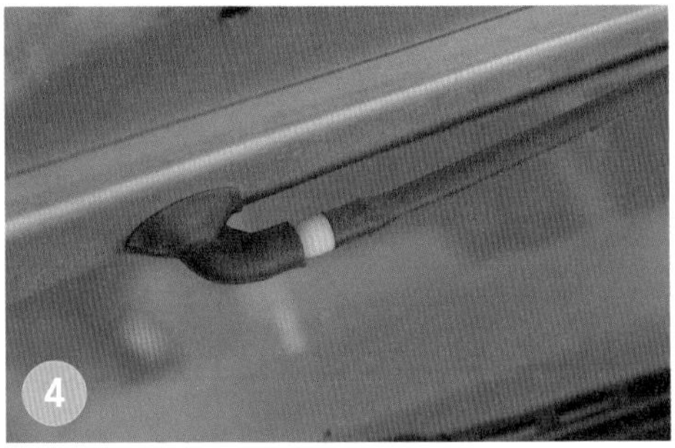

물이 나올 때까지 시간이 걸린다면 중간에 있는 체크 밸브의 고장을 의심할 수 있다. 체크 밸브의 위치는 탱크에서 먼 쪽의 노즐 근처다.

워셔 탱크와 모터는 비교적 쉽게 떼어낼 수 있다. 탱크 내부가 더럽다면 떼서 닦는다.

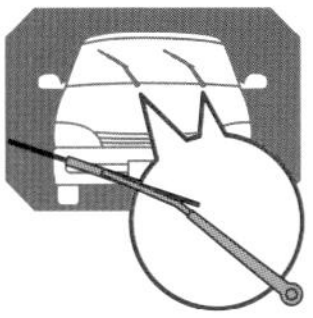

와이퍼의 교체

작업 시간
30분

부품 총액
16,000원(1개)

사용 공구
더블 옵셋 렌치, 드라이버, 롱 노즈 플라이어(라디오 펜치)

와이퍼 교체는 누구나 할 수 있는 비교적 간단한 작업이다. 와이퍼를 교체하면 비 오는 날의 시야가 크게 좋아진다.

열화된 와이퍼 고무나 블레이드는 빨리 교체한다

찌는 듯이 더운 여름과 매서운 한기의 겨울에도 야외에 노출되는 와이퍼 고무는 상상 이상으로 빠르게 열화된다. 초기 성능을 유지할 수 있는 기간은 고작해야 1년이다. 그 이상 시간이 경과하면 점점 성능이 저하되며, 그래도 계속 사용하면 고무의 일부가 찢어지기도 한다. 와이퍼 고무는 소모품이다. 순서를 익혀 자신의 손으로 교체하면 언제나 양호한 시야를 확보할 수 있다. 또 고무를 보호하는 블레이드도 점점 흔들림이 심해지므로 이것도 정기적으로 교체하는 것이 바람직하다. 와이퍼 암의 색이 바랬거나 녹이 슨 오래된 자동차의 경우 암까지 통째로 교체하면 외관도 젊어진다.

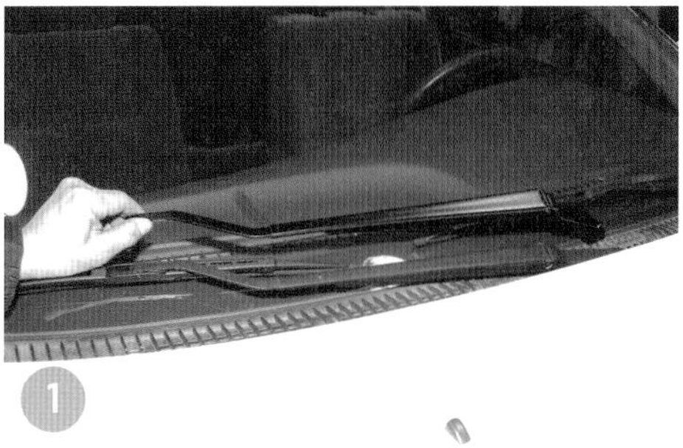

1

고무나 블레이드를 교체하는 방법도 있지만, 오래된 와이퍼는 암까지 통째로 교체하면 겉모습까지 좋아진다.

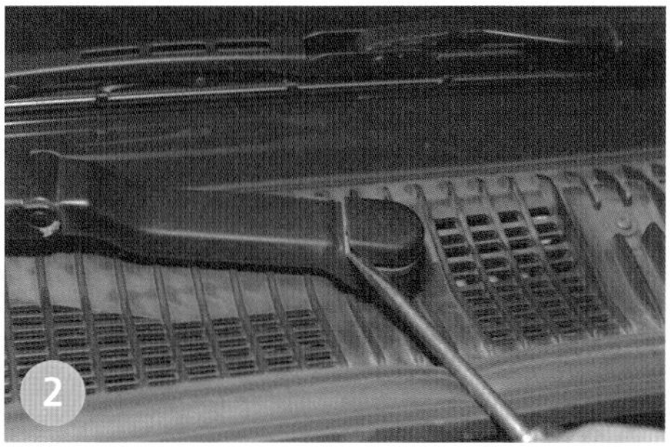

2

와이퍼 암은 좌우 회전을 반복하는 샤프트에 너트로 고정되어 있다. 먼저 커버를 벗긴다.

더블 옵셋 렌치로 너트를 풀고 수직으로 잡아당기면 빠지지만, 세로 방향으로 홈(톱니)이 파여 있기 때문에 오래된 와이퍼는 빼기 어려울 때가 적지 않다.

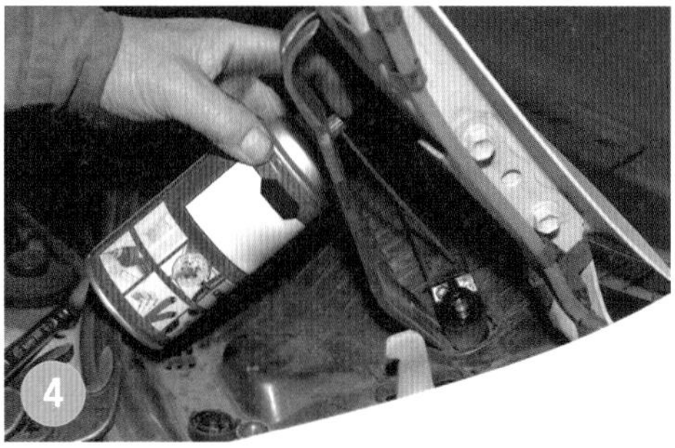

잘 빠지지 않을 경우는 스프레이식 침투 윤활제를 사용한다. 화학 용품의 힘도 활용하자.

고무만 교체하는 방법

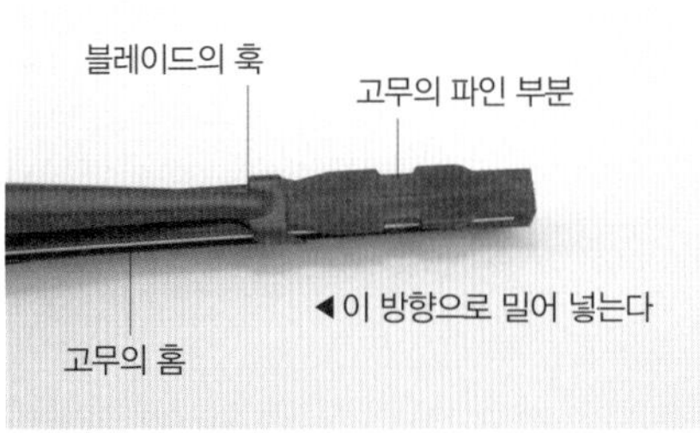

고무만 교체할 때는 고무 양쪽에 파여 있는 홈을 블레이드의 돌기에 맞추고 천천히 밀어 넣는다. 고무 끝에 오목한 곳이 있어서 그곳에 블레이드의 돌기가 들어간다.

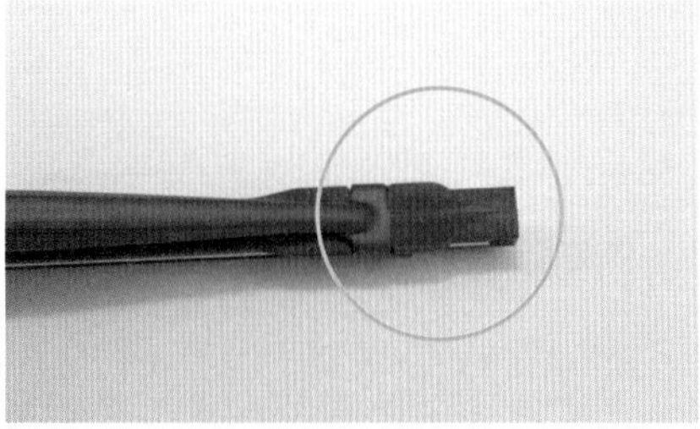

블레이드의 돌기가 고무 끝의 오목한 부분에 들어간 모습. 오목한 부분은 한쪽에만 있으므로 방향을 틀리지 않게 밀어 넣는다.

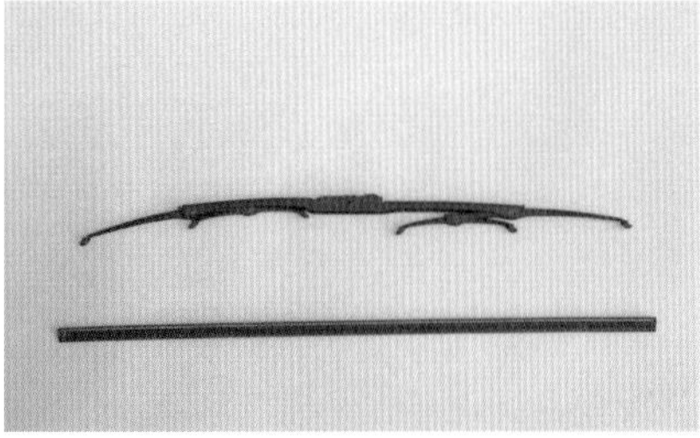

오래된 고무는 그대로 빼낸다.

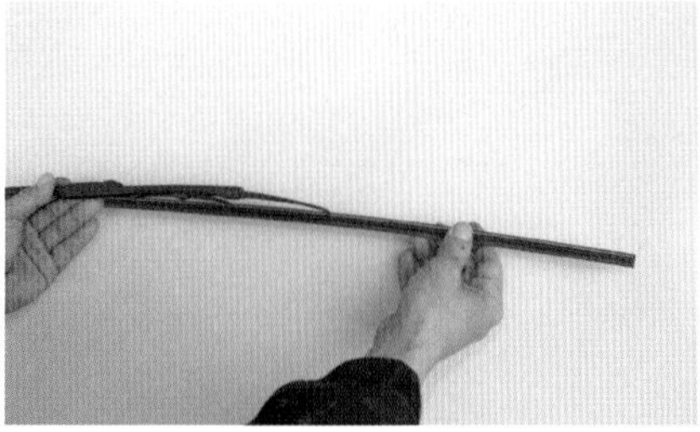

새 고무를 끼워 넣는다. 고무 양쪽의 홈에 가는 판 모양의 스프링을 끼우고 블레이드의 돌기에 밀어 넣는다. 마지막으로 고무 끝에 있는 오목한 부분을 돌기에 맞추면 교체가 완료된다.

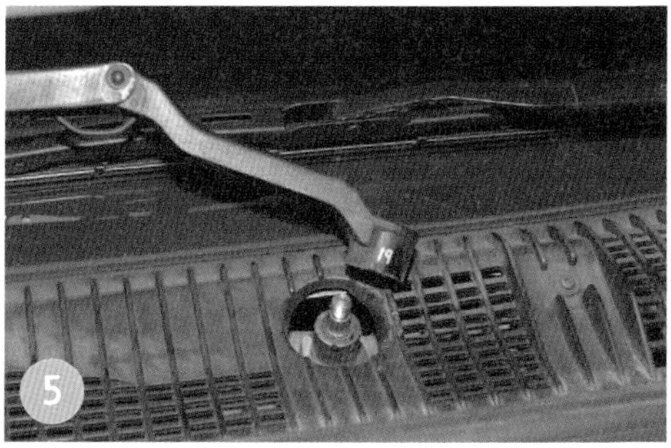

분리했으면 샤프트 주위나 톱니의 홈을 깨끗하게 닦는다.

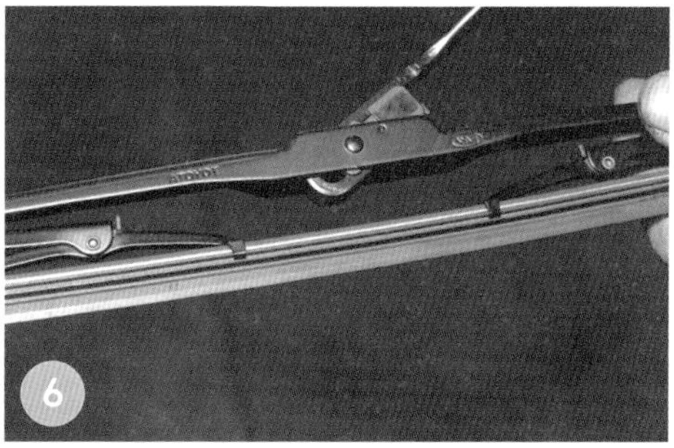

새로운 암에 블레이드를 장착한다. 암과 블레이드의 결합 방식은 나사로 고정하는 식, 끼워 넣기만 하면 되는 바요넷식, 사진처럼 U자형 고리에 거는 U자 고리식 등이 있다.

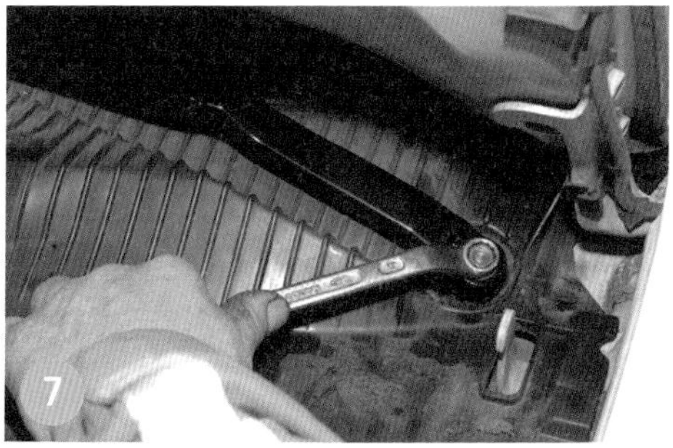

블레이드의 위치를 맞추고 암을 샤프트에 너트로 고정한다. 작동 중에 느슨해지지 않도록 홈에 정확히 맞추고 너트를 확실히 조인다.

퓨즈의 점검과 교체

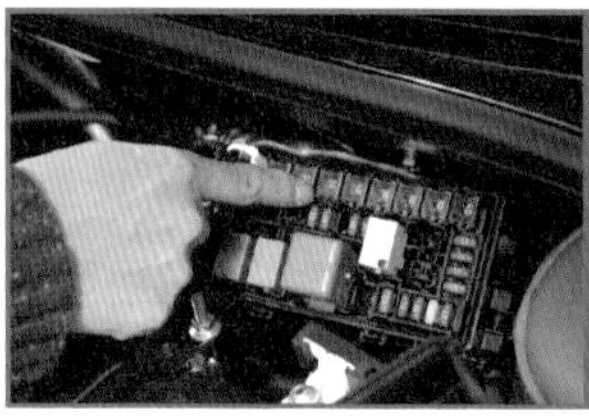

작업 시간 18분 | **부품 총액** 약 1,000원 | **사용 공구** 퓨즈 클립(차량에 있음)

퓨즈는 끊어진 뒤에 교체하는 것이 일반적이지만, 평소에 퓨즈 박스의 위치와 퓨즈 교체 방법을 알아두면 좋다.

만일의 상황에 대비해 순서를 익혀둔다

전기 장비에 문제가 생겨 전기 회로에 과도한 전류가 흘렀을 때, 회로를 보호하는 것이 바로 퓨즈의 역할이다. 만약 전기 회로에 퓨즈가 들어 있지 않으면 전기 장비에 불이 붙는 등 심각한 문제가 빈발할 것이다. 퓨즈는 끊어지고 나서야 교체하는 것이 보통이다. 그런 탓에 퓨즈가 어디에 있는지도 모르는 사람이나 퓨즈가 끊어졌을 때의 올바른 대처법을 모르는 사람도 적지 않다. 만일의 상황이 일어났을 때 당황하지 않기 위해서도 퓨즈에 관한 지식을 익히기 바란다. 중고차를 구매할 때는 올바른 용량의 퓨즈가 들어 있는지 확인하는 것도 중요하다.

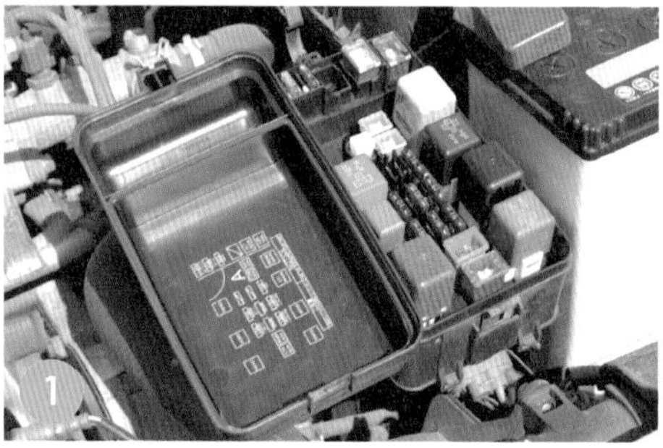

엔진룸 안의 퓨즈 박스는 일반적으로 운전석에서 가까운 배터리 근처에 있다. 윗면의 뚜껑을 열면 퓨즈가 나타난다. 각 퓨즈가 담당하는 회로가 어떤 것인지는 뚜껑 앞면이나 뒷면에 인쇄되어 있다.

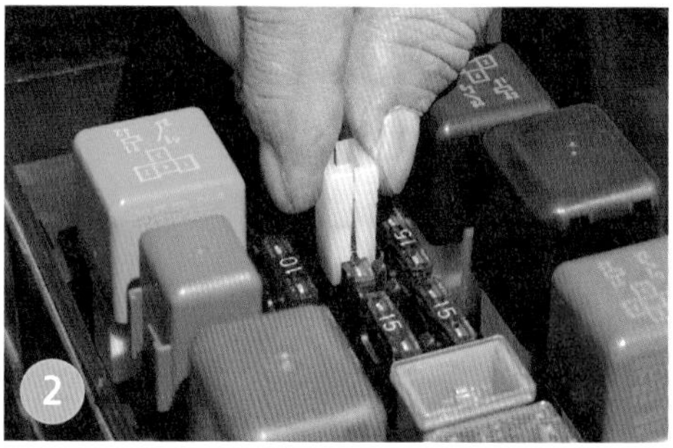

퓨즈의 교체. 퓨즈 박스 안에 있는 핀셋처럼 생긴 클립을 꺼내 교체할 퓨즈의 머리에 건다.

손가락의 힘을 빼고 위로 잡아당기면 퓨즈가 빠진다. 클립이 없을 때는 롱 노즈 플라이어(long nose plier) 등으로 뽑으면 된다.

끊어진 퓨즈. 플라스틱의 중앙부가 녹아서 끊어진 모습이 보인다.

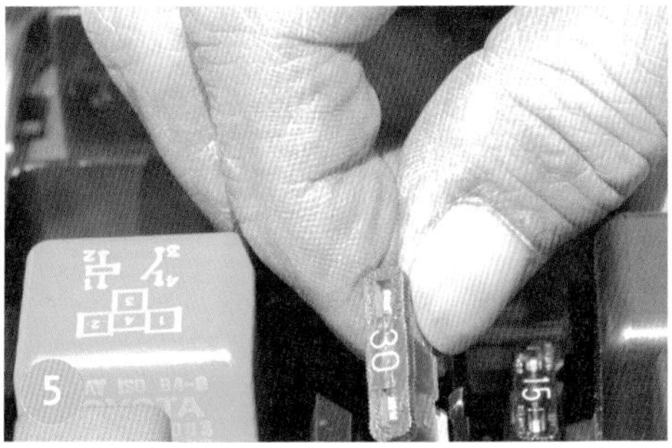

새로 끼울 퓨즈는 반드시 끊어진 것과 암페어 수가 같은 것을 선택한다. 규정보다 용량이 큰 퓨즈를 끼우면 높은 전류가 흘러도 끊어지지 않아 전기 장비나 코드에 손상을 입힐 위험성이 있으므로 절대 사용해서는 안 된다.

퓨즈를 장착한다. 옆의 퓨즈와 같은 높이가 되도록 손가락으로 누르면 된다. 교체를 했는데도 금방 같은 퓨즈가 끊어진다면 전기 장비나 회로에 문제가 있다는 뜻이므로 원인을 규명해야 한다.

운전석 아래의 측면 벽 또는 대시보드 아래에도 퓨즈 박스가 있다. 이쪽은 주로 실내의 전기 장비를 보호하기 위한 퓨즈다. 끊어졌을 때의 대처법은 엔진룸의 퓨즈와 똑같다.

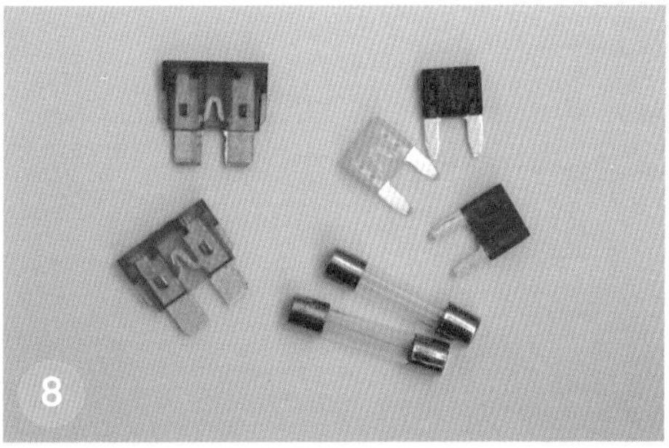

퓨즈는 자동차에 따라 크기가 다르다. 자신의 자동차에 사용되는 퓨즈가 무엇인지 기억해두자. 막대 모양의 퓨즈는 시중에서 판매하는 오디오 기기에 사용하는 것이다.

전기 배선 방법

자동차에 전기용품 등을 장착할 때 알아두면 편리한 것이 황동 단자나 전원 브리지 터미널(스카치락)을 사용한 전기 배선 방법이다. 공구는 압착 플라이어를 사용한다. 코드의 피복을 펜치로 벗기고 황동 단자를 끼운 다음 그 끝을 찌부러트려서 전선과 압착하면 끝이다. 2개의 코드에 암 단자와 수 단자를 끼우면 접속과 분리를 안전하고 확실하게 할 수 있는 배선이 완성된다. 전원 브리지 터미널은 코드를 벗기지 않고 분기시킬 때 편리한 부품이다. 코드 2개를 나란히 놓고 펜치 등으로 강하게 누르면 내부의 금속이 코드의 피복을 뚫고 전기를 전도한다. 코드 2개의 피복을 벗겨서 꼰 다음 비닐 테이프를 감는 방법은 자동차의 배선을 훼손하는 등 여러 문제의 원인이 되므로 하지 않는다.

황동 단자를 끼우는 법
① 먼저 절연 커버를 끼우고 코드 끝을 살짝 벗긴 다음, ② 단자를 압착하고 ③ 커버를 씌우면 완성. 암 단자와 수 단자를 만들면 확실히 배선을 할 수 있다.

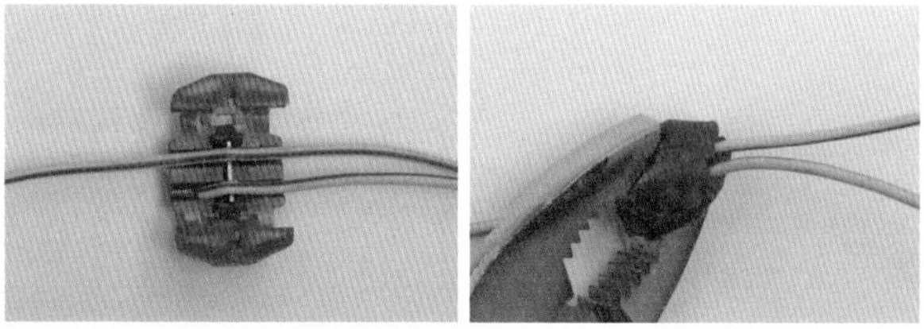

전원 브리지 터미널
① 금속 위에 코드 2개를 나란히 놓고, ② 덮개를 덮은 뒤 플라이어로 압착하면 완성.

헤드라이트/각종 전구의 교체

작업 시간
1시간

부품 총액
115,500원(헤드라이트)

사용 공구
스패너, 드라이버

라이트는 정상적으로 점등되지 않으면 안전에 지장을 초래할 우려가 있다. 또 점등 여부뿐만 아니라 밝기도 중요하다.

전구가 거무스름해졌으면 교체하라는 신호

가정에서도 때때로 전구가 끊어지는데, 이것은 자동차도 마찬가지다. 다만 가정의 경우는 설령 끊어지더라도 불편한 것으로 끝이지만 자동차의 경우는 안전에 영향을 주므로 즉시 교체해야 한다. 교체 방법은 헤드라이트의 경우 조금 번거롭지만, 다른 전구는 소켓 방식이기 때문에 와트 수와 모양만 같으면 누구나 손쉽게 교체할 수 있다. 전구를 일찌감치 교체해 전구가 끊어지는 사태를 미연에 방지하는 것도 현명한 방법이다. 백열구인 자동차의 전구는 오래되면 유리가 거무스름해지므로 이것을 기준으로 교체하면 된다. LED를 사용한 경우는 물론 예외다. 기존의 전구와 와트 수가 같은 전구를 고르는 것도 중요한 포인트다.

헤드라이트 전구의 교체

1 사진 속 자동차는 헤드라이트 옆에 미등과 사이드마커 램프가 붙어 있는 기본적인 구성이다.

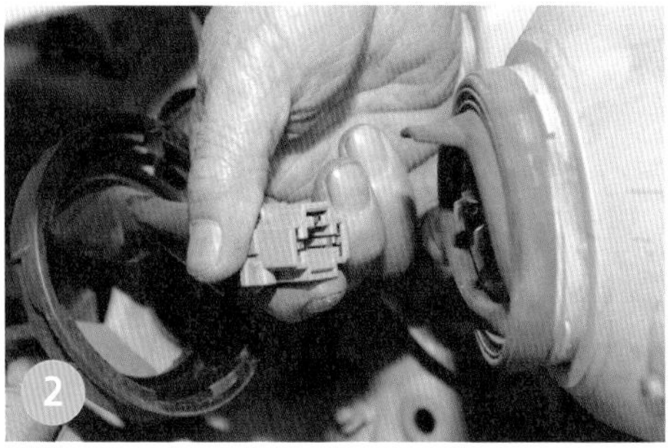

헤드라이트 전구의 교체. 먼저 라이트 후방에 붙어 있는 소켓을 뺀다.

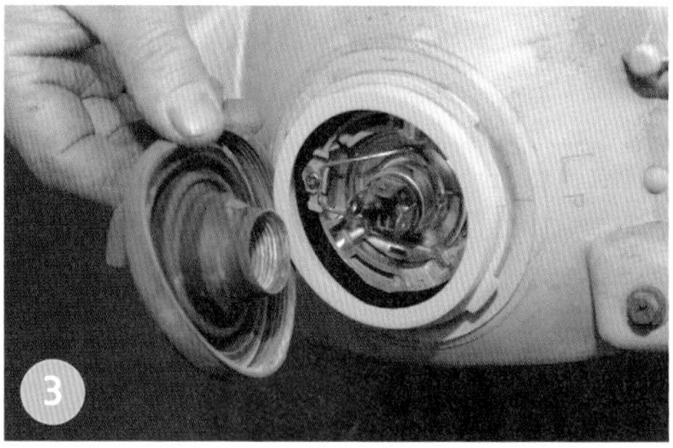

거울 뒤쪽의 개구부에 붙어 있는 방수용 고무 커버를 벗긴다.

V자형 스프링이 후방에서 전구를 고정하고 있다. 스프링을 빼낸다.

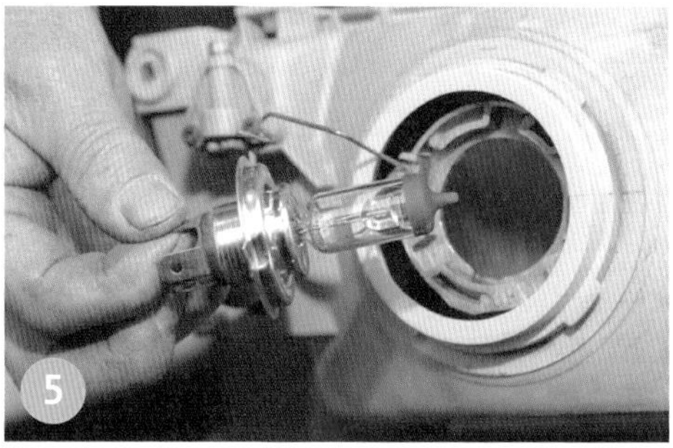

스프링을 눌러서 풀면 전구를 쉽게 뺄 수 있다. 또 할로겐전구는 유리 표면에 지문을 묻히면 그 부분에 열이 집중되어 수명이 크게 단축되므로 절대 맨손으로 만지지 말아야 한다. 혹시 만졌다면 알코올 등으로 지문을 깨끗하게 닦아낸다.

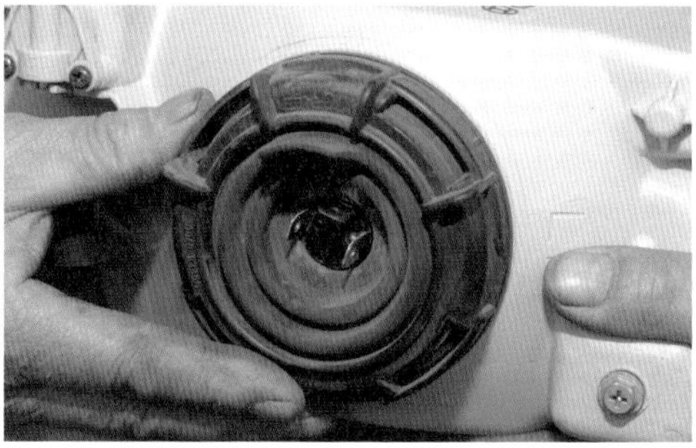

새 전구를 넣고 고정시킨 다음 방수 커버를 붙이고 마지막으로 커넥터를 끼우면 완성된다.

미등/사이드마커 램프의 전구 교체

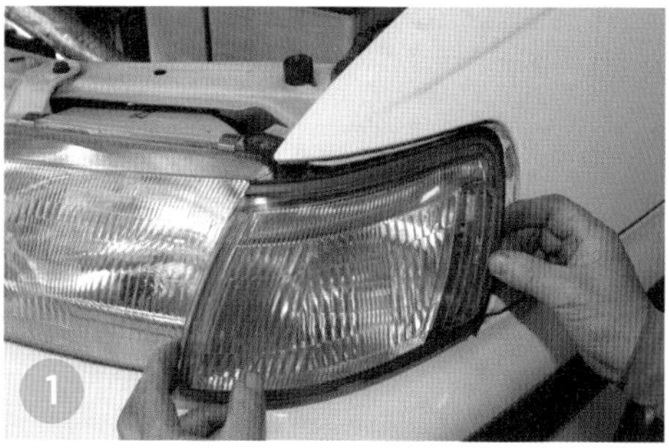

미등/사이드마커 램프의 전구를 교체하려면 렌즈 전체를 떼어내서 한다.

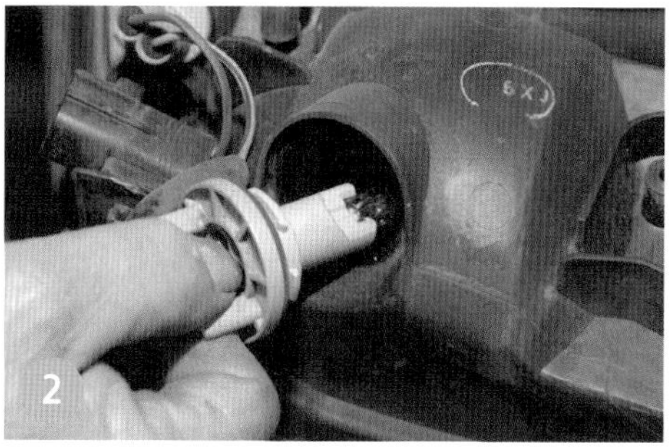

미등은 소켓 2개 중 큰 쪽에 끼워져 있다.

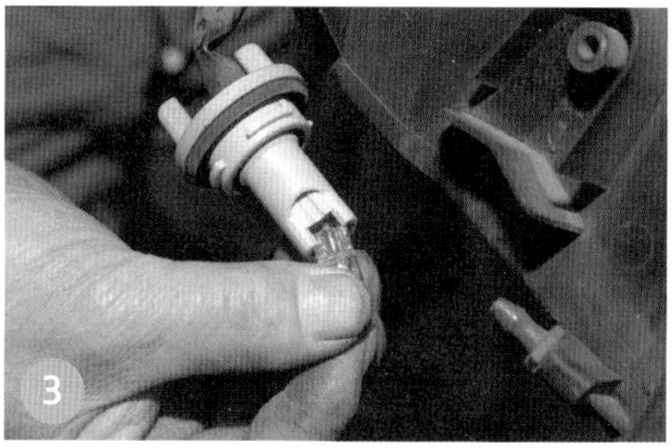

꺼내서 램프를 교체한다. 유리로 된 부분을 잡고 당기면 쉽게 빠진다.

작은 소켓에 끼워져 있는 사이드마커 램프도 소켓을 돌려서 빼고 전구를 교체한다.

방향 지시등/미등/제동등의 교체

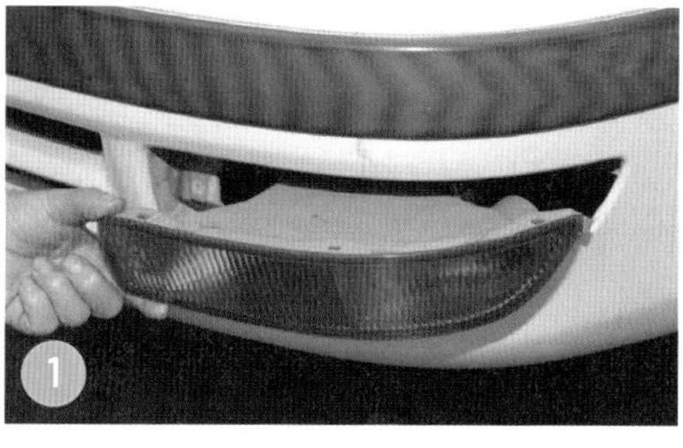

범퍼 밑에 있는 방향 지시등. 렌즈 고정 나사를 드라이버로 풀고 반사경을 꺼낸다.

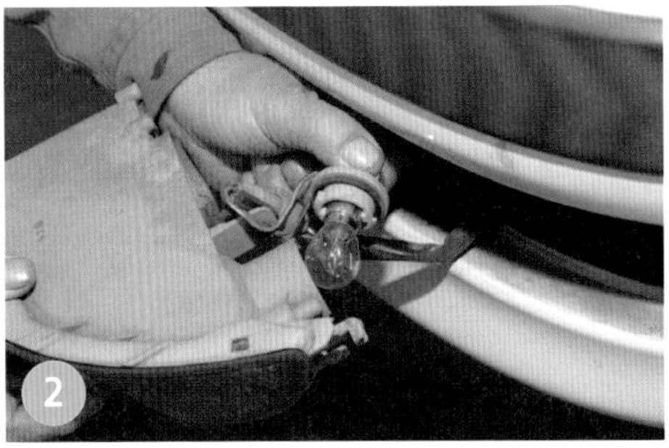

안쪽에 있는 반사경의 가장 안쪽 부분에 소켓이 붙어 있다. 방향 지시등 전구는 지정된 와트 수가 아니면 점멸 속도가 달라지므로 특히 주의해야 한다.

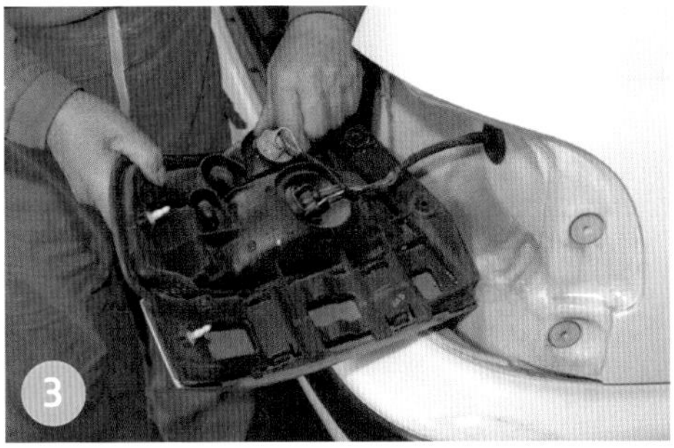

리어 콤비네이션 램프는 상단이 방향 지시등, 하단이 더블 필라멘트 전구를 사용한 미등과 제동등으로 구성되어 있다. 렌즈 전체를 떼어내 윗면에서 교체한다.

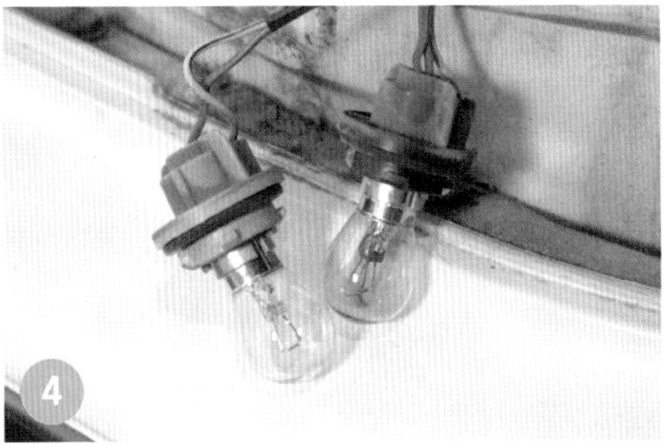

오랫동안 계속 사용하면 필라멘트가 증발해 유리 안쪽에 부착되어 거무스름해진다. 이렇게 되면 빨리 교체하는 것이 바람직하다.

제동등과 미등을 하나의 전구로 커버하는 더블 필라멘트 전구는 바닥에 전극이 2개 있으며, 고정을 위한 핀도 싱글 필라멘트와는 위치가 다르다. 덕분에 실수로 잘못 끼우는 일이 없다.

후진등/번호판등의 교체

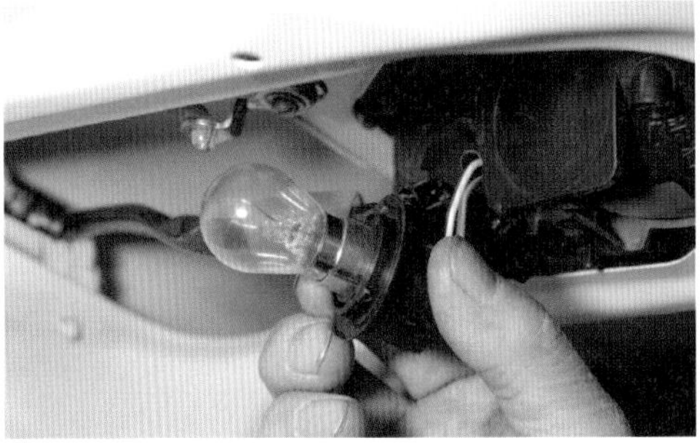

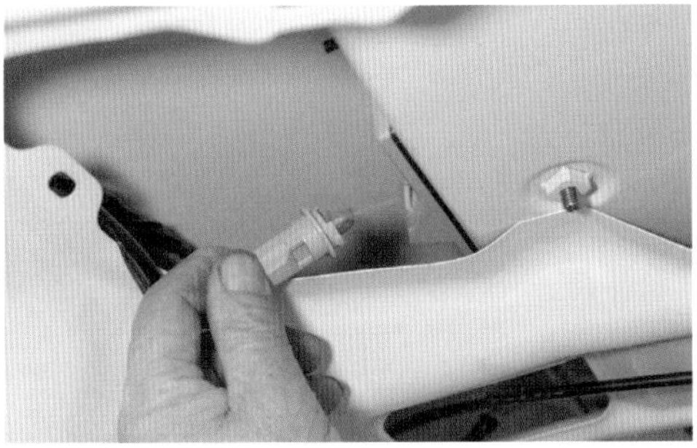

사진 속 자동차의 경우 후진등과 번호판등의 소켓이 전부 깊은 곳에 있기 때문에 손으로 더듬어서 찾아 교체하는 수밖에 없다.

보조 제동등의 교체

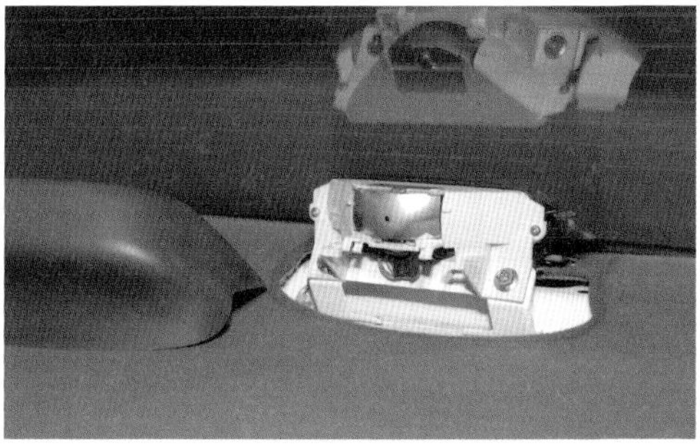

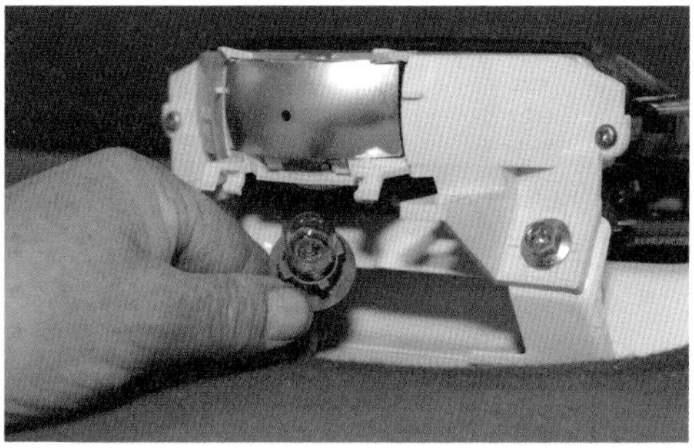

커버를 벗기면 소켓에 끼워진 전구가 나타난다. 이것도 다른 전구와 같은 방법으로 교체한다. LED 방식은 수명이 길기 때문에 기본적으로 교체할 필요가 없다.

실내등의 교체

실내등의 전구는 짧은 막대 형태가 많이 사용된다. 양 끝의 금속을 벌리고 꺼내 교체한다.

테일 램프 렌즈의 교체

작업 시간
30분

부품 총액
60,000원(1개)

사용 공구
소켓 렌치

테일 램프의 렌즈는 대부분의 자동차가 일체식이다. 사진의 렌즈는 하부에 차체와 같은 색의 플레이트를 붙여 장착하는 구조로 되어 있다.

깨지거나 손상되었을 때는 전체를 교체한다

자동차의 램프는 안전과 큰 관계가 있는 중요한 부분이다. 가령 방향 지시등이 정상적으로 점등되지 않거나 렌즈가 파손되면 주위의 자동차나 보행자에게 올바른 의사 표시를 할 수 없고, 다른 램프의 경우는 운전자의 시야를 좁혀 안전을 위협한다. 그렇기 때문에 램프 종류는 자동차 검사를 할 때 가장 엄격하게 검사하는 부분이기도 하다. 또 램프는 차체의 네 귀퉁이에 붙어 있기 때문에 손상될 때가 많으며, 손상되면 겉모습에 큰 영향을 끼친다. 자동차가 오래되면 투명한 부분이 누렇게 되는 것도 신경 쓰이는데, 이럴 때는 과감하게 렌즈를 통째로 교체하는 것이 가장 좋다. 고정 방법만 알면 교체는 30분 정도밖에 걸리지 않는다.

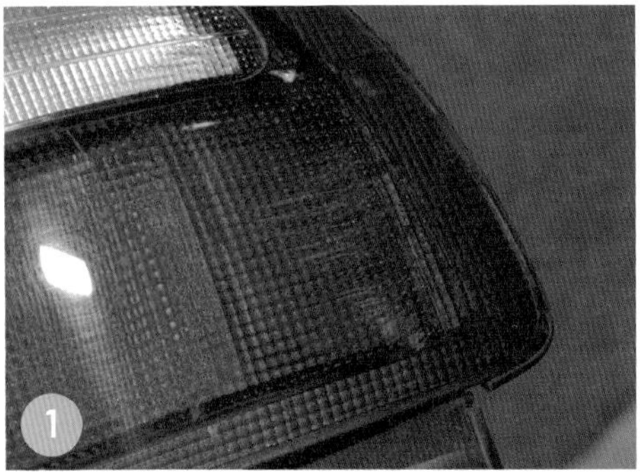

1 오래된 렌즈는 각진 부분에 긁힌 자국이 생기고 지저분해져 외관을 손상시킨다.

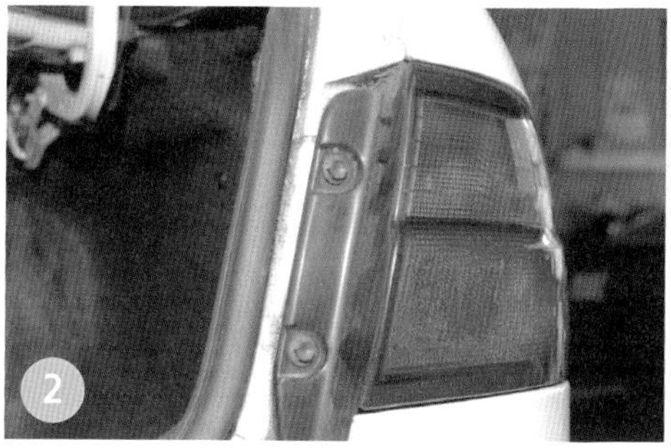

사진 속 자동차의 경우 안쪽에 있는 볼트 2개가 테일 렌즈를 고정한다. 이것을 풀어서 빼면 렌즈를 탈착할 수 있는 구조다.

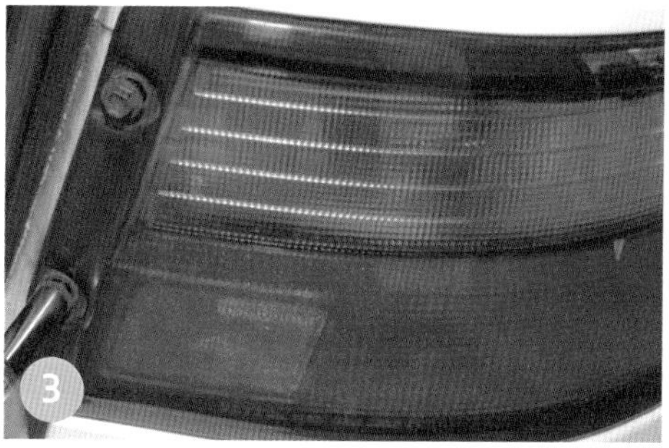

볼트와 렌즈가 가까이 붙어 있으므로 소켓 렌치를 사용해 푼다. 물론 스패너나 더블 옵셋 렌치로도 작업은 가능하다.

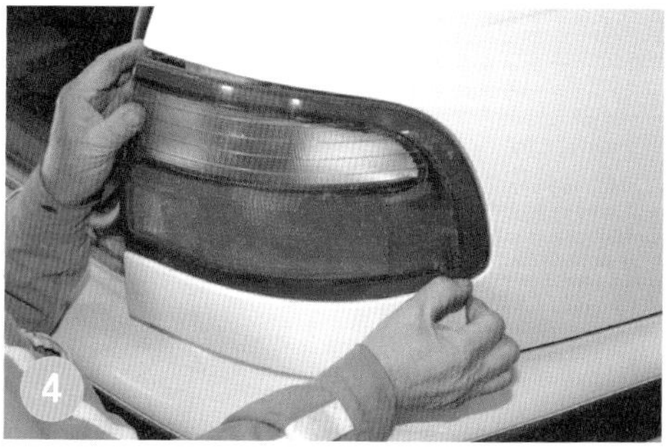

렌즈는 핀을 끼워서 고정하는 방식이기 때문에 전체를 잡아당기면 차체에서 분리할 수 있다.

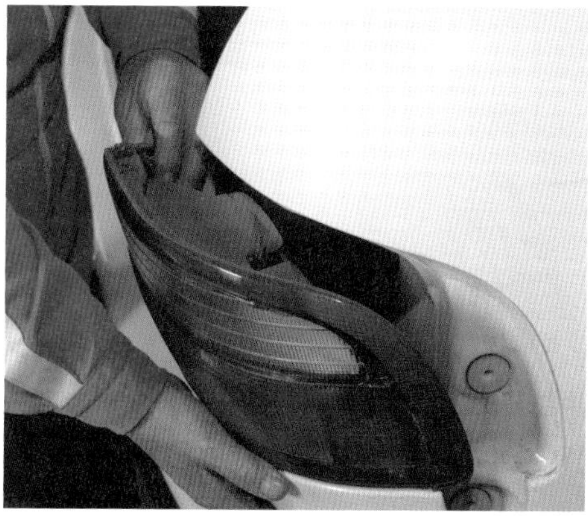

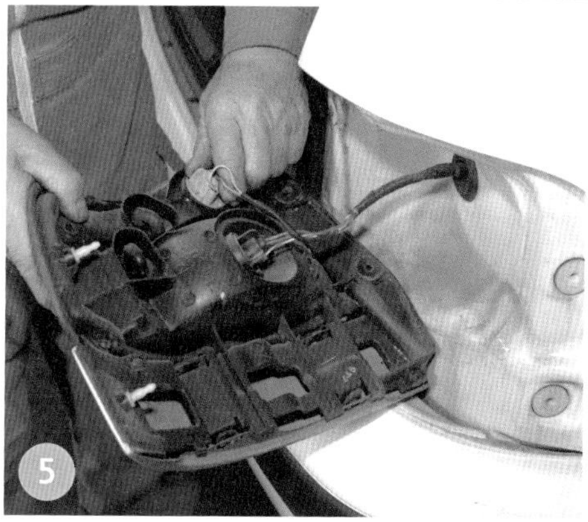

렌즈를 천천히 차체에서 분리하면 뒷면에 연결된 코드가 함께 나온다.

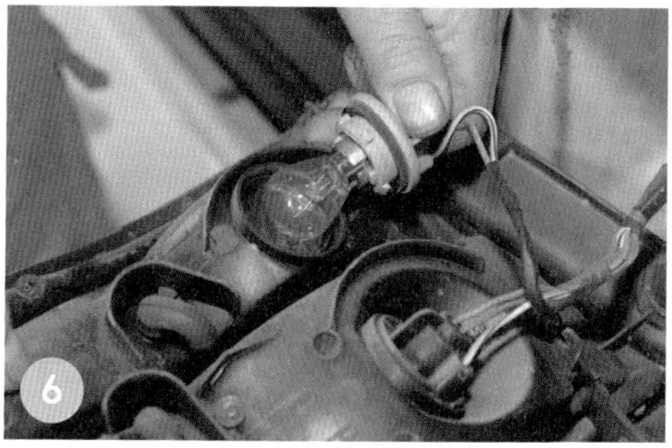

렌즈 뒷면에 꽂혀 있는 모든 전구 소켓을 빼낸다. 사진 속 자동차의 경우 하나의 렌즈에 제동등 겸 미등, 방향 지시등, 후진등에 해당하는 3가지 전구가 있다.

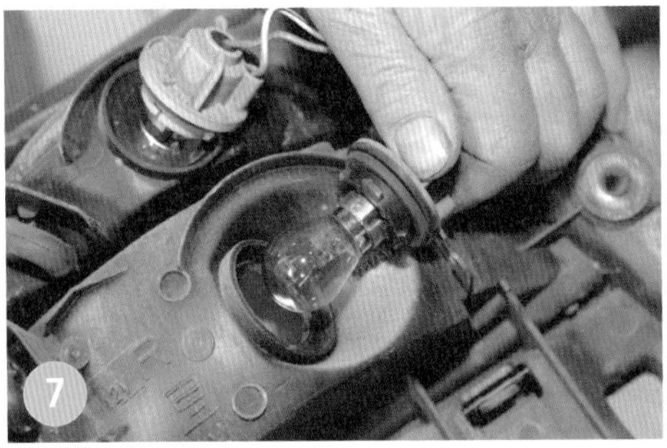

전구가 조금 거무스름해졌기 때문에 교체한다. 렌즈를 떼어냈을 때는 전구 교체도 동시에 하자.

오래된 렌즈에서 차체와 같은 색의 플레이트를 떼어내 새로운 렌즈에 옮겨 붙인다. 고리의 위치를 맞춰서 탁 소리가 나도록 끼우면 된다.

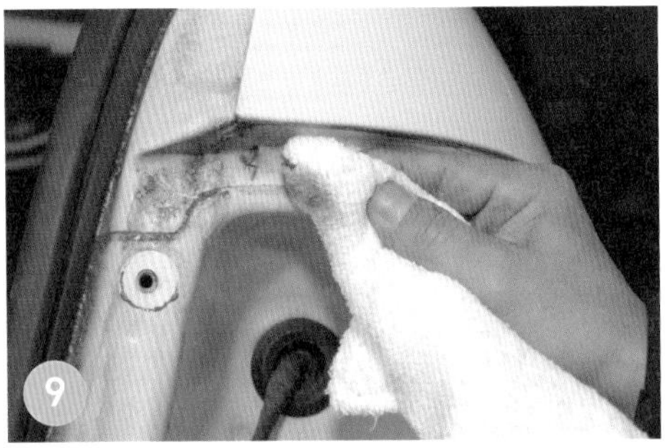

렌즈를 떼어냈을 때는 청소를 할 기회다. 차체가 접힌 부분을 깨끗하게 닦으면 외관이 깔끔해 보인다.

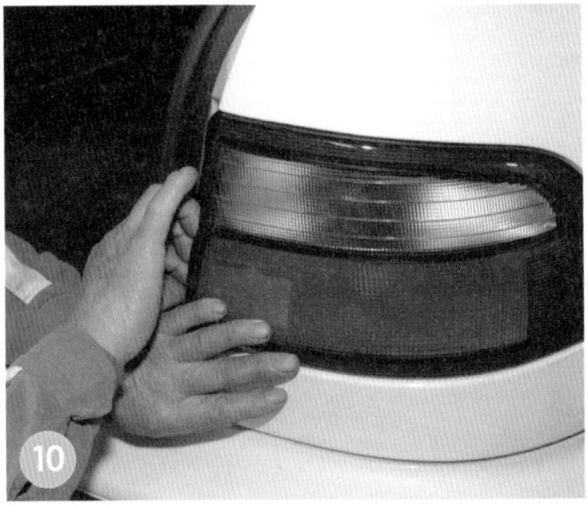

전구 소켓을 원래의 위치에 부착한 뒤 렌즈를 차체에 밀어 넣듯이 장착한다.

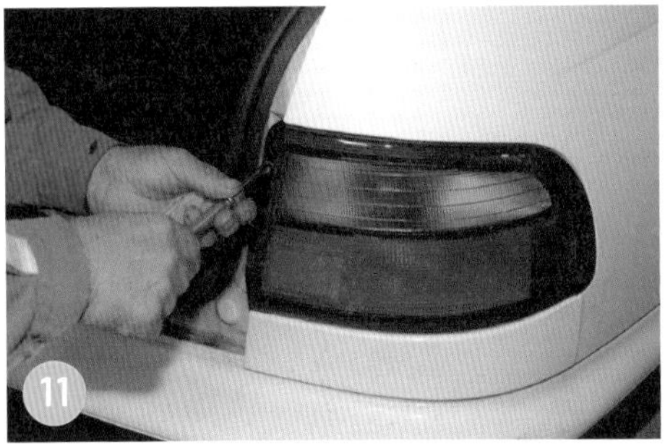

마지막으로 볼트를 조이면 렌즈 교체 작업은 완료된다. 그런 다음 각 램프가 정상적으로 작동하는지 확인한다.

도어 닫힘 조절과 웨더 스트립의 교체

작업 시간 1시간

부품 총액 15,000원

사용 공구 드라이버, 별 렌치, 도어 힌지 렌치

도어와 차체에 높이 차이가 있는 자동차는 대개 도어가 잘 닫히지 않는다. 도어의 설치 높이나 닫힘 상태를 확인한다.

타고 내릴 때의 번거로움과 누수를 해결한다

도어가 잘 닫히느냐 닫히지 않느냐는 자동차의 사용 편의성에 영향을 끼친다. 도어가 잘 닫히지 않아서 타고 내릴 때마다 여러 차례 도어를 다시 닫아야 한다면 불편하기 짝이 없다. 그리고 잘 닫히더라도 도어가 덜커덕거린다면 주행 중에 불쾌감과 불안감을 심어준다. 도어가 잘 닫히는 것과 관계가 있는 부품은 도어 스트라이커와 도어 힌지 그리고 웨더 스트립이다. 이 가운데 스트라이커는 비교적 쉽게 점검과 조절을 할 수 있으니 이것을 제일 먼저 확인하자. 도어 힌지는 조절하기가 조금 어렵다. 웨더 스트립은 도어의 닫힘뿐만 아니라 방수성과도 관계가 깊은 고무 부품이다. 빗물이 새어 들어와 난감한 사람은 교체해볼 가치가 있을 것이다.

닫힘 성능 조절

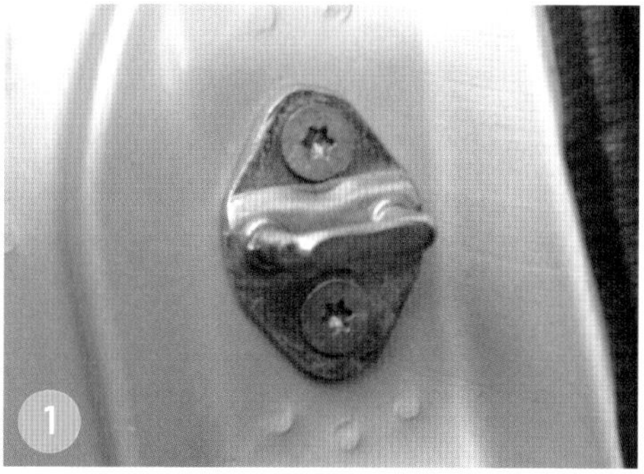

도어 개폐부의 필러에 붙어 있는 도어 스트라이커. 이 부품의 위치를 살짝 바꿔서 닫힘 상태를 조절할 수 있다.

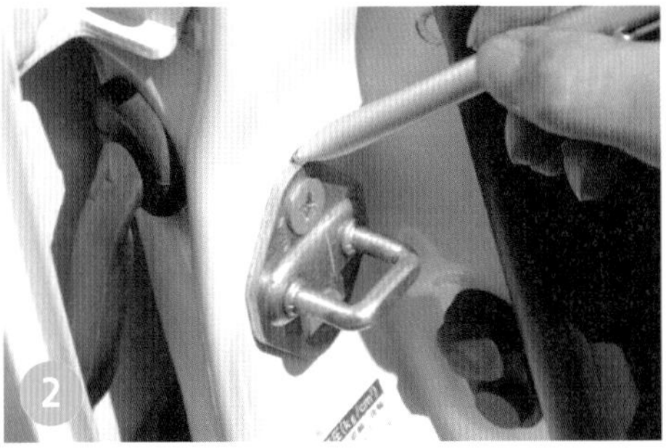

스트라이커는 조금 큰 크기의 플러스 나사나 별 나사로 고정되어 있다. 풀기 전에 현재의 위치를 표시해놓는다.

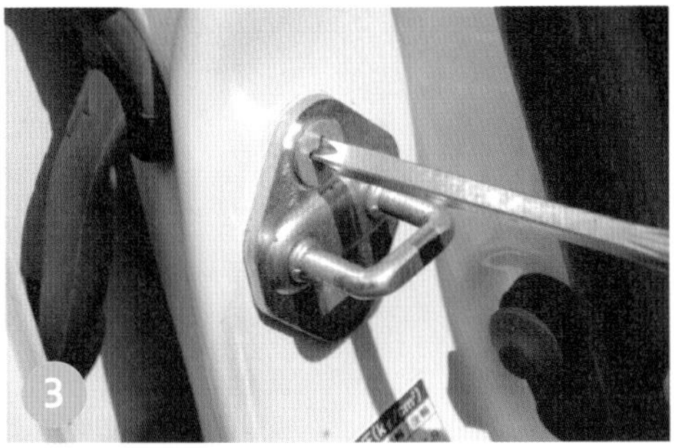

단단히 고정되어 있으므로 플러스 나사일 경우는 반드시 모양이 정확히 맞는 드라이버를 사용하고, 별 나사는 별 렌치에 스티어링 휠을 끼워서 확실히 돌린다. 나사의 홈이 손상되면 나중에 골치 아파진다.

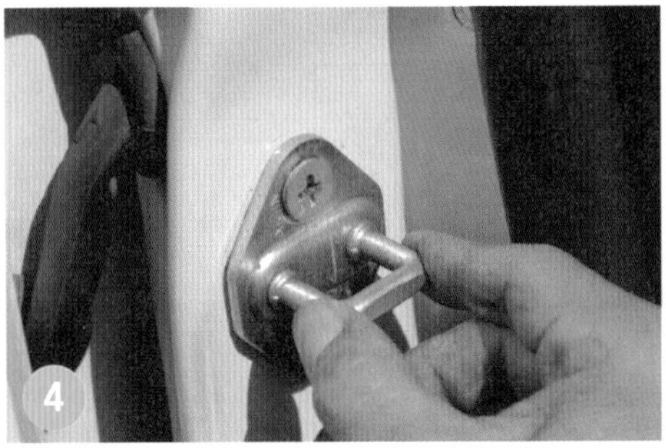

스트라이커의 위치를 옮긴다. 기본적으로 잘 닫히지 않을 때는 바깥쪽, 덜커덕거릴 때는 안쪽으로 이동시키면 되지만 한 번에 해결하기는 쉽지 않다.

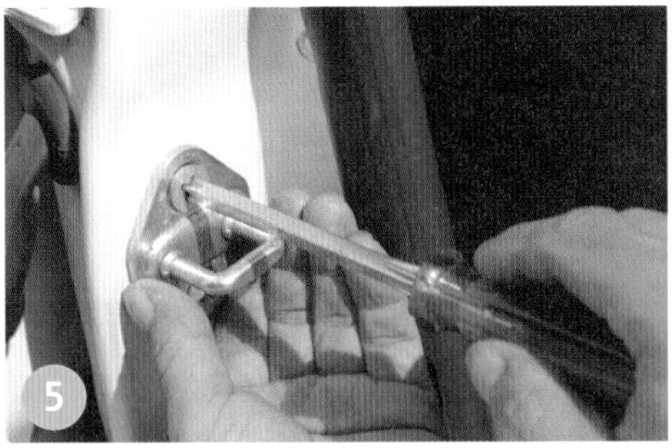

나사를 조인 다음 도어를 천천히 닫아 잘 닫히는지 확인하는 작업을 반복하며 최적의 위치를 찾아낸다. 위치가 결정되면 나사를 확실히 조인다.

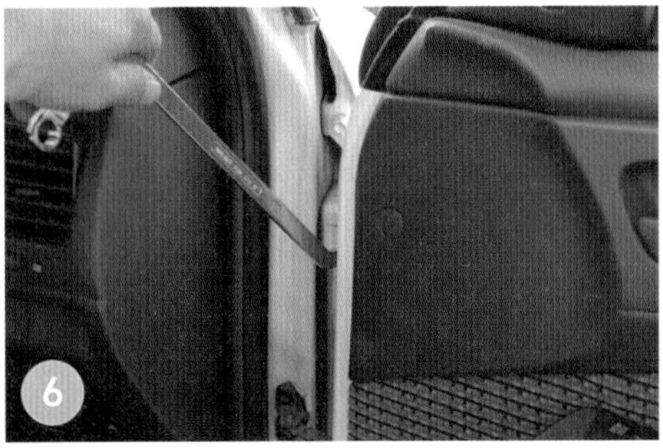

도어의 전방부(힌지 쪽)와 차체에 높이 차이가 생겼을 때는 도어 힌지 렌치로 힌지를 고정하는 볼트를 풀어서 조절할 수 있는데, 자신이 없으면 전문가에게 맡기는 편이 무난하다.

웨더 스트립의 교체

유리창의 가장자리에 접촉해 기밀성을 유지해주는 웨더 스트립. 이 고무가 열화되면 틈이 생겨서 빗물이 침입한다. 도어의 바깥 둘레를 감싸고 있는 고무도 웨더 스트립이라고 부른다.

사진 속 자동차는 탈착 가능한 하드톱 차량이므로 지붕을 벗기고 교체한다. 양쪽 끝의 나사를 풀고 웨더 스트립을 떼어낸다. 대부분의 자동차가 채용하고 있는 도어 바깥 둘레의 웨더 스트립은 클립을 벗기면 떼어서 교체할 수 있다.

신품을 끼우고 양쪽 끝을 나사로 고정하면 교체 완료.

유리창과의 밀착성이 대폭 향상되었다. 빗물 누수를 완전히 해결하기는 어렵지만 상당한 개선을 기대할 수 있다.

도어 안 가동부의 급유

작업 시간
1시간

부품 총액
0원

사용 공구
클립 리무버, 드라이버

시간이 흐를수록 차창의 움직임은 나빠진다. 걷잡을 수 없기 전에 미리 점검을 하는 게 좋다.

차창의 승강과 도어 개폐를 부드럽게 한다

도어 내부는 아마도 많은 사람에게 미지의 영역일 것이다. 보통 도어가 외판에 싸여 있기 때문에 실내의 연장선상으로 생각하기 쉬운데, 사실 그 내부는 실외에 가까운 상태다. 먼지와 모래가 들어오고, 비가 내리는 날에는 빗물이 상당량 흘러든다. 그런 탓에 이곳에 설치되어 있는 윈도우 모터나 도어 개폐 기구는 시간이 갈수록 움직임이 나빠진다. 차창의 승강과 도어의 개폐가 부드럽지 않다면 점검과 급유를 하자. 도어의 트림(trim)은 구조만 알면 누구나 쉽게 벗길 수 있다. 눈길이나 해안가 도로를 많이 달리는 사람은 도어 내부에 녹슨 부분이 있는지 확인해두면 좋을 것이다.

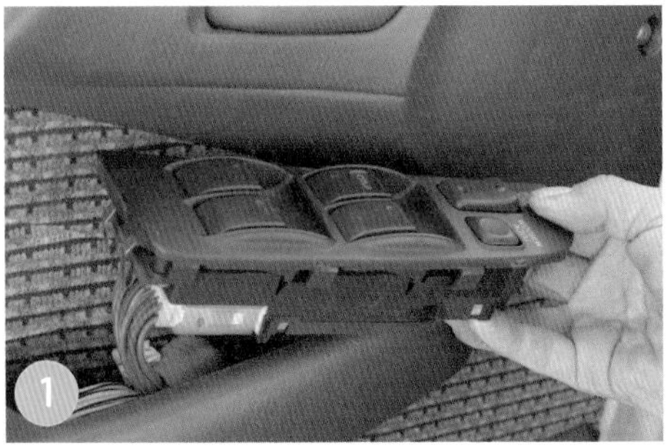

트림은 곧바로 벗길 수 없다. 먼저 파워 윈도우 스위치를 떼어낸다. 코드가 연결되어 있으므로 커넥터 부분에서 분리해야 한다.

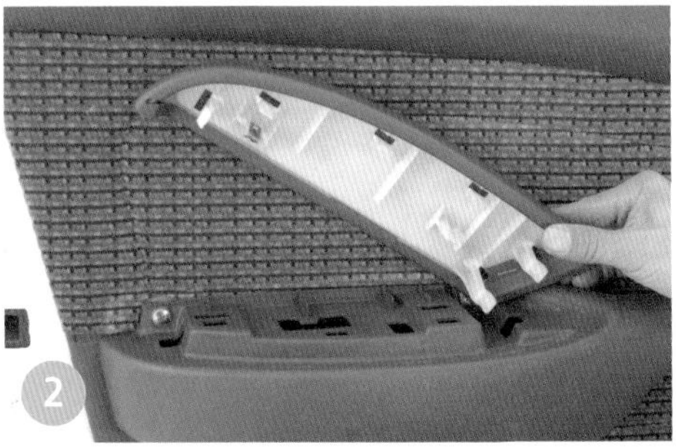

팔걸이의 커버를 벗기고 그 밑에 숨어 있는 나사를 푼다. 나사의 수나 위치는 차종에 따라 다르지만, 트림을 도어의 안쪽 패널에 고정하는 나사는 전부 풀어서 뺀다.

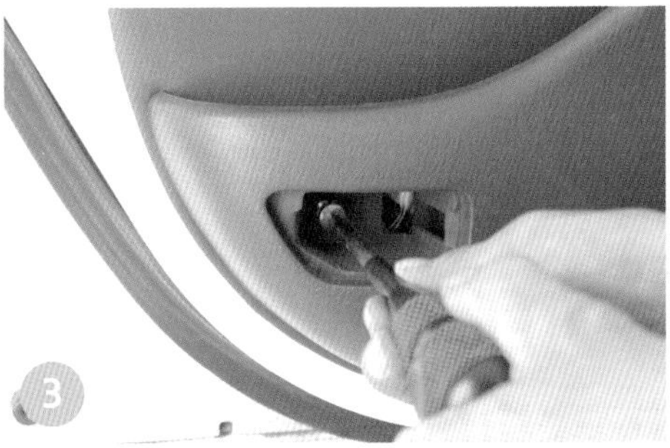

사진과 같이 숨어 있는 나사가 있을 때도 있다. 커버를 벗기고 나사를 풀어서 뺀다.

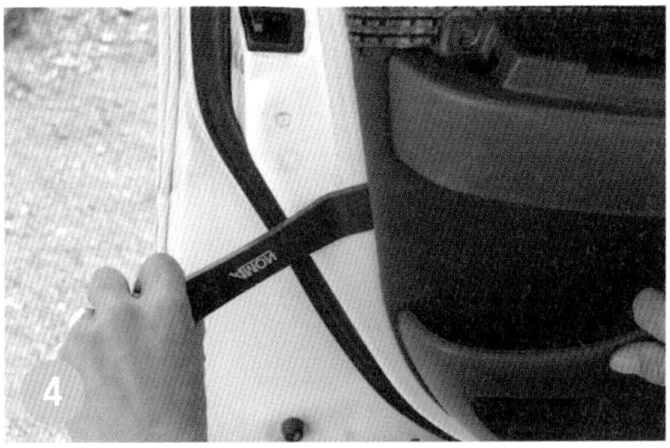

드디어 트림을 벗길 차례다. 트림은 바깥 둘레가 여러 개의 플라스틱 클립으로 고정되어 있다. 클립을 하나하나 벗긴다.

클립을 다 벗겼으면 트림 전체를 위로 들어 올리듯이 분리한다. 분리되지 않는다면 아직 나사 등이 남아 있을 가능성이 있다. 무리하게 들어 올리면 트림이 파손되니 주의하자.

트림이 벗겨지면 방수 시트가 나타난다. 주위를 부틸 고무로 붙여 놓았으므로 이것을 조심스럽게 떼어낸다.

방수 시트를 젖히고 점착 테이프 등으로 고정한다. 드디어 내부를 점검할 수 있는 상태가 되었다.

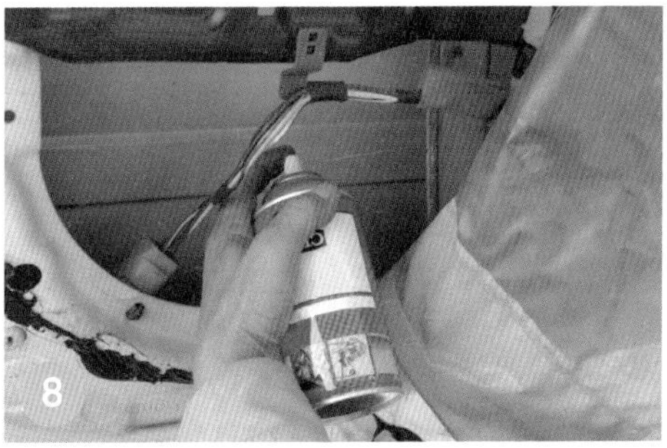

중앙 부분에 있는 세로형 레일에 윤활유를 급유한다. 이 레일의 뒤쪽으로 유리창을 움직이는 와이어가 지나가므로 와이어에도 급유를 한다.

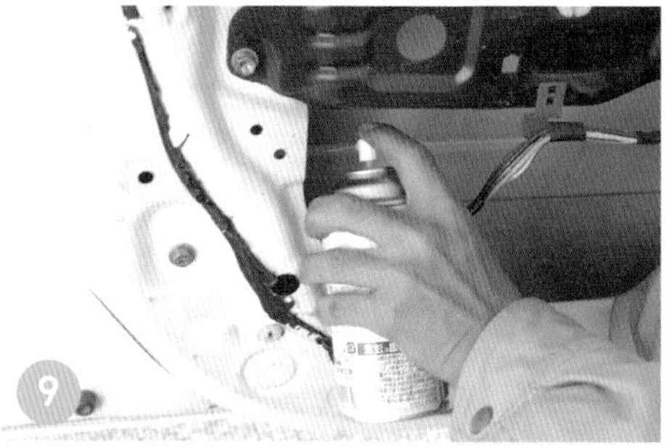

도어 후부에 있는 개폐 기구와 잠금 기구의 가동부에도 윤활유를 급유한다. 점성이 낮은 윤활유는 흘러서 떨어지므로 이곳에는 점착성이 있는 스프레이식 그리스가 최적이다.

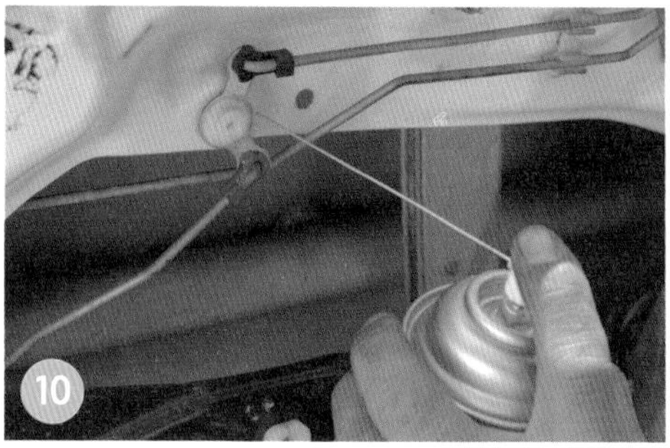

개폐 기구와 잠금 기구를 움직이는 로드의 지지부 등에도 윤활유를 급유한다. 이렇게 각 부분에 윤활유를 급유하면 움직임이 크게 좋아진다.

급유와 점검이 끝났으면 방수 시트를 다시 확실히 붙이고 트림을 부착한다. 레버의 움직임을 확인하면서 작업하는 것이 중요하다.

마지막 점검. 클립이 완전히 끼워지지 않으면 트림의 일부가 들떠버린다. 위치를 맞춰서 손바닥으로 가볍게 두드리면 완벽하게 들어간다.

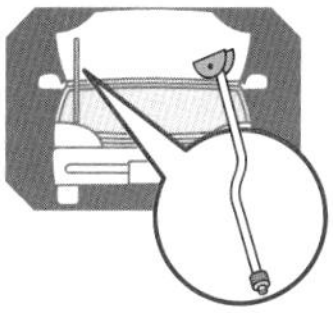

소형 부품의 교체

작업 시간
10분

부품 총액
약 22,000원

사용 공구
니퍼, 드라이버

아주 작고 평범한 부품 중에도 교체하면 큰 효과를 내는 것이 있다.

작은 부품의 교체로 사용성이 향상된다

자동차 정비라고 하면 크고 복잡한 부품을 중심으로 점검이나 교체를 할 때가 많은데, 저렴한 가격의 작은 부품을 교체하는 것만으로도 사용성이나 외관이 크게 향상될 때가 적지 않다. 특히 플라스틱 부품은 시간이 지남에 따라 깨지거나 부러지기 쉽다. 혹시 교체하기가 귀찮아서 약간의 불편함을 감수하며 방치해두고 있지는 않은가? 교체가 용이함에도 많은 사람이 아무런 조치도 취하지 않고 내버려두는 부품도 있다. 번호판 고정용 나사가 그 대표적인 예로, 녹이 슬어 번호판까지 지저분해졌는데도 방치하고 있는 사람이 많다. 그러나 마음만 먹으면 교체하는 데 5분도 걸리지 않는다.

스테이 홀더의 교체

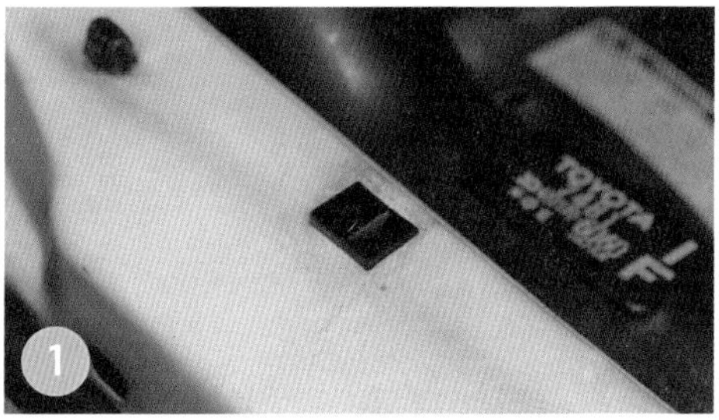

일부가 부러진 보닛 스테이 홀더. 그 바람에 스테이(지지대)는 고정되지 못하고 공중에 떠 있는 상태다.

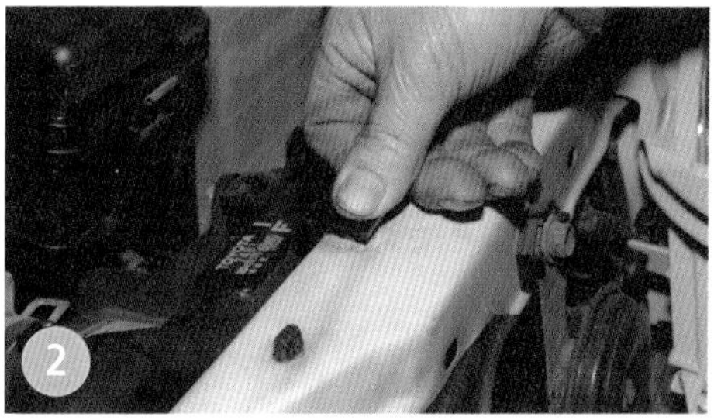

낡은 홀더를 니퍼로 제거한다.

새 홀더는 눌러서 끼우기만 하면 부착된다.

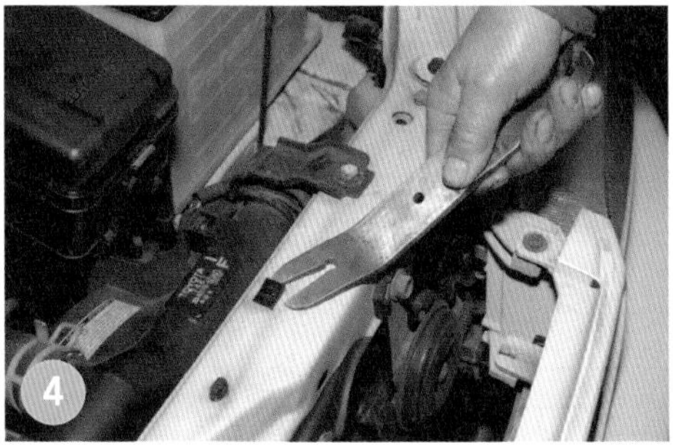

교체한 홀더는 스테이를 확실히 고정하기 때문에 사용 편의성이 크게 달라진다.

고정 나사의 교체

고정 나사에 발생한 녹은 번호판까지 지저분하게 만든다.

번호판에 부착된 녹을 제거하고 스테인리스 볼트로 교체하면 겉모습이 완전히 달라진다.

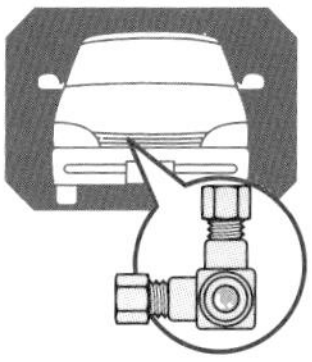

에어컨의 점검

작업 시간 18분
부품 총액 0원
사용 공구 없음

잠깐이라도 좋으니 겨울에도 에어컨을 냉방 모드로 작동시키면 냉매가 새는 것을 방지할 수 있다.

에어컨 냉매의 양을 눈으로 확인한다

에어컨은 차내의 쾌적함을 유지하는 데 없어서는 안 될 중요한 장치다. 만에 하나 문제가 발생해 작동하지 않는다면 특히 여름철에는 운전하고 싶은 마음이 사라질 것이다. 에어컨을 고치는 것은 사용자의 능력을 벗어난 일이지만, 에어컨 냉매의 양을 확인하는 정도라면 충분히 할 수 있다. 사이트 글라스를 통해 눈으로 점검하는 간단한 방법이다. 에어컨을 작동시키고 냉매가 얼마나 들어 있는지 보기만 하면 되는 손쉬운 작업이지만 예방 효과는 상당히 크다. 또 에어컨은 장기간 사용하지 않으면 가스가 빠져나갈 수도 있다. 겨울철에도 이따금 작동시키는 것이 에어컨을 오래 사용하는 비결이다.

사이트 글라스는 라디에이터 근처의 배관에 붙어 있는 작은 유리창이다. 점검을 위해 보닛을 연다.

냉매의 양을 점검하기 전에 창문을 열고 설정 온도를 최저로 낮춰서 컴프레서가 계속 작동하게 한다.

사이트 글라스의 유리창. 이 안을 냉매가 물처럼 흘러가면 양이 충분하다는 의미다. 거품이 많이 보이면 냉매가 조금 부족하다는 뜻이고, 안개 같은 것만 보인다면 냉매가 거의 들어 있지 않다고 판단할 수 있다.

이런 형태로 부착되어 있는 차종도 있다. 커넥터 앞쪽의 작고 둥근 유리창이 사이트 글라스다.

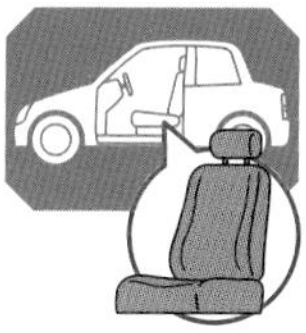

시트 탈착법

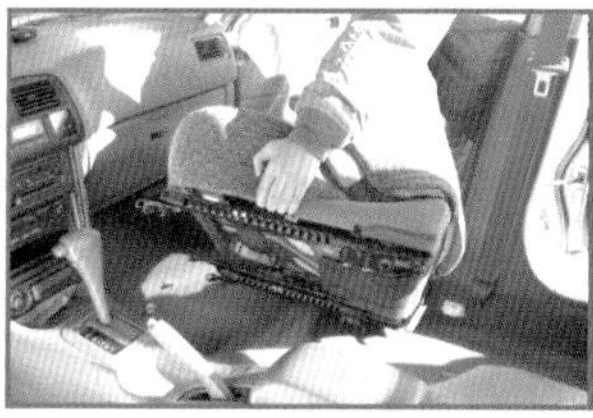

작업 시간 30분 **부품 총액** 0원 **사용 공구** 소켓 렌치

프런트 시트는 소켓 렌치로 볼트 4개를 풀면 떼어낼 수 있다.

떼어내는 법을 익히면 정비에 도움이 된다

실내를 청소하거나 바닥 주변을 점검할 때, 또는 부품을 교체할 때면 시트를 제거할 수 있으면 좋겠다고 느낀 적이 적지 않을 것이다. 시트를 떼어낼 수 없는 줄 알고 무리한 자세로 작업하는 사람이 많은데, 사실 의외로 쉽게 시트를 탈착할 수 있다. 프런트 시트는 네 다리가 볼트로 고정되어 있을 뿐이며, 리어 시트의 경우 쿠션은 단순히 끼워져 있을 뿐이고 등받이만 볼트로 고정되어 있는 경우가 많다. 다만 프런트 시트를 자동차 밖으로 빼낼 경우는 시트의 다리 부분에 도어나 내장이 손상되지 않도록 세심한 주의를 기울이자.

프런트 시트는 다리 4개가 볼트로 바닥에 고정되어 있을 뿐이다. 볼트를 풀고 시트 밑에 있는 코드 커플러를 분리하면 시트가 움직인다.

리어 시트의 분해. 시트 좌면 앞쪽을 들어 올리면 고리가 빠진다. 다만 볼트로 고정한 차종도 있으니 구조를 확인하는 것이 중요하다.

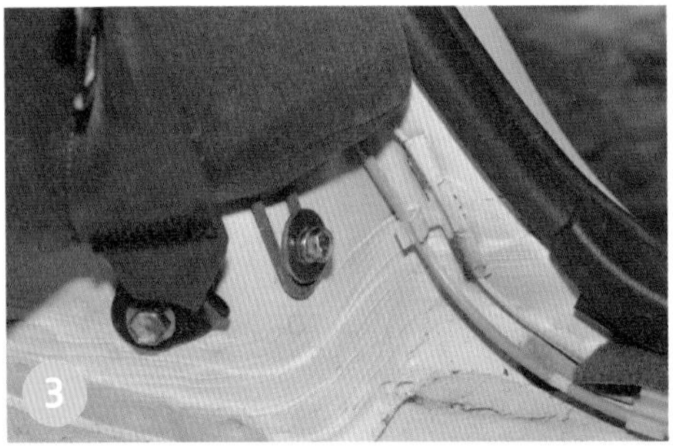

등받이는 양쪽 끝이 볼트로 고정되어 있다.

아래에서 위로 등받이를 밀어 올리면 상부의 고리가 빠져 등받이를 떼어낼 수 있다.

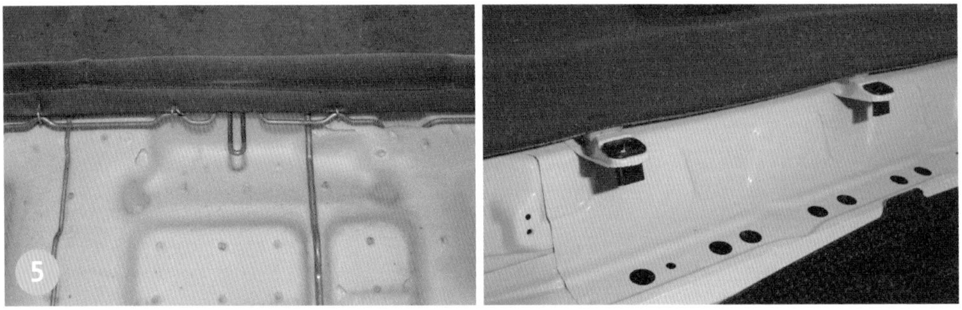

등받이 뒷면의 철사로 만들어진 고리. 이것이 차체의 구멍에 걸려서 시트를 고정한다.

INDEX

공구

화학 용품

Chapter 3

공구·화학 용품의 사용법을 알자

자동차 정비에 꼭 필요한 도구가 여러 화학 용품과 공구다. 올바르게 사용하면 작업을 정확하고 빠르게 할 수 있지만 잘못 사용하면 여러 문제를 일으킨다. 공구를 사용하는 지식을 쌓고, 화학 용품을 현명하게 쓰는 법도 익히자.

더블 옵셋 렌치

더블 옵셋 렌치는 소켓 렌치와 함께 가장 자주 사용하는 공구다. 전문가는 옵셋과 길이가 다른 렌치를 용도에 따라 정확히 구분해서 사용한다.

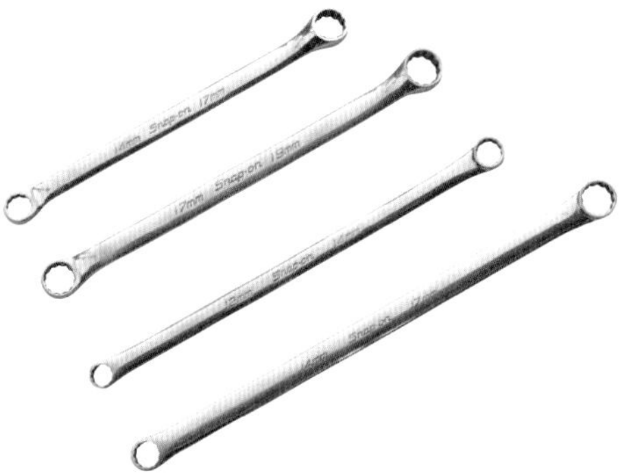

큰 힘을 가할 수 있는 정비의 주역

더블 옵셋 렌치는 양쪽 끝에 입이 있는 렌치다. 입의 안쪽 둘레에는 돌기가 12개 있으며, 이것으로 볼트나 너트의 모든 모서리를 균등한 힘으로 돌리기 때문에 큰 힘을 가할 수 있다. 볼트나 너트가 손상되지 않는다는 것도 더블 옵셋 렌치의 커다란 장점이다. 옆에서 보면 입 부분과 그립 부분의 각도(옵셋 각)가 다른데, 이것은 후미진 곳의 볼트나 너트를 돌리기 위해서다. 옵셋이 작고 그립이 긴 것일수록 큰 힘을 가할 수 있다. 정비할 때는 10×12mm, 14×17mm를 많이 사용한다.

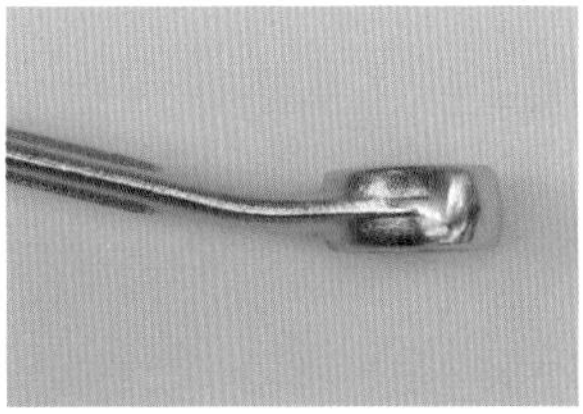

그립과 헤드의 각도가 다른 덕분에 후미진 곳에 있는 볼트나 너트도 쉽게 풀 수 있다.

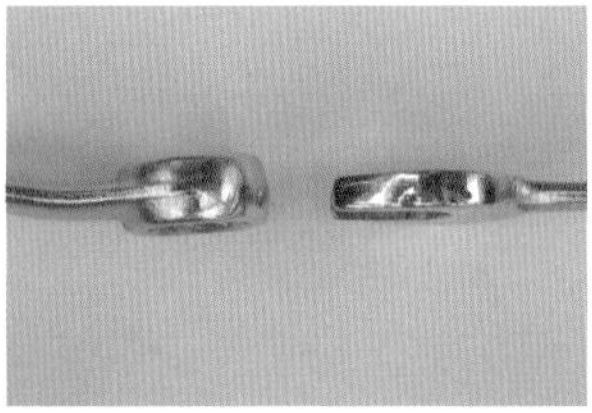

더블 옵셋 렌치(왼쪽)는 스패너(오른쪽)보다 두껍다. 그래서 볼트나 너트를 확실히 붙잡고 강한 힘으로 돌릴 수 있다.

수직으로 끼우는 것이 기본이다. 정확히 끼우지 않으면 더블 옵셋 렌치라 해도 볼트나 너트를 훼손할 수 있다.

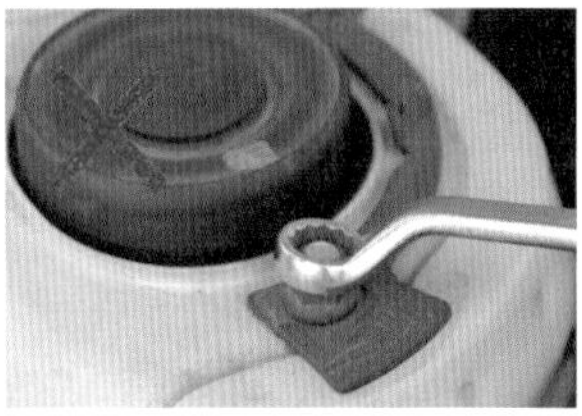

비스듬하게 끼워서는 절대 안 된다. 미끄러져서 볼트나 너트가 손상되는 원인이 된다.

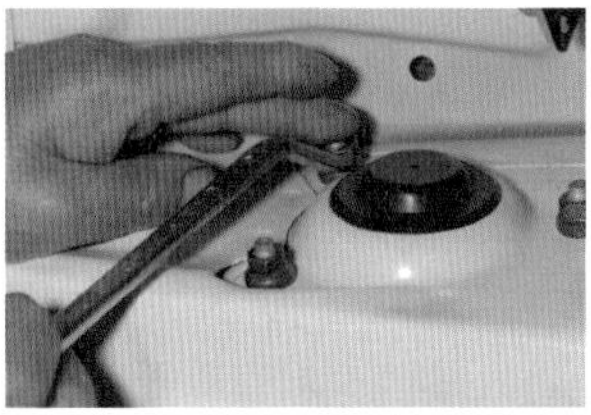

리어 댐퍼의 고정 너트를 돌린다. 큰 힘을 가할 수 있는 더블 옵셋 렌치는 이런 장소에서 위력을 발휘한다.

스태빌라이저의 너트를 푼다. 스패너를 쓰면 너트가 손상될 위험성이 크다.

소켓 렌치

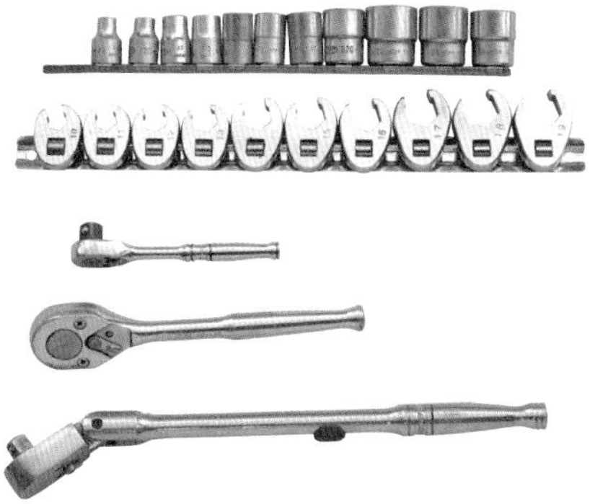

소켓과 라쳇 스티어링 휠. 소켓은 1밀리미터 단위로 갖춰져 있으며, 라쳇 스티어링 휠의 길이도 여러 종류가 있다. 제일 아래는 목이 움직이는 스티어링 휠이다.

볼트와 너트 돌리기의 만능선수

소켓 렌치는 볼트나 너트의 머리에 씌우는 소켓과 그 소켓을 돌리는 스티어링 휠의 총칭이다. 따로따로 구입할 수도 있지만 힘의 방향을 바꿀 수 있는 라쳇 스티어링 휠과 한 세트로 된 것이 구입하기 쉽고 쓰기도 편하다. 소켓을 끼우는 부분의 크기는 2분의 1인치(12.7밀리미터), 8분의 3인치(9.5밀리미터), 4분의 1인치(6.35밀리미터) 등 세 종류가 있으며, 자동차 정비에는 8분의 3인치가 가장 적합하다. 손이 닿지 않는 경우 익스텐션 바나 유니버설 조인트를 사용하면 된다.

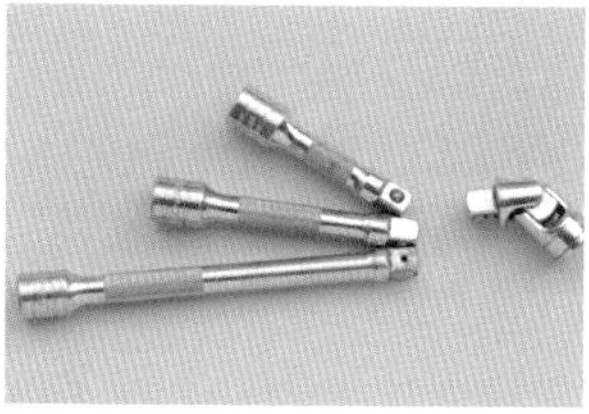

소켓과 스티어링 휠 사이에 꽂아서 사용하는 익스텐션 바도 길이가 다양하다. 오른쪽은 유니버설 조인트다.

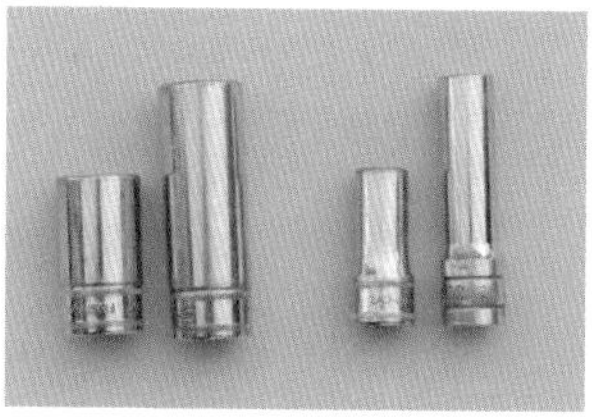

소켓 중에는 딥 소켓이라고 부르는 소켓도 있는데 일반적인 규격보다 깊다.

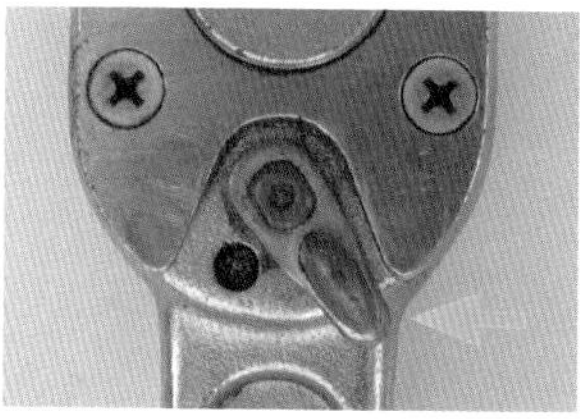

스티어링 휠의 헤드에 달려 있는 레버를 움직이면 힘이 가해지는 방향이 반대가 된다.

삽입부의 차이. 오른쪽의 8분의 3인치짜리로 작업 대부분을 할 수 있지만, 더 큰 힘이 필요한 부분에는 왼쪽의 2분의 1인치짜리를 사용한다.

스티어링 휠에 전용 소켓을 끼우면 플러그 렌치로 변신한다.

라쳇 스티어링 휠을 장착한 소켓 렌치는 같은 방향으로 빠르게 힘을 가하고 싶을 때 편리하다.

스패너

렌치 중에서 가장 손쉽게 사용할 수 있는 것이 스패너다. 비교적 작은 힘으로 조여져 있는 볼트나 너트를 돌릴 때 적합하다.

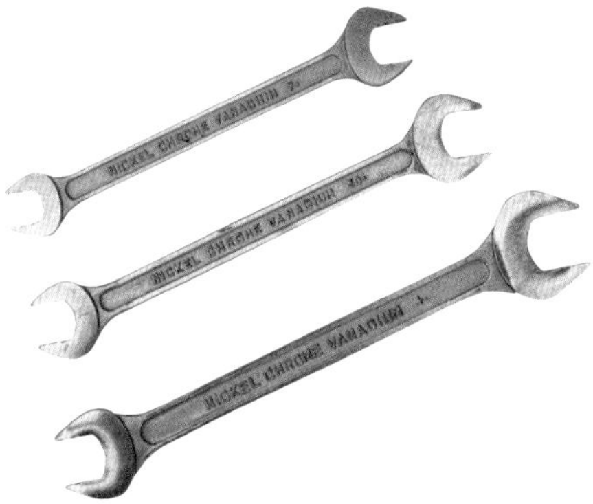

편리하지만 올바른 사용법이 중요

스패너는 끝 부분이 열려 있는 모습 때문에 오픈 엔드 렌치라는 별칭도 있는 공구다. 옆에서 끼워 돌릴 수 있어 자동차 정비뿐만 아니라 다양한 장소에서 사용되는데, 잘못된 방법으로 사용하면 스패너까지 망가져버리니 주의가 필요하다. 볼트나 너트를 안쪽까지 확실히 끼우고, 그립 부분을 띄운 상태에서 돌리지 않도록 한다. 스패너는 힘을 주는 방향도 정해져 있으니 주의해야 한다. 입 부분의 두께가 얇은 스패너는 큰 힘을 가할 수 없지만 좁은 장소에서도 작업할 수 있다는 장점이 있다.

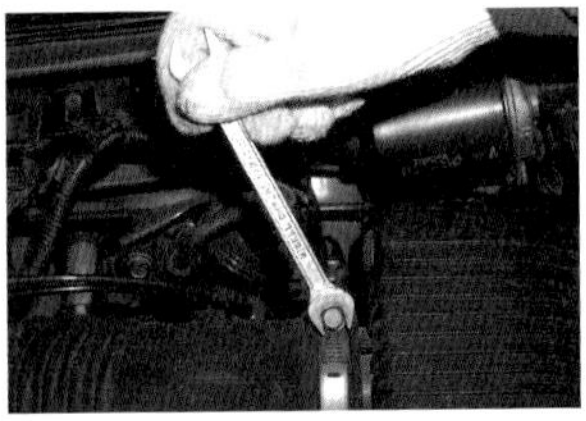

입이 열려 있어서 볼트나 너트를 옆에서 끼워 사용할 수 있다는 것이 스패너의 특징이다.

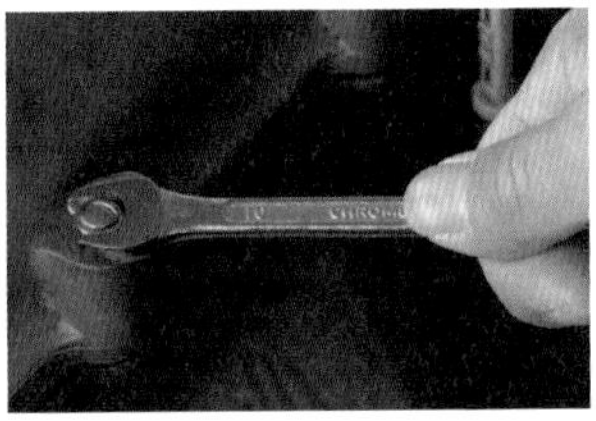

스패너를 사용할 때의 기본은 볼트나 너트를 입속에 확실히 끼우고 돌리는 것이다.

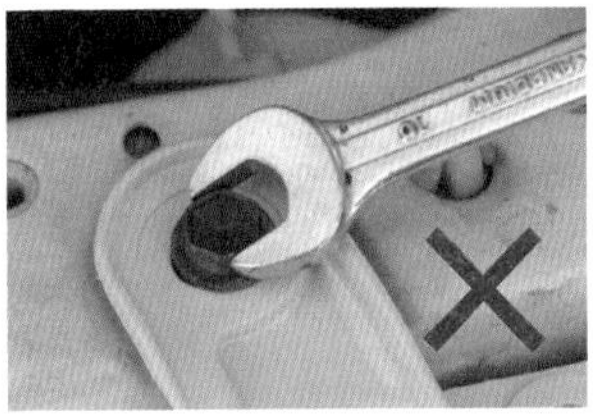

그립을 비스듬하게 띄우고 돌려서도 안 된다. 충분한 힘이 가해지지 않을 뿐만 아니라 볼트나 너트가 망가질 수 있다.

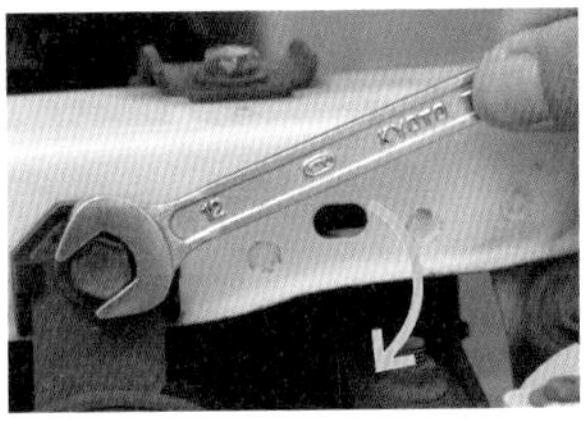

스패너는 그립이 향하는 방향으로 힘을 가하는 것이 올바른 사용법이다.

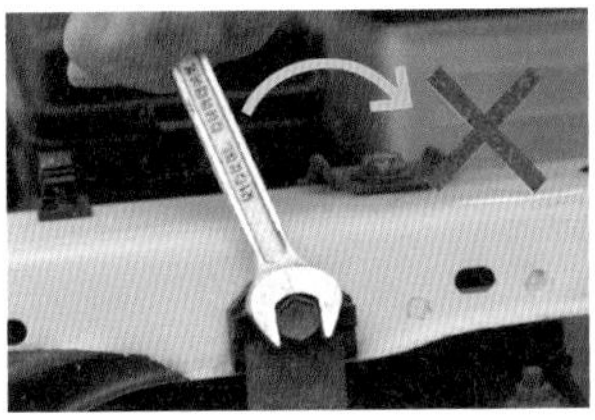

그립과 반대 방향으로 힘을 가하면 힘이 걸리지 않을 뿐만 아니라 스패너가 망가질 우려도 있다.

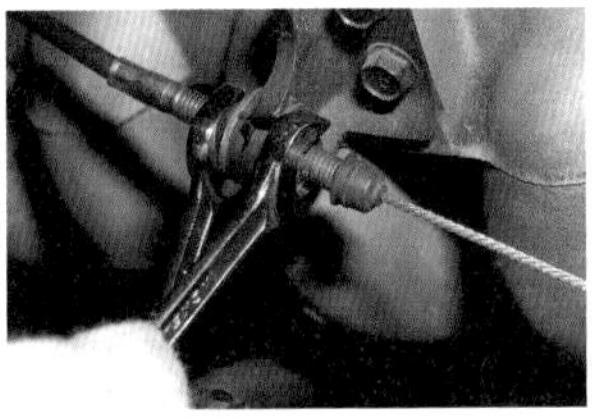

케이블을 조절할 때는 옆에서 끼워서 사용할 수 있는 스패너가 유용한다. 이와 같이 2개를 사용하면 잘 조여진다.

드라이버

드라이버는 소켓 렌치나 더블 옵셋 렌치와 함께 가장 자주 사용하는 공구다. 플러스, 마이너스 외에 축의 굵기나 그립의 크기 등에 따라 다양한 유형이 있다.

끝 부분의 모양을 맞추는 것이 포인트

드라이버를 사용하는 방법은 누구나 알고 있겠지만, 잘못 사용하면 나사를 망가트리니 주의하자. 끝 부분(비트)이 나사의 홈 모양과 최대한 일치하는 드라이버를 골라야 한다. 엉뚱한 드라이버로 무리하게 돌리다 홈이 뭉개지면 나사를 풀 때 곤란해진다. 나사를 수직 방향으로 누르면서 돌리는 것도 기본이다. 풀 때도 나사 머리에서 비트가 떨어지지 않도록 조심하자. 좁은 장소에서는 축의 길이가 짧은 드라이버를 활용한다.

가장 중요한 것은 비트의 모양이다. 나사의 홈과 맞지 않으면 나사를 순식간에 망가트린다.

나사를 수직 방향으로 누르듯이 돌리는 것도 중요하다.

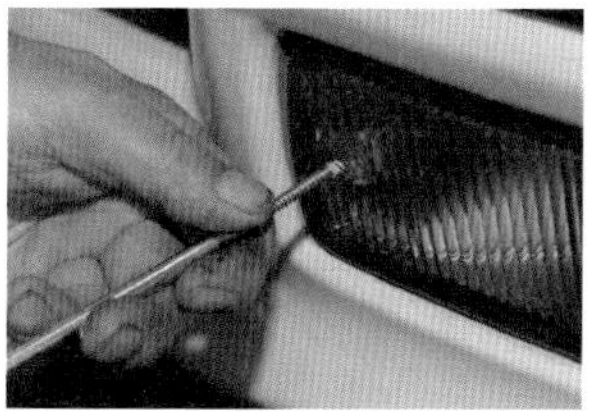

비트가 나사의 홈에서 빠지면 렌즈가 손상될 수 있다. 플라스틱 부품을 고정하는 나사를 다룰 때는 주의한다.

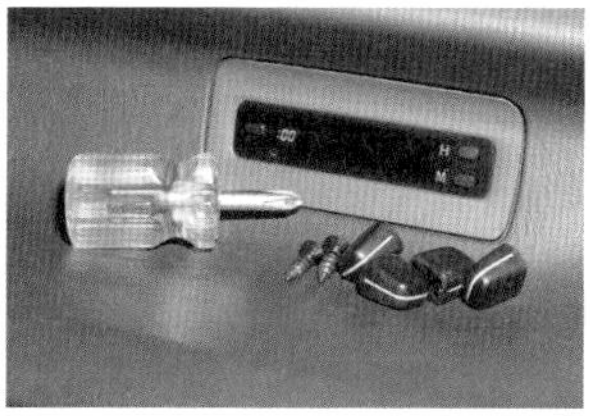

축의 길이가 짧은 드라이버는 대시보드 밑처럼 좁은 장소에서 요긴하게 쓰인다.

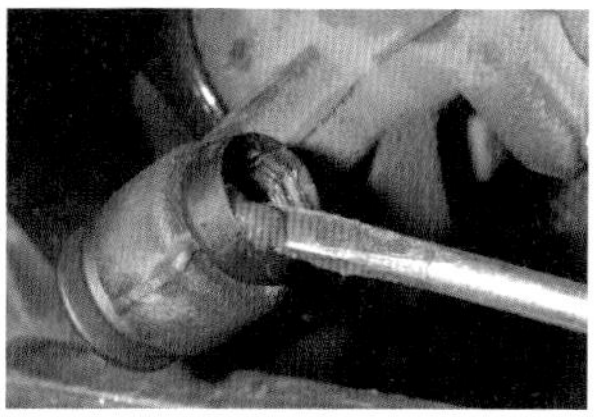

마이너스 드라이버는 그리스를 부츠에 바를 때에도 편리하다.

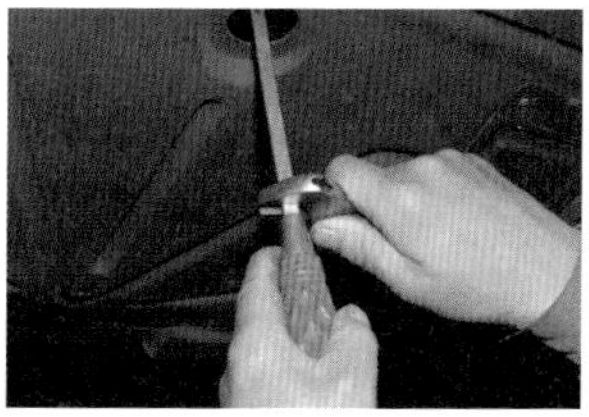

축이 각진 드라이버는 스패너를 이용해 더 큰 힘으로 돌릴 수 있다.

조합 렌치

옵셋 렌치와 스패너가 합체

이름처럼 옵셋 렌치와 스패너를 조합한 렌치다. 단단히 조여진 볼트를 옵셋 렌치로 느슨하게 푼 다음 스패너로 빠르게 돌리는 식으로 사용할 수 있다. 옵셋 렌치와 스패너의 입 크기가 똑같아서 크기가 다른 볼트나 너트에 즉시 대응하기는 조금 어렵다.

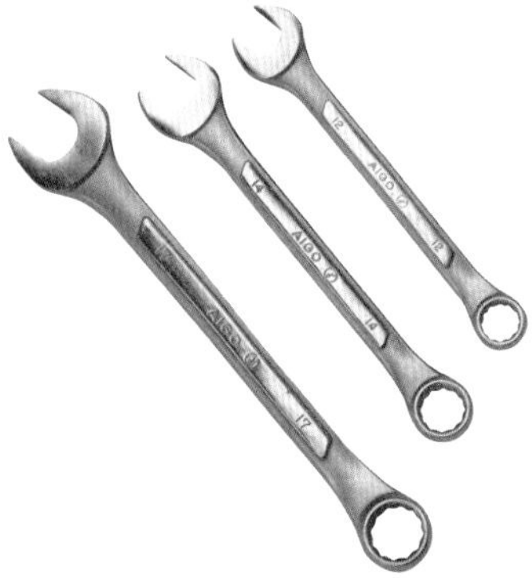

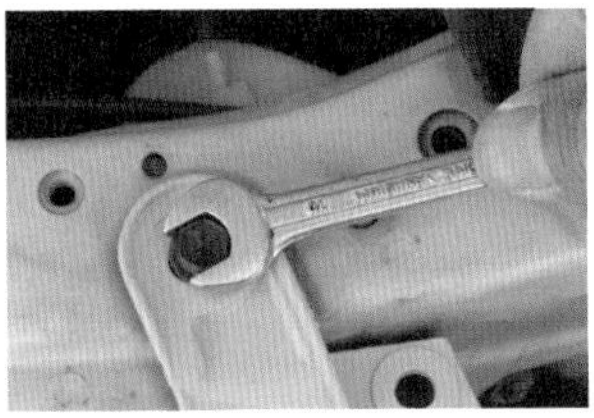

스패너로는 그다지 큰 힘을 가할 수 없지만 빠르게 돌리고 싶을 때 편리하다.

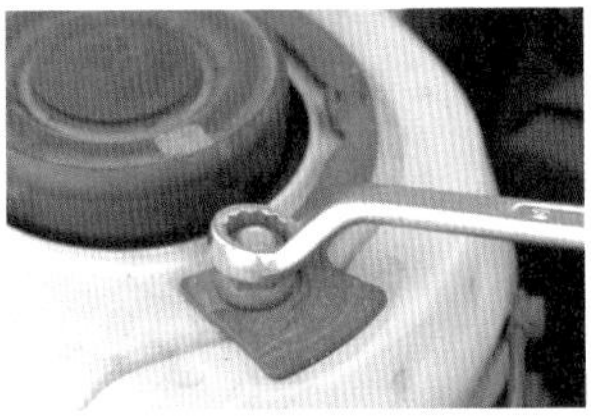

옵셋 렌치를 이용하면 좀 더 큰 힘으로 볼트나 너트를 조이고 풀 수 있다.

라쳇 렌치

한 방향으로 빠르게 돌릴 수 있는 편리한 공구

라쳇 구조를 내장한 렌치. 볼트나 너트에 끼운 채로 그립을 왕복 운동시키면 한 방향으로만 힘이 가해져 재빠르게 조이거나 풀 수 있다. 힘이 가해지는 방향은 렌치를 뒤집어서 바꾸는 것이 많지만 전환 스위치가 있는 것도 있다.

라쳇의 방향을 바꾸고 싶을 때는 렌치를 뒤집는다.

그립을 왕복 운동시키기만 하면 한 방향으로 힘이 가해지기 때문에 좁은 장소에서 사용하는 일에 적합하다.

멍키 스패너

크기를 바꿀 수 있는 가변형 공구

입의 크기를 자유롭게 바꿀 수 있는 편리한 스패너다. 머리 부분의 웜기어를 돌리면 크기가 바뀌어 다양한 크기의 볼트나 너트를 돌릴 수 있다. 다만 그다지 큰 힘은 가할 수 없기 때문에 본조임은 무리라고 생각하는 편이 좋다.

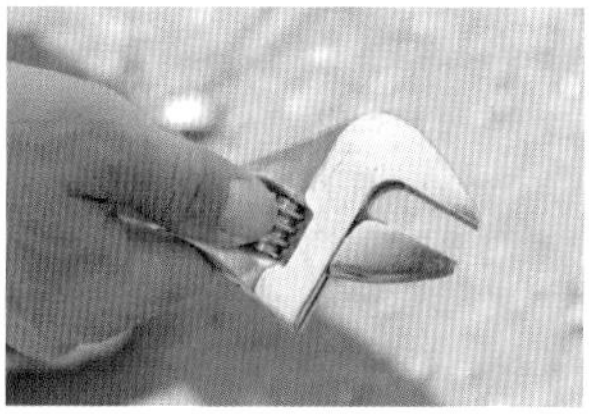

옆의 웜기어를 돌리면 입의 크기가 변한다.

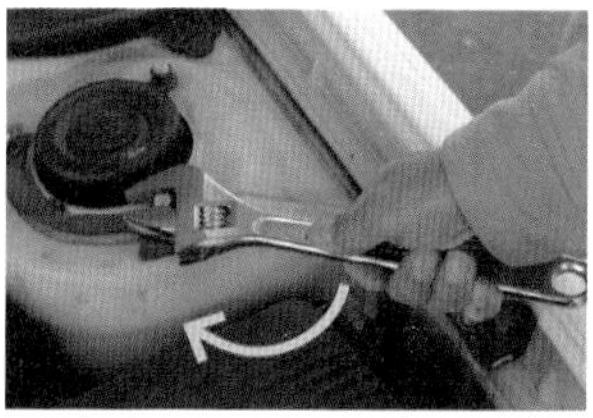

스패너와 마찬가지로 그립이 향하는 방향으로 힘을 가한다. 반대로 돌리면 망가질 위험성이 있다.

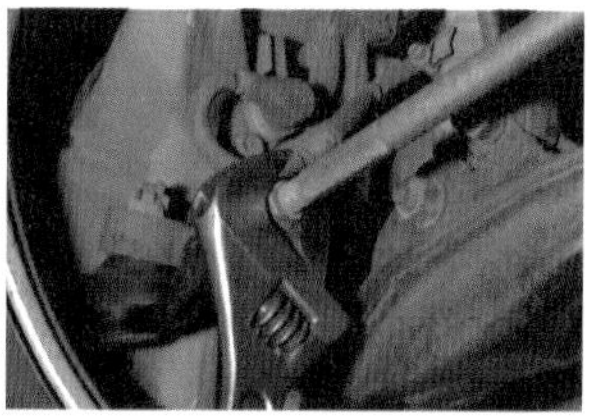

스티어링의 타이 로드를 조절할 때는 멍키 스패너가 꼭 필요하다.

십자 렌치

타이어 교체 속도를 높인다.

축이 직각으로 교차하는 튼튼한 렌치다. 큰 힘으로 조이거나 풀 수 있을 뿐만 아니라 대칭형으로 생겨서 작업 속도가 빠르다. 이 덕분에 타이어 교체 작업의 속도를 크게 높일 수 있다. 수납할 때 공간을 잡아먹는다는 단점이 있지만 접이식도 있다.

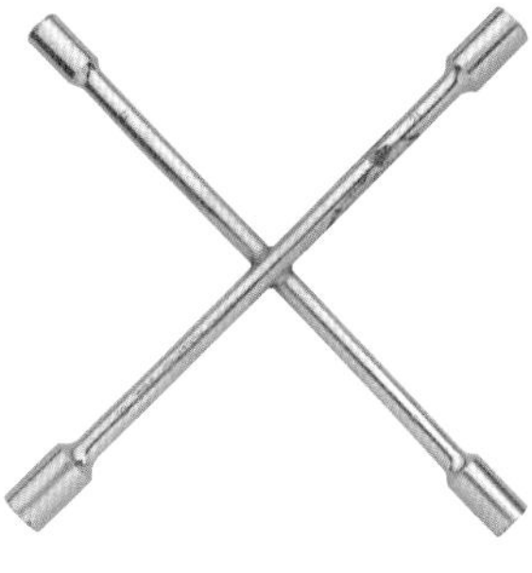

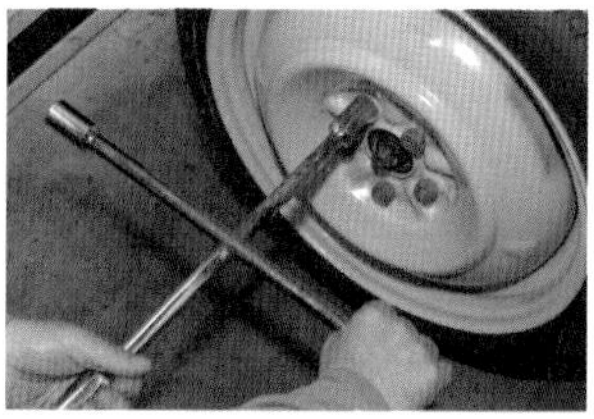

대칭 형태이기 때문에 빠르게 회전시킬 수 있다.

소켓 렌치로도 타이어를 교체할 수 있지만 십자 렌치만큼 빠르게 작업할 수는 없다.

플라이어

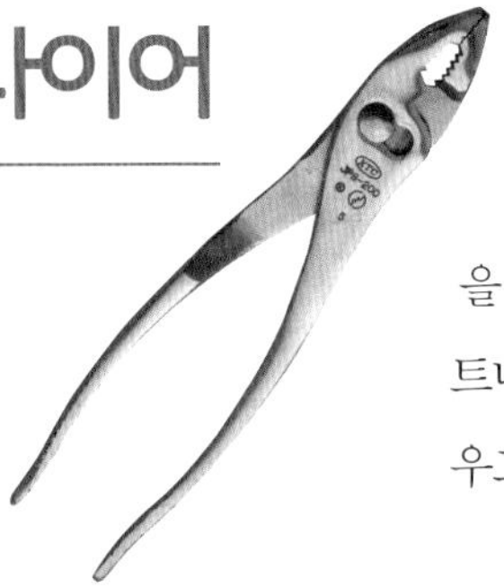

강한 힘으로 잡아서 돌리는 친숙한 공구

자동차뿐만 아니라 가정에서도 비교적 자주 사용하는 공구 중 하나다. 물건을 잡거나 돌리는 등 여러 가지 작업을 할 수 있는 반면에 대상이 손상될 위험성이 있기 때문에 볼트나 너트에 부주의하게 사용해서는 안 된다. 호스 밴드를 끼우고 풀 때에는 최적의 공구다.

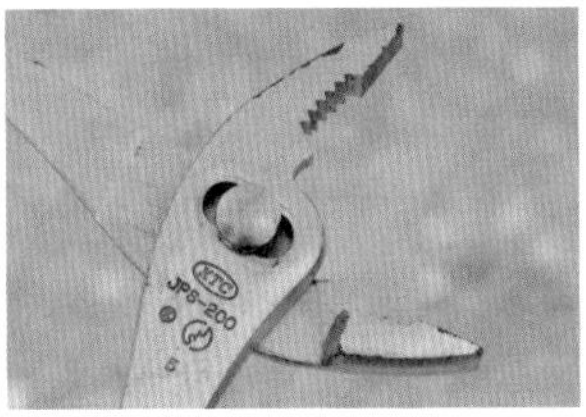

그립을 크게 벌리면 입의 크기를 바꿀 수 있다.

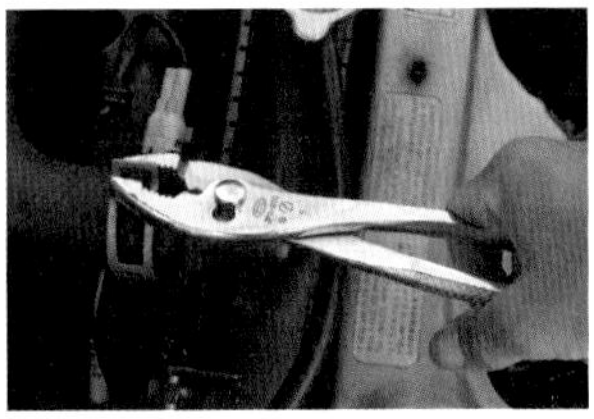

고무호스의 밴드를 조이거나 풀 때 필수품이다.

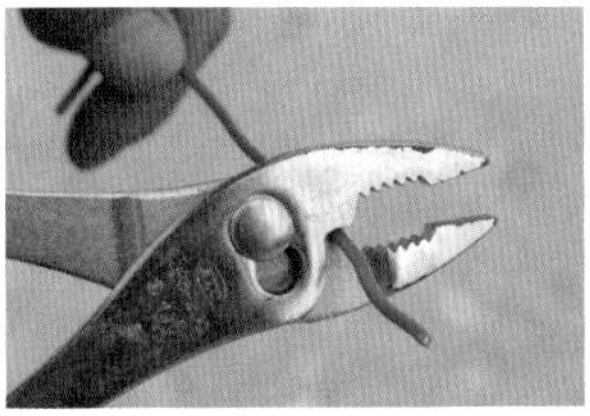

받침점과 가까운 부분으로는 철사를 절단할 수도 있다.

그루브 조인트 플라이어

브레이크 캘리퍼 피스톤을 원위치시킬 때의 필수품

플라이어의 일종이다. 통상적인 플라이어보다 입이 크게 벌어지기 때문에 좀 더 큰 물건을 잡을 수 있다. 특히 브레이크 캘리퍼 피스톤을 원위치시킬 때 유용한다.

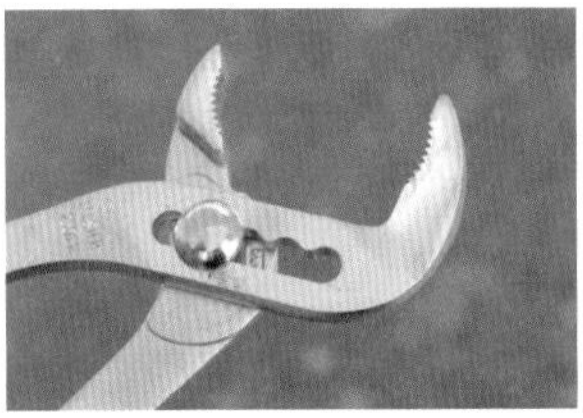

그립을 최대한 벌리면 입의 크기를 조절할 수 있다.

브레이크의 피스톤을 원위치시킬 때 꼭 필요하다.

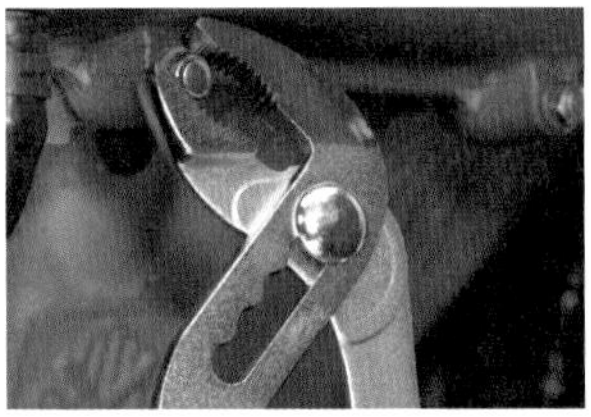

너트를 돌리는 데는 그다지 적합하지 않다. 너트가 손상되며, 큰 힘으로 돌릴 수도 없다.

롱 노즈 플라이어

좁은 장소에서 작업할 때 활약

끝이 뾰족한 플라이어. 손가락이 들어가지 않는 곳에 있는 물건을 움직이거나 잡아당겨 꺼내는 등 좁은 차내나 엔진룸에서 작업할 때 유용한 공구다. 받침점 근처의 칼날을 사용하면 코드나 철사를 절단할 수도 있다.

작은 호스 밴드라면 조이고 풀 수 있다.

손으로는 잡을 수 없는 점화 플러그를 꺼낼 때 편리하다.

퓨즈를 교체할 때는 전용 퓨즈 클립보다 힘을 줄 수 있어서 더 편하다.

니퍼

전기 계열 이외에도 다용도로 사용할 수 있다

전기 코드나 철사를 절단하는 데 주로 쓰지만 폭넓은 작업에 사용할 수 있는 공구다. 튼튼한 제품이라면 얇은 철판의 끝을 잘라낼 만큼 위력이 있으며, 차체의 구멍에 꽂혀 있는 플라스틱 클립을 뺄 때도 편리하다.

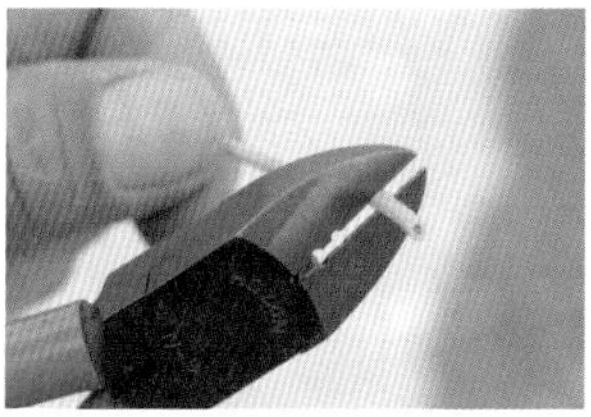

코드나 철사의 절단에는 최적의 공구. 상당히 두꺼운 코드도 단번에 자를 수 있다.

가는 코드의 피복은 날이 둥글게 패여 있는 부분을 이용해 벗길 수 있다.

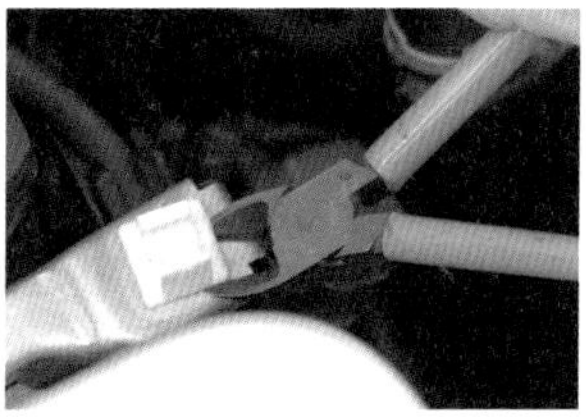

오래된 플라스틱 클립은 잘라내서 제거한다.

클립 리무버

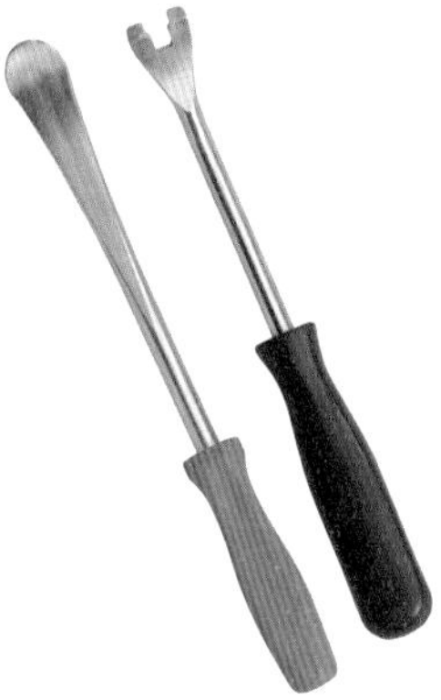

도어 내부 점검의 필수품

자동차의 각 부분에 사용되는 플라스틱 클립을 분리할 때 필요한 공구. 클립을 끝부분에 걸고 지레의 원리로 간단히 분리할 수 있다. 끝이 얇기 때문에 작은 틈만 있어도 밀어 넣을 수 있으며, 특히 자동차 트림을 벗길 때 꼭 필요하다.

플라스틱으로 만든 클립 리무버. 내장에 흠집을 내지 않는 것이 특징이다.

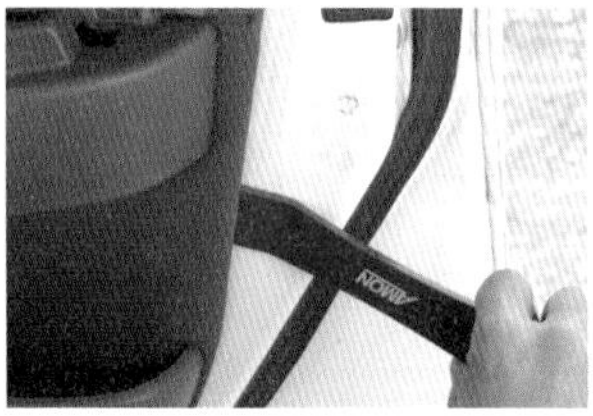

트림의 가장자리에 밀어 넣고 클립을 하나하나 분리한다.

조합 망치

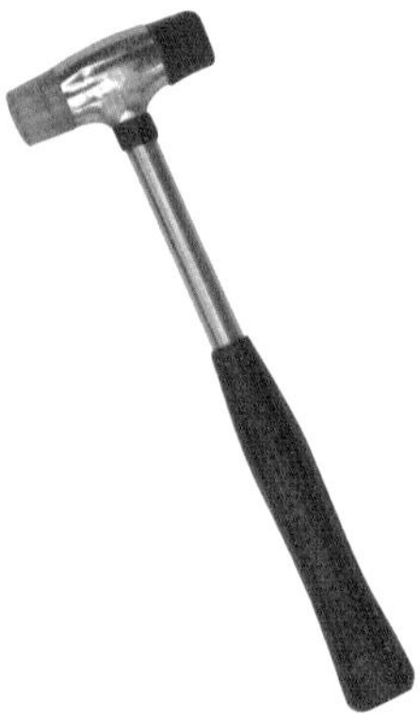

가벼운 충격을 줘서 부품을 분리한다

플라스틱과 고무 타격부가 있는 망치. 볼트나 너트를 조이는 게 대부분인 자동차 정비에서는 쓸 일이 많지 않지만, 패킹 등으로 고정된 부품을 분리할 때 활용한다. 망치로 가볍게 두드려 충격을 주면 쉽게 분리할 수 있다.

볼트를 뺐는데도 빠지지 않는 부품은 가볍게 두드리면 쉽게 뺄 수 있다.

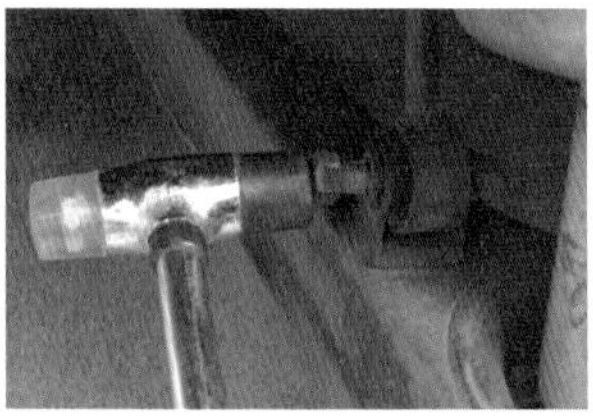

굵은 볼트를 뺄 때도 가볍게 두드리면 빼기가 용이하다.

육각 렌치

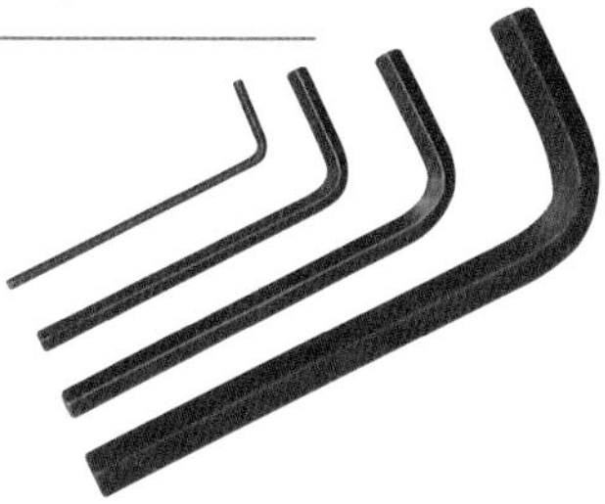

쓸 일은 그렇게 많지 않지만 없으면 불편한 공구

굵은 머리에 육각형의 홈이 파여 있는 육각구멍붙이 볼트를 돌릴 때 꼭 필요하다. 자동차에는 그다지 많이 사용되지 않지만, 이것이 없으면 불편한 경우가 있다. 인치 사이즈와 밀리미터 사이즈가 있는데, 자동차에는 보통 밀리미터 사이즈를 사용한다.

브레이크 피스톤을 원위치시킬 때 이 공구가 필요한 차종도 있다.

돌릴 때는 안쪽까지 확실히 밀어 넣는 것이 중요하다.

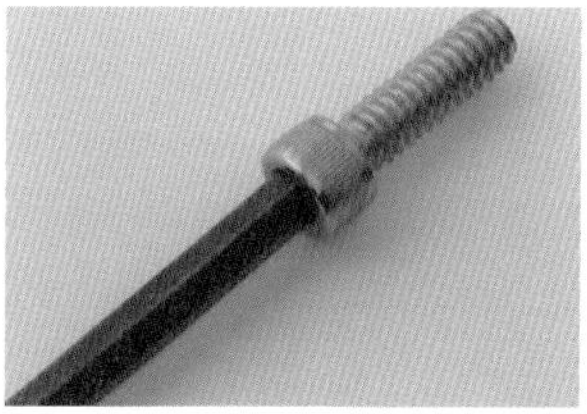

사이즈가 딱 맞으면 렌치에서 나사가 떨어지지 않기 때문에 설치 작업이 용이하다.

별 렌치

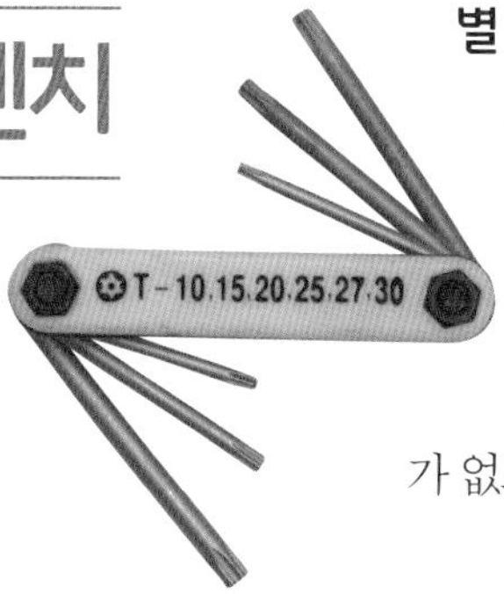

별 나사 전용 렌치

육각구멍붙이 볼트에 있는 머리 부분의 홈이 정육각형인 데 비해 변형 육각형이라고도 할 수 있는 별 모양의 나사를 돌리기 위한 렌치. 도어 스트라이커의 고정 나사로 별 나사가 쓰일 때가 있다. 그럴 때에 전용 렌치가 없으면 조절을 할 수가 없다.

소켓형 비트도 있다. 이 유형은 큰 힘으로 조일 수 있다.

도어 스트라이커에 별 나사를 사용한 차종도 있다.

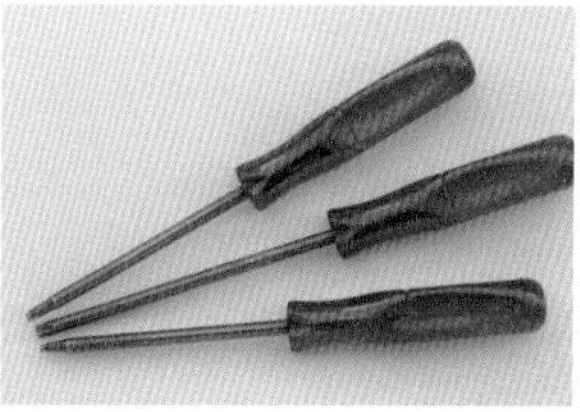

별 드라이버. 안쪽까지 밀어 넣고 돌리는 것이 중요하다.

개러지 잭

본격적인 정비에 도전한다면

차량에 실려 있는 잭은 작고 불안정하기 때문에 긴급용이라고 생각하자. 본격적인 정비를 하려면 크고 안정성이 있으며 조작도 간단한 개러지 잭이 필요하다. 작업 능력이 2톤 정도인 제품이라면 5~10만 원 정도에 구입할 수 있다.

지렛대를 끼우고 위아래로 움직이면 끝의 지지부가 올라간다.

지렛대를 빼고 아래의 둥근 돌기를 왼쪽으로 돌리면 잭이 내려간다.

잭 스탠드

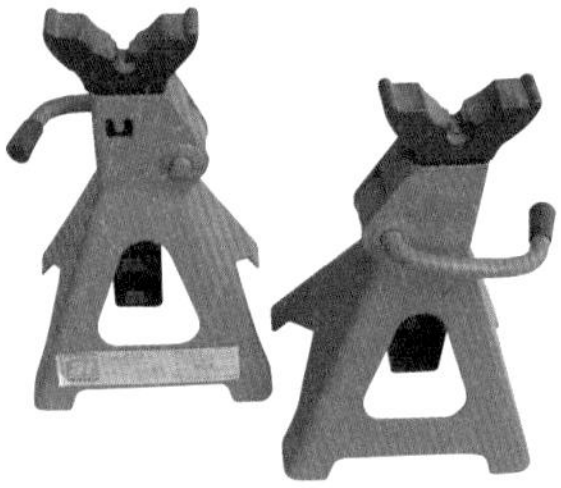

들어 올린 차체를 확실히 지지한다

잭으로 들어 올린 차체를 확실하고 안전하게 지지하기 위한 받침대. 이것으로 차체를 지지하면 안심하고 밑으로 들어갈 수 있으며 작업도 편하게 할 수 있다. 차체를 보호하기 위해 튼튼한 고무를 대고 잭 포인트나 프레임 등 차체의 튼튼한 부분에 걸친다.

잭으로 차체를 들어 올린 다음 차체 밑의 프레임 같은 튼튼한 부분에 걸친다.

플레어 너트 렌치

브레이크, 클러치 배관 전용 공구

브레이크나 클러치 호스의 탈착에 필요한 오픈 엔드 렌치. 입부분이 튼튼하게 만들어져 있으며, 통상적인 스패너처럼 옆에서 끼워 단단하게 조여진 플레어 너트를 풀거나 조일 수 있다.

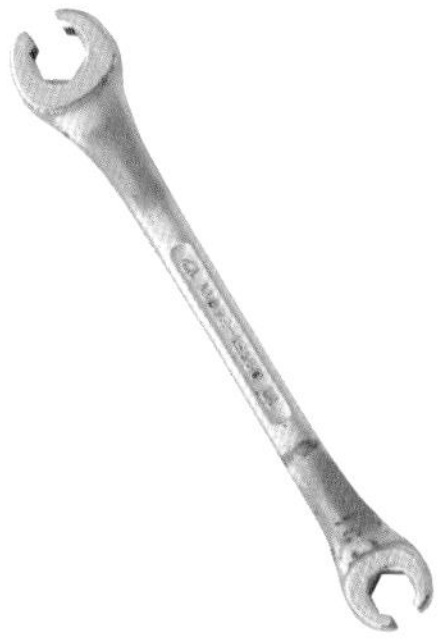

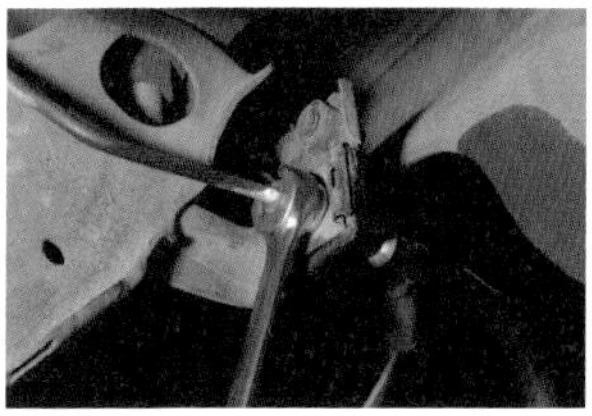

브레이크 호스는 플레어 너트 렌치가 없으면 분리할 수 없다.(→P170)

클러치 호스를 탈착할 때도 브레이크와 마찬가지로 플레어 너트 렌치가 필수품이다.(→P170)

도어 힌지 렌치

도어 힌지의 교체나 조절에 필요한 공구

자동차의 도어 힌지는 차체 쪽의 필러와 도어 사이에 보이지 않게 장착되어 있기 때문에 일반 공구로는 볼트를 돌리기가 어렵다. 이것을 돌리기 위한 전용 공구가 바로 도어 힌지 렌치다. 이것이 있으면 힌지의 조절이나 교체가 훨씬 편해진다.

좁은 장소에 있는 힌지의 볼트에 걸고 돌릴 수 있다.

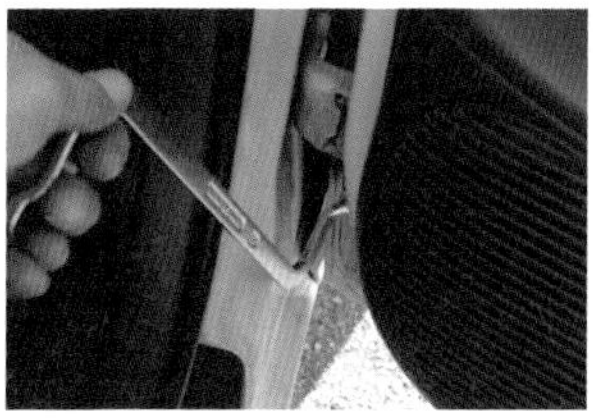

아래쪽 힌지의 볼트도 쉽게 돌릴 수 있다.

도어 힌지의 볼트는 일반적인 더블 옵셋 렌치로는 그립이 걸려서 돌릴 수가 없다.

바이스 플라이어

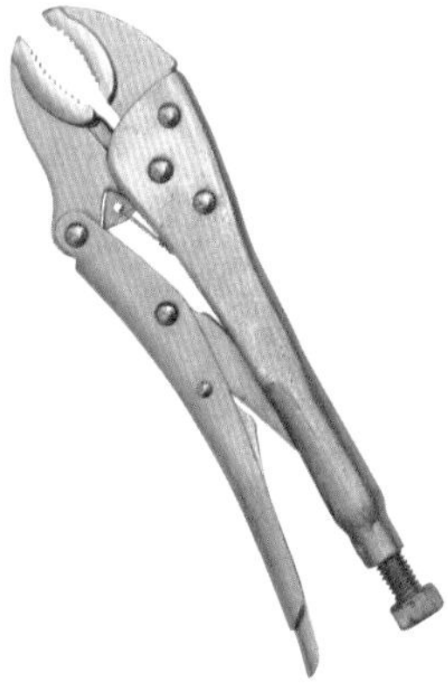

강한 힘으로 물릴 수 있는 공구

입이 플라이어와 비슷하게 생겨서 강한 힘으로 물고 돌리거나 고정 상태를 유지하는 공구다. 둥근 막대 같은 물건을 돌리기에 적합하지만 대상을 훼손하기 쉬우므로 주의가 필요하다. 그러나 이미 손상된 너트나 볼트를 억지로 돌려서 빼낼 때 쓸모가 있다.

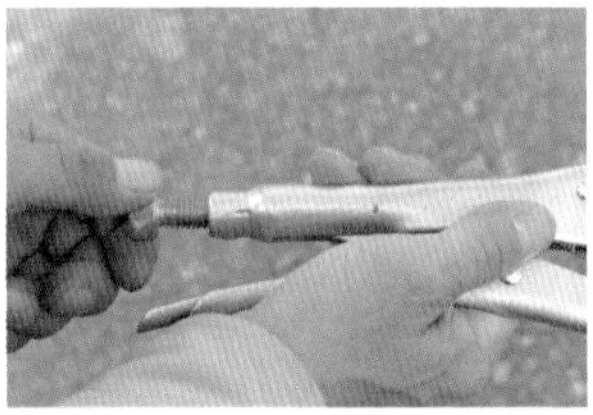

뒤쪽의 나사를 돌리면 입의 크기를 조절할 수 있다.

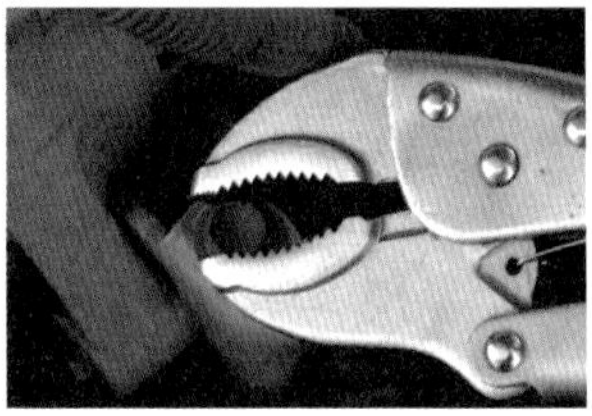

모서리가 뭉개진 볼트나 너트를 돌릴 때 유용하다.

마그넷 핸드

떨어트린 나사나 너트를 줍는다

작업 중에 나사나 너트를 떨어트리면 언더 커버 등에 걸려서 줍기가 힘들 때도 있다. 그런 작은 철제 부품을 주울 때 편리한 공구가 마그넷 핸드다. 축 부분을 자유롭게 구부릴 수 있는 유형도 있다.

강한 자석이 달려 있어 커다란 볼트나 너트도 흡착한다.

이것은 바닥에 자석이 들어 있는 부품 그릇이다. 전문가는 이런 도구도 사용한다.

방청 윤활 스프레이

자동차 정비의 필수품

가정에서도 널리 사용되고 있는 스프레이식 방청 윤활제는 자동차를 정비할 때도 필요하다. 녹이 슬거나 잘 풀리지 않는 볼트 또는 너트에 뿌리면 거짓말처럼 쉽게 풀린다. 금속 표면에 뿌리면 방진 효과도 발휘한다.

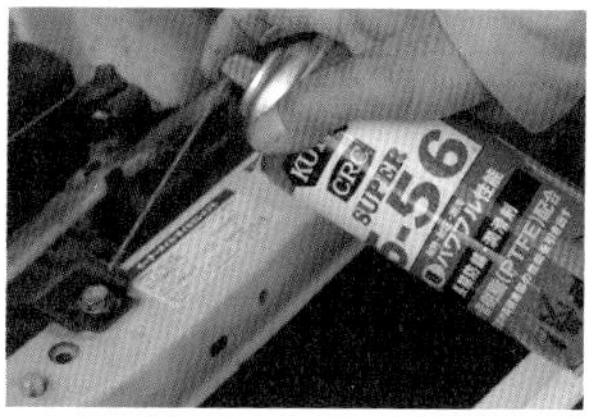

너트에 뿌리면 순간적으로 스며든다.

단단하게 조여진 스태빌라이저의 연결부에 뿌리면 풀기 수월해진다.

부츠가 뻑뻑할 때도 살짝 뿌려주면 부드럽게 들어간다.

고점착 윤활 스프레이

원하는 부분에만 뿌릴 수 있다

일반 방진 윤활 스프레이는 점성이 낮아서 대상물에 스며들듯이 퍼지지만 이 윤활제는 퍼지지 않고 달라붙듯이 부착되는 것이 특징이다. 원하는 부분에 윤활제를 부착하고 싶을 때 편리하다.

보닛의 힌지 등 아주 제한된 부분에만 부착하고 싶을 때 편리하다.

스며들지 않기 때문에 보닛 캐치에도 사용하기 좋다.

스프레이식 그리스

스프레이로 그리스를 도포할 수 있다

옛날부터 그리스는 손가락으로 바르거나 전용 그리스 건으로 주입하는 방법이 일반적이었는데, 요즘은 그리스를 스프레이로 도포할 수도 있다. 높은 압력이 걸리는 부분에 적합하다. 뿌린 뒤에 휘발 성분이 날아갈 때까지 기다리는 것이 중요하다.

도어 힌지 등 큰 힘이 가해지는 부분에 최적.

개폐 시에 소음이 발생하기 쉬운 도어 체크에도 뿌린다.

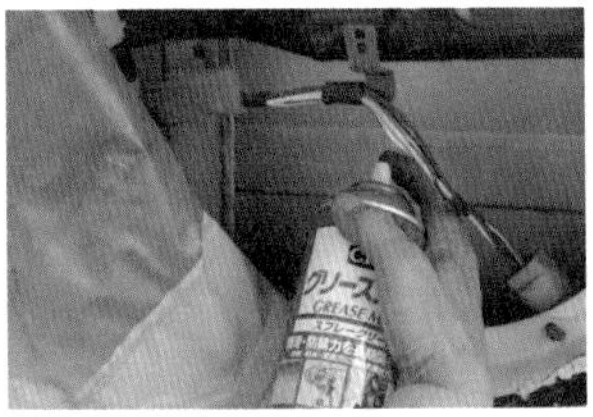

도어 안의 가동부 등 원하는 장소에 도포할 수 있다.

실리콘 그리스

브레이크에도 사용할 수 있는 내열 그리스

실리콘을 배합한 그리스는 여러 가지 제품이 판매되고 있는데, 사진 속 제품은 사용 온도의 범위가 섭씨 -50~250도이다. 그러나 브레이크 전용 제품으로 섭씨 800~1,100도까지 견디는 내열 그리스를 추천하기도 한다.

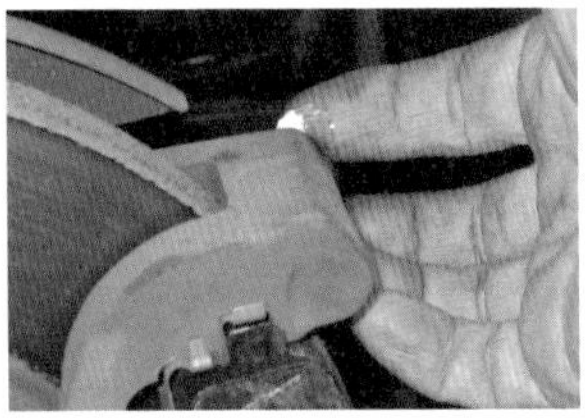

사용 온도 범위가 넓기 때문에 브레이크 가동부에도 사용할 수 있다.

브레이크 캘리퍼의 슬라이드 핀에도 도포할 수 있다.

드럼 브레이크의 가동부에도 쓴다.

브레이크 클리너

브레이크 주위의 탈지에 효과적이다

브레이크에 기름 성분은 금물이다. 그래서 패드 교체 등을 할 때는 표면에 붙어 있는 기름 성분을 제거해야 하는데, 그럴 때 편리한 것이 클리너다. 브레이크 주변에 뿌리면 기름 성분이나 오염물이 순식간에 떨어져 깨끗해진다.

리퍼 주위에 뿌리면 오염물이 검은 액체가 되어 떨어져 내린다.

만일을 대비해 디스크 로터에도 뿌려서 기름을 제거한다.

휘발성이 높아서 즉시 증발한다.

부품 세정 스프레이

떼어낸 부품의 오염물을 제거할 때 최적

엔진 주위의 부품에 붙은 오염물은 제거하기가 매우 어렵다. 그런 지독한 오염물을 없애기 위해 스프레이를 이용한다. 부품을 향해 뿌리기만 하면 오염물이 빠르게 떨어진다.

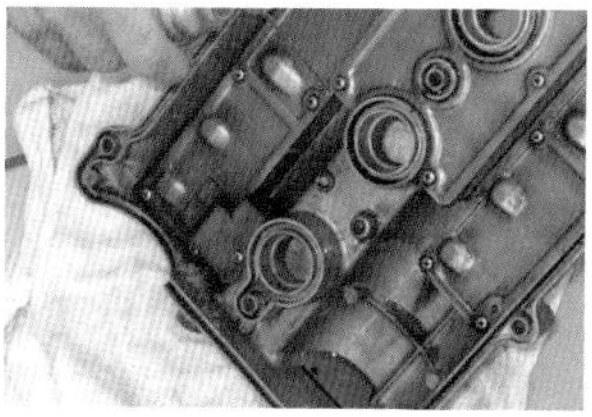

헤드 커버 뒷면의 구석 부분에는 기름때가 달라붙어 있다.

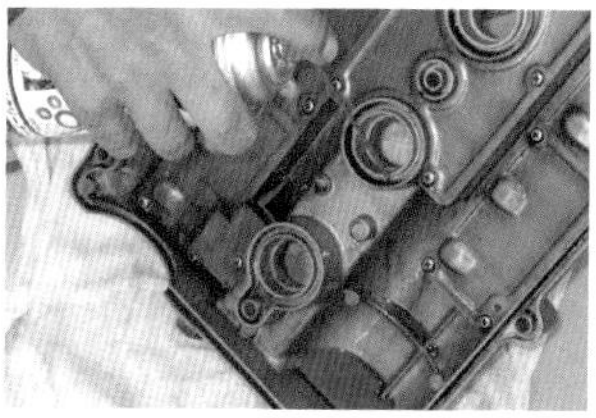

세정제를 뿌리면 오염물이 검은 액체가 되어 흘러내린다.

엔진 주위의 오염물을 제거할 때도 사용 가능하다.

접점 부활 스프레이

전기 계통의 접점을 좋게 하면 전도도가 회복된다

자동차에 많이 사용하는 전기 배선의 전도도가 회복되는 화학 용품. 사용법이 간단해서, 커넥터 등의 단자에 뿌리기만 하면 된다. 전도 불량 때문에 상태가 나빠진 기기의 성능을 좋게 해 준다.

커넥터를 꺼내서 접점에 뿌리기만 하면 끝이다.

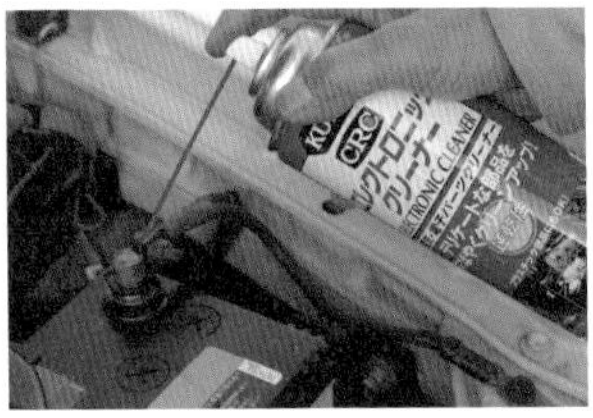

오래된 자동차는 배터리 단자에 뿌린다.

전기 부품 클리너

전기 부품을 간단히 청소한다

커넥터를 비롯한 자동차의 전기 부품은 오염물이나 먼지 등이 심하게 붙어 있어서 제거하기 어려울 때가 많은데, 클리너를 뿌리기만 하면 손쉽게 떼어낼 수 있다. 플라스틱 부품에 뿌려도 문제가 없기 때문에 폭넓게 사용할 수 있다.

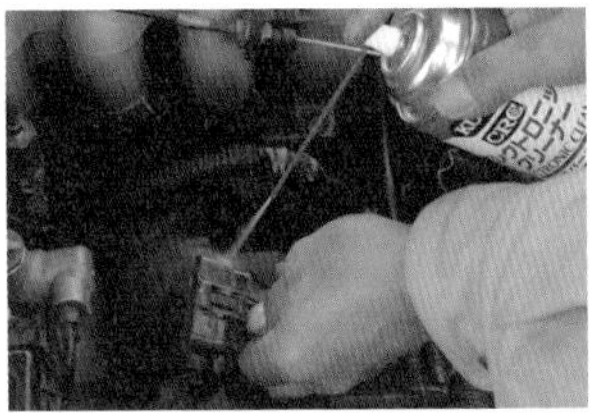

뿌리면 오염물이 빠르게 제거된다.

전자 부품의 기판에도 사용할 수 있어 용도가 폭넓다.

고무 보호 스프레이

고무 부품의 열화를 방지한다

이 용품은 자동차의 여러 곳에 사용되어 기밀성 유지와 충격 완화 등 중요한 역할을 하는 고무 부품을 깨끗하게 하고 보호한다. 뿌리면 검은색이 되살아나고 잃어버렸던 탄력도 회복된다. 엔진 벨트에서 나는 소리를 없애는 용도로도 쓸 수 있다.

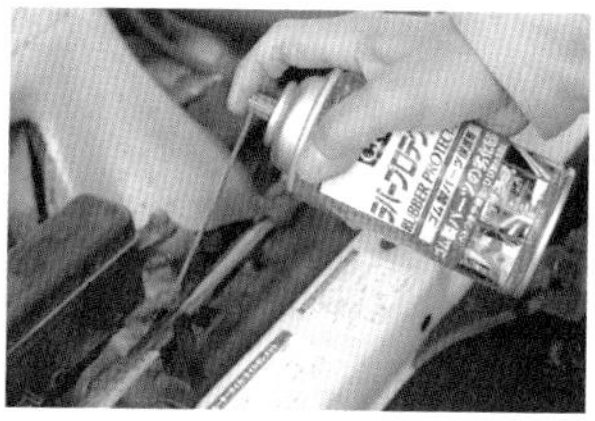

뿌리면 순식간에 고무의 검은색이 되살아난다.

경화되기 쉬운 자동차 유리 몰딩에도 사용한다.

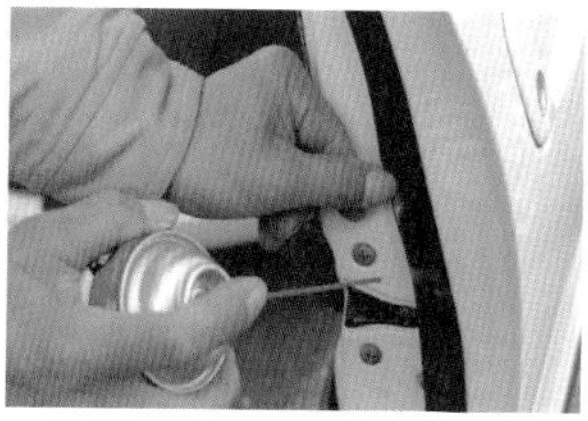

도어의 기밀성을 유지하는 웨더 스트립에는 적극적으로 사용하자.

엔진 컨디셔너

엔진 내부를 청소한다

엔진을 켠 상태에서 흡기 계통에 뿌려주면 흡기 계통과 연소실 등을 깨끗하게 청소해주는 화학 용품. 잘못된 곳에 주입하지 않도록 제품 사용 설명서를 잘 읽고 이해한 다음 사용하자.

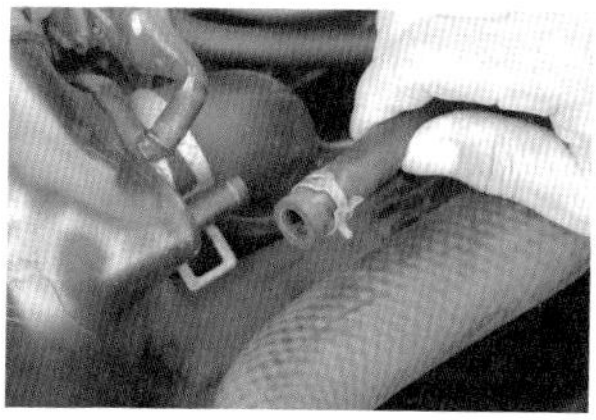

스로틀 보디의 바로 앞에 있는 고무호스를 뺀다.

엔진 시동을 걸고 액셀러레이터를 조금 밟으면서 뿌리면 흡기 계통부터 실린더 안까지 자연스레 청소된다.

엔진 세정 스프레이

더러워진 엔진을 청소한다

먼지나 기름으로 지저분해진 엔진의 외관을 깨끗하게 청소하기 위한 화학 용품. 사용에 앞서 전기 계통 등 물이 들어가면 문제가 발생하는 부분을 비닐 시트 등으로 방수 처리한 다음 스프레이를 뿌리고 물을 끼얹으면 깨끗하게 청소할 수 있다.

알터네이터와 디스트리뷰터 등 물이 들어가면 안 되는 부분은 밀봉하고 엔진을 향해 뿌린다.

물을 끼얹으면 거품과 함께 찌든 때가 떨어져 엔진이 깨끗해진다.

에어컨 클리너

통풍 덕트에 뿌린다

에어컨의 통풍 덕트는 분해 정비가 어려운 탓에 대부분 지저분하기 짝이 없다. 에어컨 클리너를 사용하면 냄새를 없애준다. 사용법은 아주 간단해서, 차내의 통풍구에 뿌리기만 하면 끝이다.

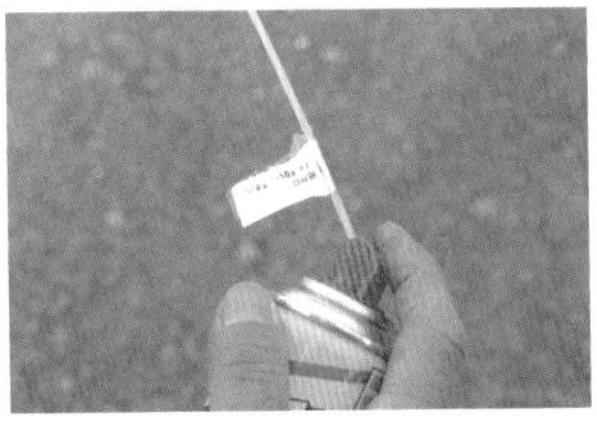

사용법은 노즐을 끼우고 뿌리면 끝.

모든 통풍구에 뿌린다. 불쾌한 냄새를 퇴치하는 데 효과가 있다.

INDEX

Chapter 4

본격적인 고난도 정비

이 챕터에서는 전문가가 실시하는 본격적인 정비를 폭넓게 알아본다. 좀처럼 볼 수 없는 수준 높은 내용을 소개하니, 유심히 관찰하고 참고하자.

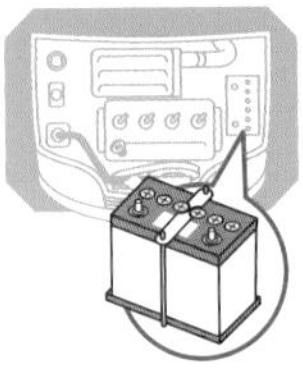

배터리의 교체

작업 시간
30분

부품 총액
121,000원

사용 공구
스패너, 복스 렌치

사진 속 신품 배터리는 순정품과 동일한 크기의 55B26L. 26센티미터의 길이는 소형 승용차 중에서는 큰 축에 속한다.

용량을 높여 성능을 강화할 수도 있다

배터리는 실용적인 일반형부터 고성능을 발휘하는 고급형까지 다양한 종류가 있으며, 교체 작업도 그리 어렵지 않다. 다만 문제는 다 쓴 배터리를 어떻게 처리하느냐다. 확실히 처리할 방법이 있을 때만 교체 작업을 하기 바란다.

작업은 비교적 간단하다. 배터리를 고정하는 막대와 전극 단자를 분리하고 오래된 배터리를 차체에서 빼낸다. 그다음 신품으로 교체하고 연결해주기만 하면 된다. 탑재 공간에 여유가 있다면 더 큰 크기의 대용량 배터리로 바꿔서 전원 공급 능력을 강화할 수도 있다.

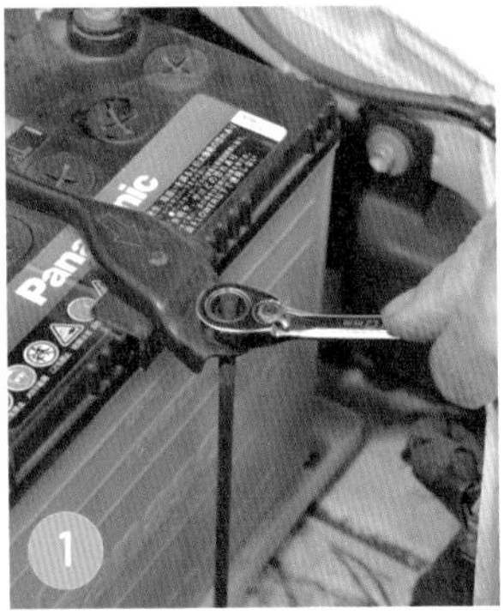

1 배터리는 보통 금속 막대로 고정되어 있다. 먼저 양 끝의 너트를 푼다.

2 양쪽의 너트를 풀고 아래 부분의 갈고리를 구멍에서 빼내면 금속 막대 전체를 분리할 수 있다.

3 터미널은 쇼트를 방지하기 위해 마이너스극부터 분리하는 것이 철칙이다. 스패너 또는 복스 렌치를 사용해 너트를 푼다.

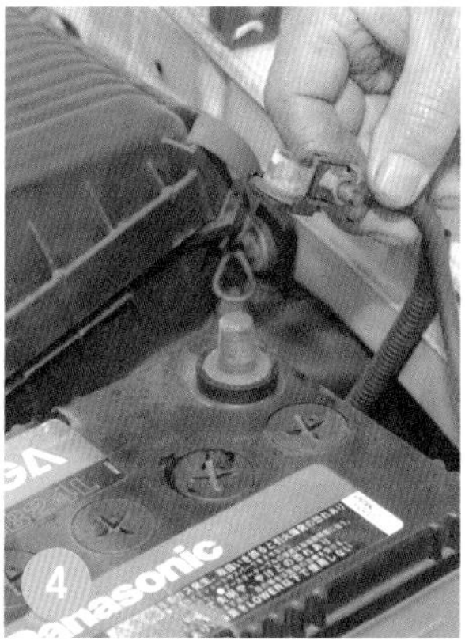

터미널을 분리한다. 들러붙어 있더라도 좌우로 흔들 듯이 움직이면 분리할 수 있다.

플러스극은 커버를 열고 작업한다. 마이너스극과 마찬가지로 너트를 풀고 분리한다.

배터리를 들어 올려 자동차에서 분리한다. 상당히 무거워서 떨어트렸다가는 다칠 우려가 있으니 주의하자.

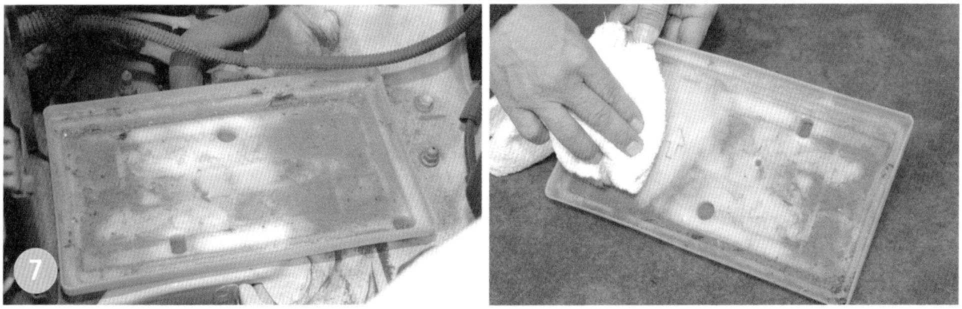

배터리를 장착하는 트레이(tray)는 지저분한 경우가 많다. 배터리를 교체하면서 트레이를 분리해 깨끗이 닦아주자. 닦는 김에 주변의 부속 기기나 부품 등도 닦아주면 좋다.

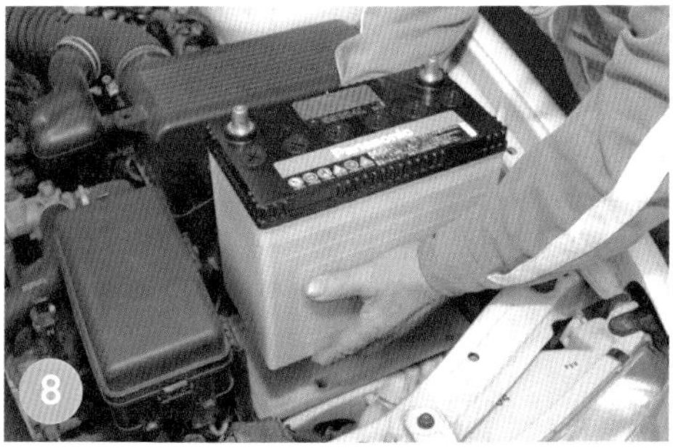

새 배터리를 장착한다. 이때 전극의 방향(차량의 앞쪽인가 뒤쪽인가)이 틀리지 않도록 주의한다.

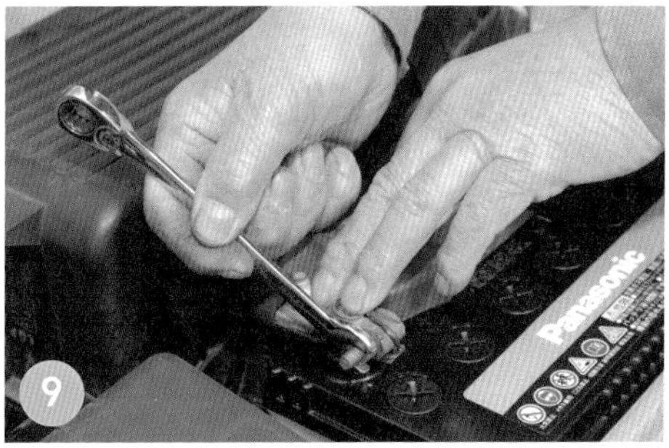

배터리 케이블을 플러스극부터 접속한다. 터미널을 손으로 충분히 누른 다음 너트를 조인다.

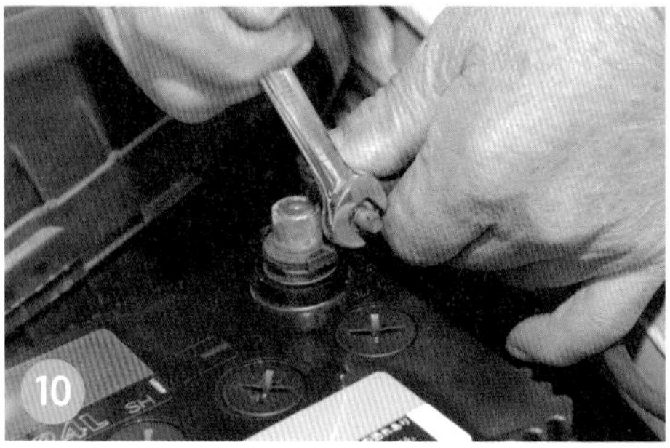

마이너스극도 접속한다. 너트를 조일 때 배터리의 포스트에 대해 옆 방향에서 커다란 힘을 가하지 않도록 주의한다.

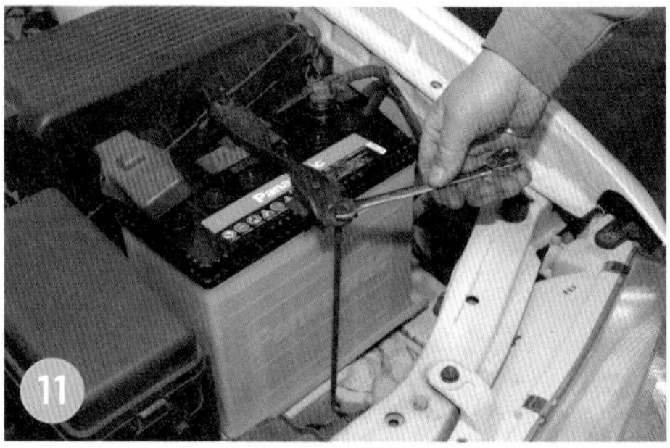

고정 막대를 장착한다. 먼저 양쪽 고정쇠를 받침대의 구멍에 건 다음 너트를 조인다. 이때 너트를 너무 꽉 조이지 않도록 주의하자. 배터리가 흔들리지 않을 정도로만 조이면 된다.

배터리에 표기된 기호 읽는 법

배터리 본체의 윗면에 적혀 있는 기호를 보면 그 배터리의 크기와 사양을 알 수 있다. 가령 55B26L이라고 적혀 있을 경우, 처음에 적혀 있는 숫자가 용량 등급이고 다음의 B는 배터리 단측면(폭×높이)의 크기 등급이며 26은 길이가 26센티미터임을 나타낸다. 그리고 맨 뒤에 붙은 알파벳 L은 두 전극을 자신과 가까운 쪽으로 놓았을 때 왼쪽이 마이너스극임을 의미한다. 만약 R로 표시되어 있다면 오른쪽이 마이너스극이 된다. 또 용량 등급과 단측면 크기 등급은 일반적으로 배터리의 크기와 거의 비례한다.

배터리를 교체할 때 가장 주의 깊게 살펴야 할 것은 배터리의 길이와 전극 방향이다. 같은 크기의 배터리로 교체할 때는 동일한 기호가 적혀 있는 배터리를 고르면 아무런 문제가 없다. 만약 기존보다 더 큰 배터리로 교체하고 싶다면 자동차의 배터리 탑재 공간을 계측해서 그 공간에 들어갈 수 있는 가장 큰 크기의 배터리를 선택한다. 또 국산차 배터리와 수입차 배터리는 높이를 비롯해 다른 점이 많으므로 호환성이 없는 편이다.

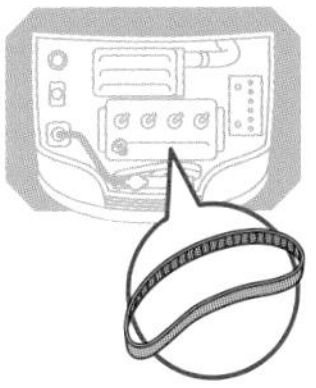

타이밍 벨트의 교체

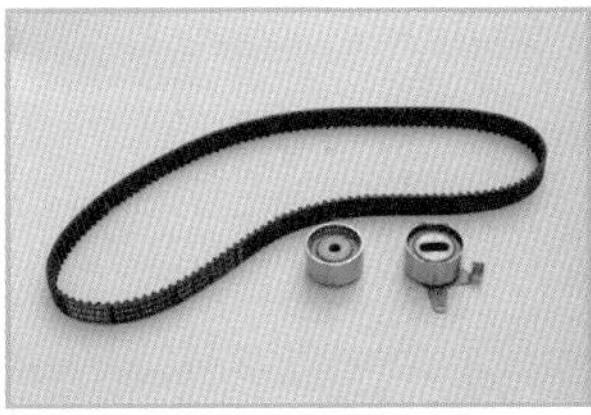

작업 시간
2시간

부품 총액
35,000원(타이밍 벨트)

사용 공구
소켓 렌치, 복스 렌치, 토크 렌치

타이밍 벨트는 조금 폭이 넓으며, 위치가 어긋나지 않도록 안쪽에 톱니가 나 있다. 벨트의 장력을 조절하는 텐셔너와 아이들러도 함께 교체한다.

밸브 타이밍을 관장하는 중요한 부품

타이밍 벨트는 일종의 톱니 벨트로 엔진의 흡배기 밸브를 움직이게 하는 캠을 구동한다. 주행 중에 이 벨트가 끊어지면 엔진이 움직이지 않으며, 엔진에 따라서는 밸브가 피스톤과 충돌해 휘어지기 때문에 막대한 수리비를 지출해야 한다. 그래서 최근에는 끊어질 염려가 없는 체인 구동 방식의 엔진을 탑재한 차가 대부분이다.

타이밍 벨트 사이에 워터 펌프가 있는 엔진의 경우는 동시 교체가 원칙이다. 망가진 펌프에서 새어나온 냉각수에 벨트가 미끄러지거나 톱니가 제대로 맞물리지 못하면서 타이밍이 어긋나 밸브가 고장 날 수 있기 때문이다.

주위의 볼트를 풀고 실린더 헤드 커버를 들어 올리면 밸브 기구와 함께 타이밍 벨트의 일부가 나타난다.

엔진 윗면의 실린더 헤드 커버와 플라스틱으로 만들어진 벨트 커버를 벗기면 타이밍 벨트 전체가 모습을 드러낸다. 사진 하단에 절반만 보이는 것이 크랭크 풀리이며, 그 안쪽에 있는 타이밍 풀리가 타이밍 벨트를 구동한다.

언뜻 보기에는 별다른 문제가 없는 것 같지만 장력이 조금 약해졌다. 밸브의 개폐 타이밍이 미묘하게 어긋났을 가능성이 있다. 불순물이 들어가지 않도록 밸브 위에 천을 덮어 놓는다.

크랭크 샤프트에서 크랭크 풀리를 떼어낸다. 그런 다음 벨트가 옆으로 어긋나는 현상을 방지하는 벨트 가이드(사진의 화살표)와 그 주위의 커버를 분리하면 벨트가 노출된다.

벨트를 벗겨내기 전에 크랭크와 캠샤프트의 위치를 맞춘다. 크랭크 풀리의 노치를 'T'의 위치에 맞추고, 캠 풀리의 맨 윗부분에 표시를 한다. 이후 크랭크와 캠 모두 이 위치에서 움직이지 않도록 작업한다.

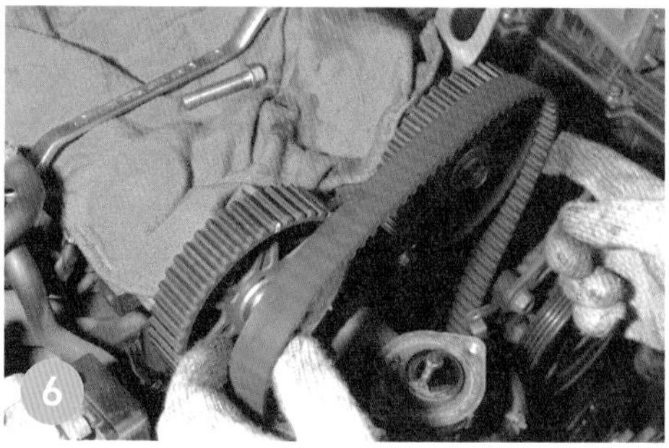

텐셔너의 볼트를 풀고 벨트를 옆 방향에서 벗겨낸다.

워터 펌프도 동시에 교체하기 위해 이 시점에서 분리한다. 소켓 렌치로 고정 볼트를 풀면 쉽게 분리할 수 있다.

타이밍 벨트에 먼지나 이물질은 금물이다. 벨트 근처의 먼지와 이물질을 압축 공기로 깨끗하게 제거한다.

벨트 주위의 부품을 전부 분리한 엔진. 이제부터 워터 펌프, 텐셔너, 아이들 풀리, 벨트의 순서로 장착한다.

워터 펌프는 밀봉제를 도포하고 패킹을 장착해 누수 방지에 만전을 기한다.

워터 펌프를 장착한다. 펌프로 물이 들어오는 입구인 워터 인렛 호스도 밀봉제를 바르고 패킹을 끼워 장착한다.

타이밍 벨트의 위치를 유지해주는 아이들러를 장착한다. 벨트와 동시에 교체하는 편이 이익이다.

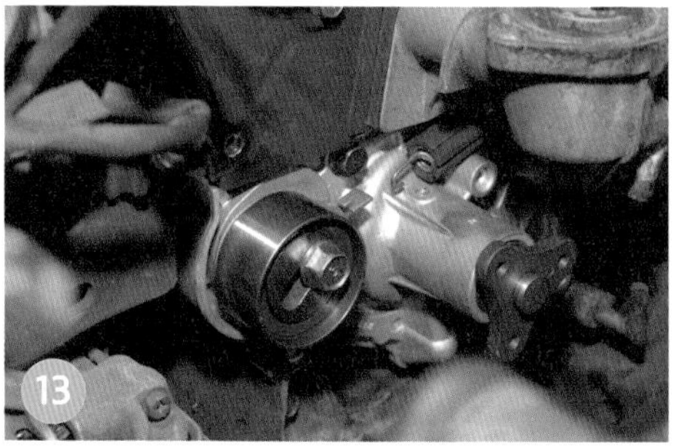

텐셔너를 고정한다. 스프링의 힘으로 벨트의 장력을 자동 조절한다.

풀리의 위치가 달라지지 않도록 복스 렌치로 유지하면서 새 벨트를 끼운 다음 텐셔너의 고정 볼트를 일단 풀었다가 조인다. 벨트의 장력 조절이 완료된다.

벨트 가이드와 크랭크 샤프트 풀리는 고정용 볼트의 체결 토크를 관리해야 하기 때문에 마지막에 토크 렌치로 조인다.

벨트 덮개와 실린더 헤드 커버를 설치하기 전에 마지막으로 조립한 부품들의 위치 등을 점검한다.

타이밍 벨트의 커버. 실린더 헤드 커버 등을 원래대로 덮으면 작업이 완료된다.

타이밍 벨트의 수명

타이밍 벨트는 가볍고 매우 튼튼하게 만들어졌지만 타이밍 체인과 달리 수명이 다 되면 끊어져버린다. 게다가 끊어지기 전까지는 아무런 전조도 없다. 어느 날 갑자기 엔진이 멈추고 큰 손상을 입었을 때, 오래된 자동차는 그대로 폐차해야 하는 상황이 올 수도 있다. 대책이라 하면 결국 사전에 부품을 교체하는 것뿐이다. 타이밍 벨트의 수명은 운전 방법에 따라 차이가 있지만 약 10만 킬로미터로 알려져 있는데, 안전을 생각해 주행 거리가 9만 킬로미터를 넘으면 기회를 봐서 교체한다.

라디에이터/히터 호스의 교체

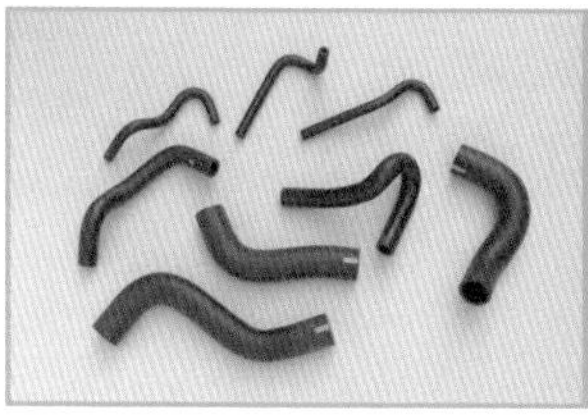

작업 시간 1.5시간
부품 총액 14,000원(1개)
사용 공구 플라이어, 드라이버

라디에이터 호스와 히터 호스. 엔진 주변에는 냉각수가 지나가는 호스도 있으므로 동시에 교체한다.

호스가 딱딱해지면 요주의

라디에이터 호스는 엔진 냉각수가 지나가는 길이다. 엔진의 열로 따뜻해진 물은 어퍼 호스를 지나 라디에이터로 들어가면 냉각된다. 차가워진 물은 로워 호스를 지나 엔진으로 돌아가고 이런 순환이 반복된다. 히터 호스는 그 이름처럼 히터로 온수를 보내는 호스다. 라디에이터 호스와 동시에 점검과 교체를 실시하자. 언제 교체할지는 호스의 굳기로 판단한다. 손가락으로 호스를 눌렀을 때 탄력이 사라졌다면 교체 시기라고 판단하는 편이 좋다. 교체 작업은 냉각수를 뽑고 낡은 호스를 뺀 다음 신품을 끼우면 끝인데, 고착된 낡은 호스를 분리할 때 조금 애를 먹을지도 모른다.

라디에이터 어퍼 호스 RADIATOR UPPER HOSE

라디에이터 호스의 접속부에는 금속 밴드가 끼워져 있다. 플라이어로 물어서 밴드를 넓혀 위치를 옮긴다.

전문가는 끝이 갈고리처럼 생긴 특수 공구를 사용한다. 이것을 호스 끝에 끼워서 벗겨낸다.

열에 달라붙었던 부분이 벗겨지면 쉽게 빠진다.

호스가 빠지면 접속부가 노출된다. 호스를 끼우는 부분에 녹이나 호스 조각이 붙어 있으면 마이너스 드라이버 등으로 긁어내거나 샌드페이퍼로 갈아서 깨끗하게 한다.

라디에이터 쪽의 접속부도 똑같이 작업한다. 라디에이터는 튼튼하지 않으므로 엔진 쪽보다 신중하게 작업해야 한다.

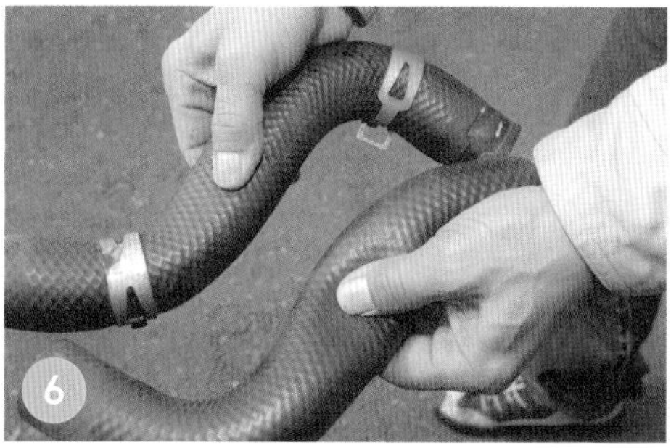

낡은 호스와 신품 호스를 비교한 모습. 같은 힘으로 눌러보면 탄력이 차이가 난다. 경화가 진행되면 금이 가서 물이 샐 가능성이 높아진다.

새 호스를 장착한다. 호스 자체에 탄력이 있고 엔진과 라디에이터의 접속부도 깨끗하게 청소했기 때문에 손으로 쉽게 끼워 넣을 수 있다. 비틀린 상태로 끼우지 않도록 주의하는 것이 중요하다.

플라이어를 사용해 밴드를 끼운다. 밴드를 고정 위치에서 일단 크게 벌려 호스 둘레를 균일하게 조인다.

라디에이터 로워 호스 RADIATOR LOWER HOSE

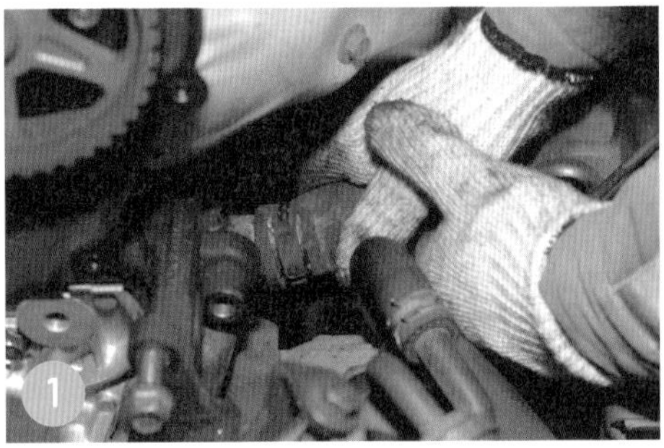

어퍼 호스처럼 작업이 쉽지는 않지만, 호스를 통과하는 물의 온도가 낮아서 그다지 고착되어 있지 않은 경우가 많다.

자동차를 잭업하고 라디에이터의 아래쪽에 연결되어 있는 로워 호스를 분리한다. 작업 순서는 어퍼 호스와 동일하다.

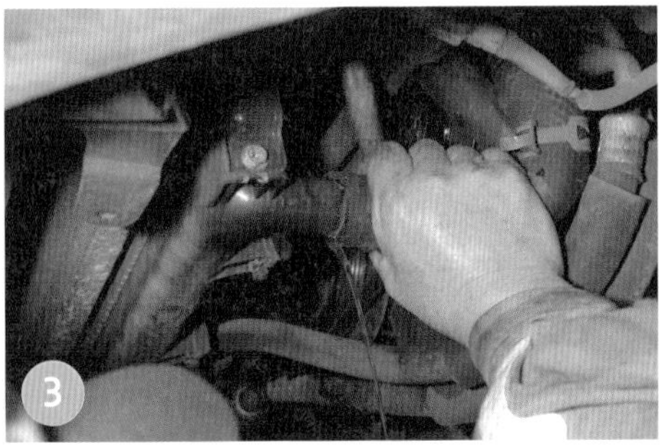

당겨서 뺄 때는 수평을 유지한다. 옆 방향에 커다란 힘이 가해지면 라디에이터의 접속부가 망가질 수 있다.

호스를 안쪽까지 확실히 끼우고 밴드로 고정하면 완성.

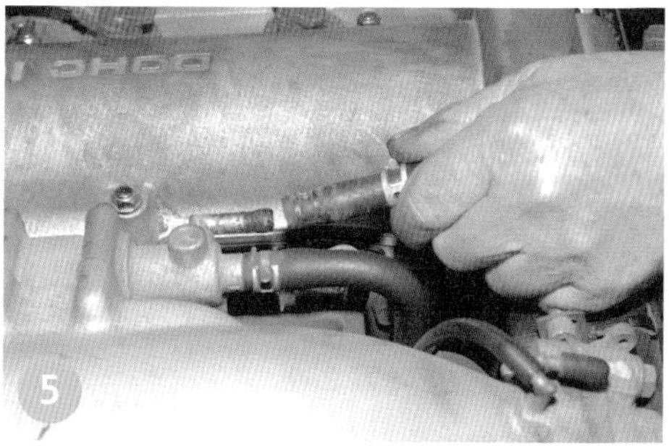

엔진 주변에 있는 냉각수 호스도 교체한다. 사진은 흡기 매니폴드와 연결되어 있는 호스다.

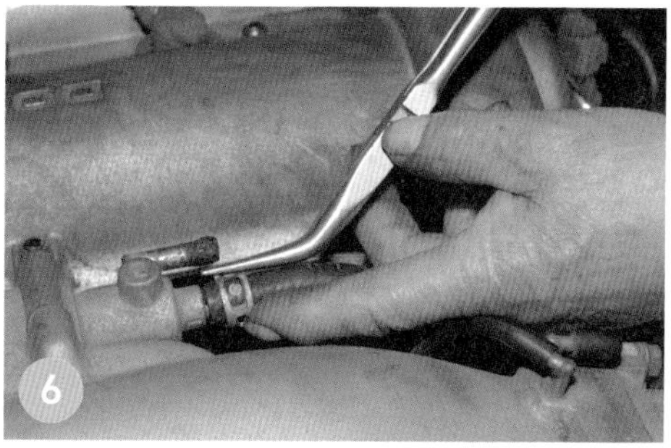

호스를 안쪽까지 확실히 끼워 넣고 밴드로 고정한다. 순서는 라디에이터 호스와 동일하다.

히터 호스 HEATER HOSE

엔진의 워터 재킷과 차내의 히터 코어가 호스 2개(차종에 따라 1개인 경우도 있다)로 연결되어 있다. 라디에이터 호스가 경화되었다면 히터 호스도 교체해야 한다.

히터 코어 쪽의 접속부. 파이프에 달라붙은 오염물을 깨끗하게 제거한다.

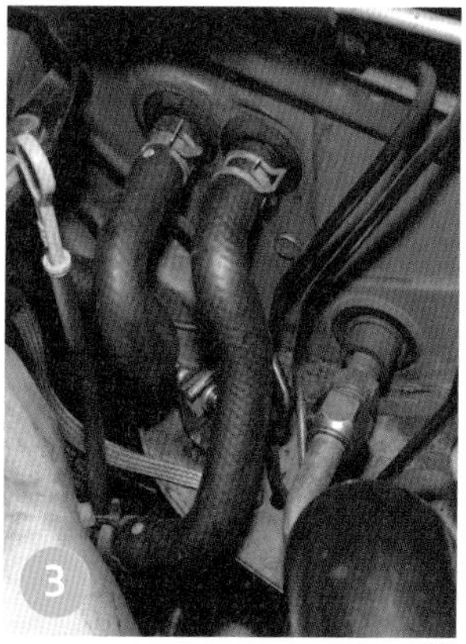

새 호스를 끼우고 밴드로 고정하면 작업은 완료된다. 호스를 교체한 자동차는 여름철에도 안심하고 달릴 수 있다.

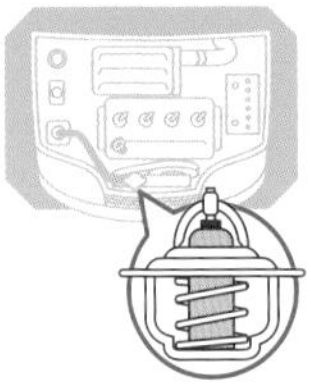

서모스탯의 교체

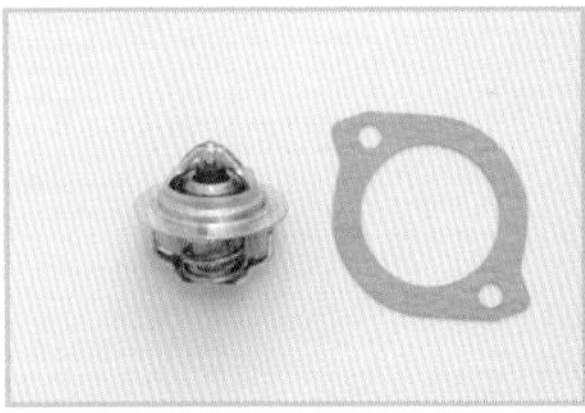

작업 시간
18분

부품 총액
13,000원(서모스탯)

사용 공구
복스 렌치

서모스탯은 내부에 스프링이 들어간 금속 팽이 같은 모양이다. 교체할 때는 패킹도 새것으로 바꾼다.

교체해 과냉각 또는 과열을 방지한다

서모스탯은 엔진 냉각 계통의 감시꾼이다. 엔진이 식었을 때는 통로를 닫아 라디에이터에까지 냉각수가 돌지 않게 해서 엔진을 빠르게 덥히고, 수온이 상승하면 냉각수의 유량을 늘려 엔진의 온도를 일정하게 유지한다. 만에 하나 서모스탯이 고장 나면 과냉각이나 과열을 유발할 우려가 있다. 과냉각이 되면 엔진을 덥히기 위해 연료를 사용하기 때문에 연비가 나빠진다. 수온이 안정적이지 않다면 고장을 의심해볼 필요가 있다. 서모스탯은 비교적 높은 곳에 달려 있어서 교체가 용이하다.

서모스탯은 라디에이터 어퍼 호스의 엔진 접속부에 있다. 사진에서는 라디에이터 호스를 분리했는데, 작업이 가능하다면 꼭 분리할 필요는 없다.

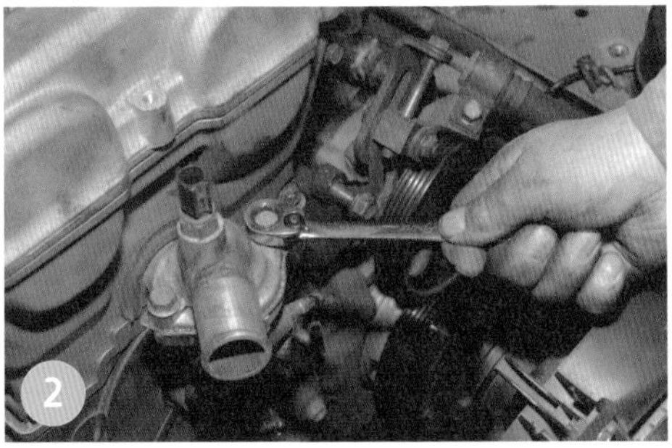

케이스를 고정하는 볼트 2개를 푼다. 간혹 개스킷(물이나 가스의 누설을 막는 패킹)이 고착되어 있을 때는 플라스틱 해머로 가볍게 두드려 분리한다.

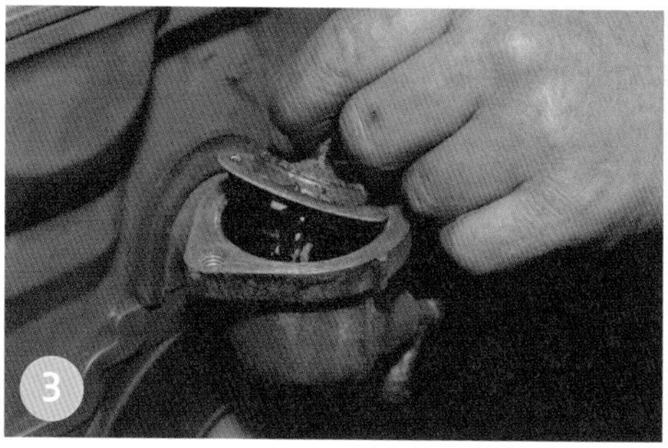

낡은 서모스탯을 빼낸다. 단순히 끼워져 있을 뿐이므로 쉽게 빼낼 수 있다.

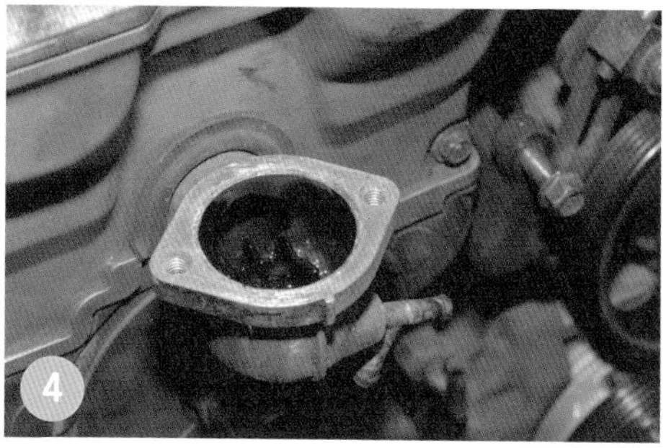

접속면에 낡은 개스킷이 붙어 있을 경우는 마이너스 드라이버 등으로 긁어서 제거한다.

새 서모스탯을 장착한다. 가장자리를 맞춰서 케이스에 넣는다.

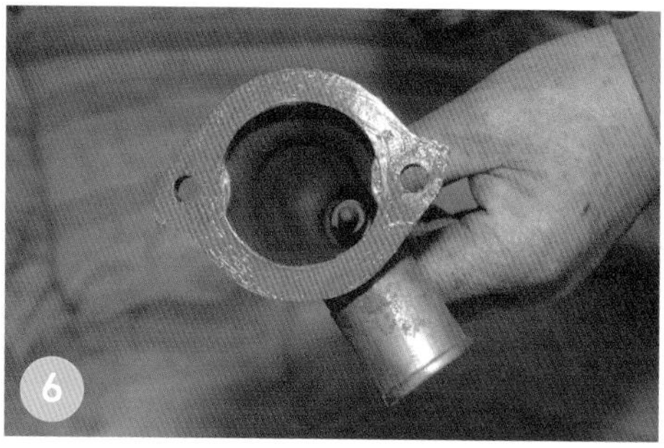

라디에이터 호스가 연결되는 어퍼 케이스의 접합면과 패킹에 밀봉제를 발라둔다. 이제 케이스를 서모스탯에 씌우고 볼트를 조이면 작업이 끝난다.

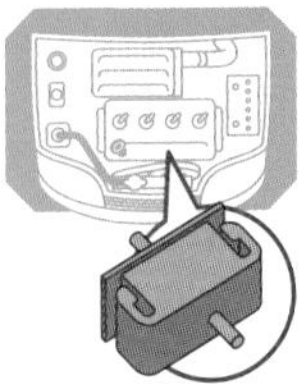

엔진 마운트의 교체

작업 시간
3시간

부품 총액
80,000원(1세트)

사용 공구
소켓 렌치, 복스 렌치, 잭

엔진 마운트는 볼트가 달린 철판 사이에 딱딱한 고무 덩어리가 있는 구조다. 양쪽의 볼트는 엔진 브라켓과 차체에 고정된다.

진동이 줄어 쾌적성이 향상된다

엔진 마운트는 엔진과 차체 사이에 장착되어 있는 고무 쿠션이다. 엔진을 차체에 직접 장착하면 엔진의 진동이 차체에 바로 전해져 쾌적성이 떨어질 뿐만 아니라, 차에 문제를 일으킬 수 있다. 이를 방지하기 위해 엔진 마운트로 충격을 흡수한다. 오랜 시간 동안 엔진의 무게나 진동을 받아 열화된 엔진 마운트를 교체하면 진동과 소음이 크게 줄어들며 승차감이 좋아진다. 교체 방법은 볼트로 고정된 엔진 마운트를 바꾸는 것뿐인데, 장소가 장소인 만큼 작업이 어려울지도 모른다.

엔진 하부에 있기 때문에 처음에는 엔진 마운트의 위치를 알아내는 것조차 어려울 때가 있다. 흡기 덕트나 라디에이터 호스 등을 분리하면 작업이 수월해진다.

잭으로 엔진을 밑에서 지지하면 마운트를 분리하기가 쉬워지는 동시에 볼트를 풀었을 때 엔진이 내려가는 것을 방지할 수 있다. 동그라미를 친 곳 부근에 엔진 마운트가 있다.

엔진룸 쪽에서는 배기관 밑에 있는 공간을 통해 접근한다. 엔진에 고정되어 있는 브라켓의 볼트를 푼다.

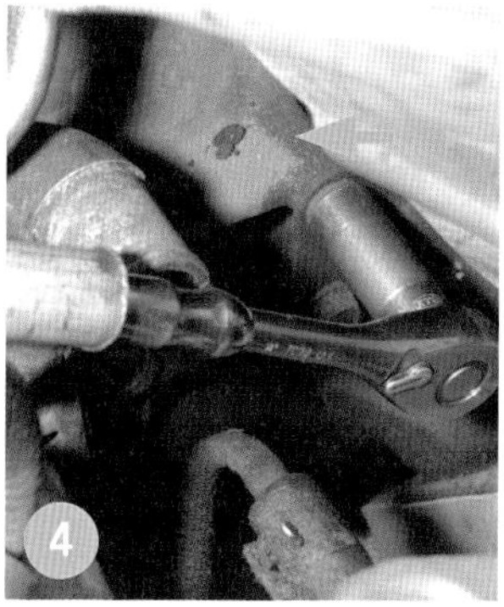

소켓 렌치의 소켓 너머에 있는 것이 엔진 마운트의 브라켓이다. 엔진 마운트 자체는 그 아래쪽에 있다.

분리한 엔진 마운트와 브라켓. 아래의 검은 덩어리가 엔진 마운트이며, 그 위에 있는 것이 브라켓으로 실린더 블록에 고정되어 있다.

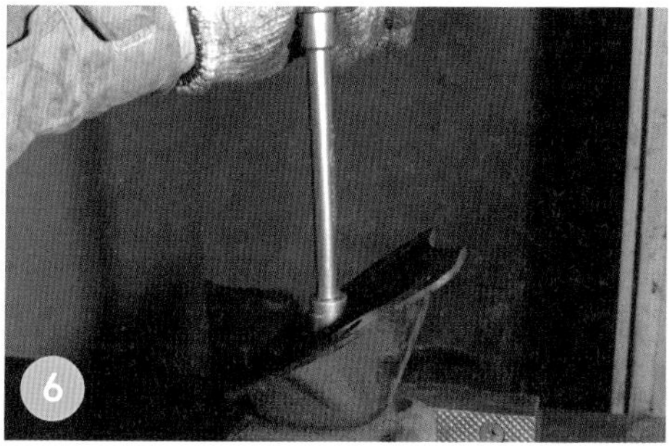

바이스에 끼워서 분해한다. 새 엔진 마운트와 교체한다.

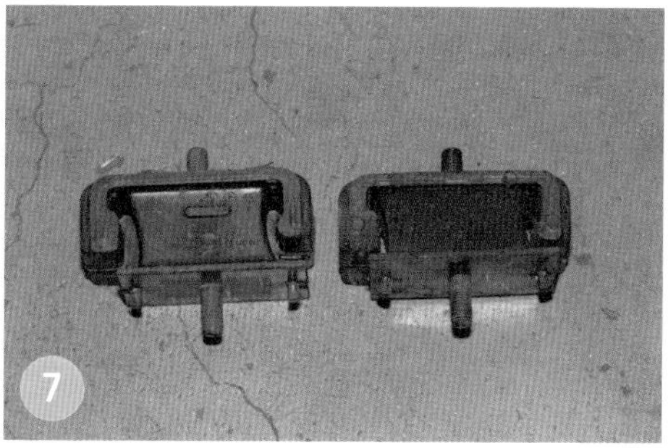

새 엔진 마운트와 헌 엔진 마운트의 비교. 오른쪽이 헌것으로, 왼쪽의 신품과 비교하면 조금 찌부러져 있음을 알 수 있다.

금속 케이스에 담겨 장착되어 있는 모습. 고정용 볼트의 구멍 위치를 맞추기 위해 잭의 높이를 미묘하게 바꾸는 작업이 요구된다.

양쪽 모두 교체 완료. 사진 속 자동차는 엔진 마운트가 2개뿐이지만 3개를 사용하는 자동차도 많다.

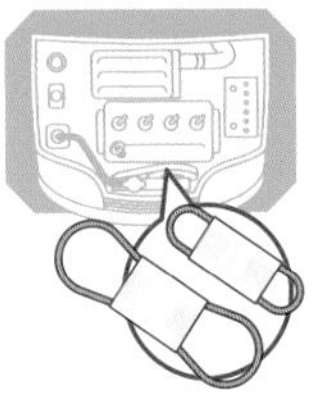

엔진 벨트의 교체

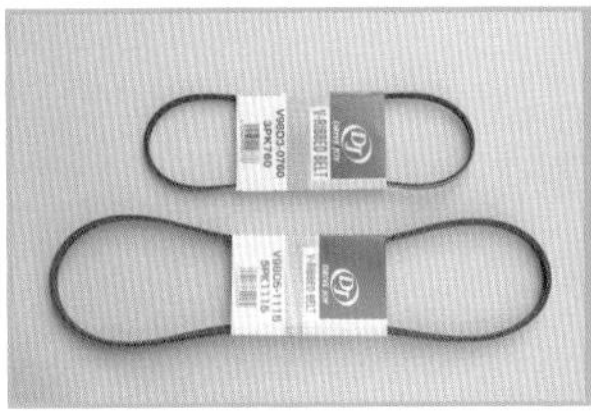

작업 시간
1시간

부품 총액
15,000원(1개)

사용 공구
소켓 렌치, 복스 렌치, 잭

알터네이터, 파워 스티어링 펌프, 에어컨 등을 구동하는 벨트. 사진 속 자동차는 벨트 2개를 사용한다. 작업 효율을 생각하면 2개를 동시에 교체하는 것이 상책이다.

정기적인 교체가 바람직하다

엔진에는 발전기인 알터네이터나 에어컨의 컴프레서, 스티어링 휠의 조타력을 경감하는 파워 스티어링 펌프 등 여러 보조 장치가 달려 있다. 이런 보조 장치들은 벨트를 통해 구동된다. 과거에는 이 벨트의 주된 역할이 냉각용 팬과 알터네이터를 돌리는 것이었기 때문에 팬 벨트라고 불렀는데, 현재는 모터로 팬을 구동하는 경우가 많아서 파워 스티어링 벨트 또는 에어컨 벨트 등으로 부른다. 이처럼 주로 구동하는 보조 장치의 명칭을 붙일 때가 많다. 엔진에 걸려 있는 이 벨트들은 최근 들어 성능이 크게 향상돼서 끊어지는 일이 거의 없다.

하지만 열화로 소음이 발생하거나 움직임이 나빠지는 일은 당연히 일어난다. 양호한 상태를 유지하려면 자동차 검사 때를 기점으로 주기적으로 점검한다. 신형 벨트의 교체 주기는 약 10만 킬로미터이다.

가로로 엔진을 배치한 FF 자동차의 경우 벨트가 차체의 옆쪽에 있기 때문에 교체 작업이 쉽지 않다.

엔진에 걸려 있는 벨트는 알터네이터나 파워 스티어링 펌프 등의 위치를 움직여서 장력을 바꿀 수 있다. 먼저 조절 볼트를 풀어서 벨트를 느슨하게 한다.

알터네이터는 장력 조절용 볼트 외에 장착 지점의 볼트와 너트도 푼다.

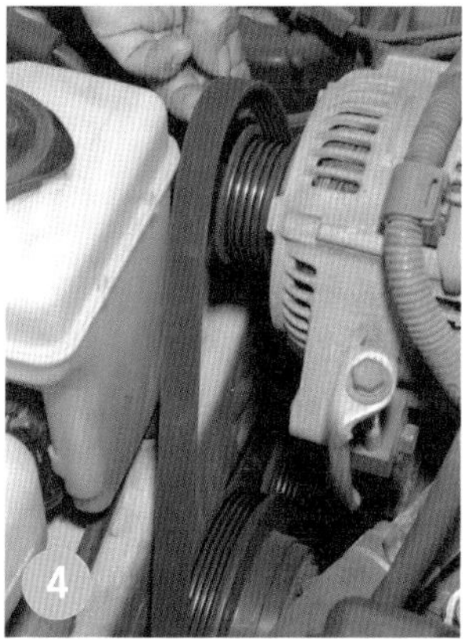

장력 조절용 볼트를 돌려서 알터네이터를 엔진 쪽으로 옮기면 벨트가 느슨해지기 때문에 풀리에서 분리할 수 있다. 다음에는 안쪽에 걸려 있는 또 하나의 벨트를 분리하는 작업에 들어간다.

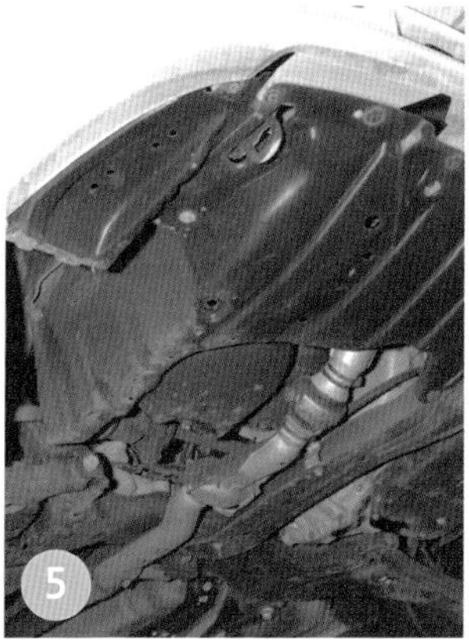

사진 속 자동차의 경우 엔진 뒤쪽의 보조 장치에 벨트가 또 하나 걸려 있다. 따라서 자동차를 들어 올려 밑에서 작업해야 한다.

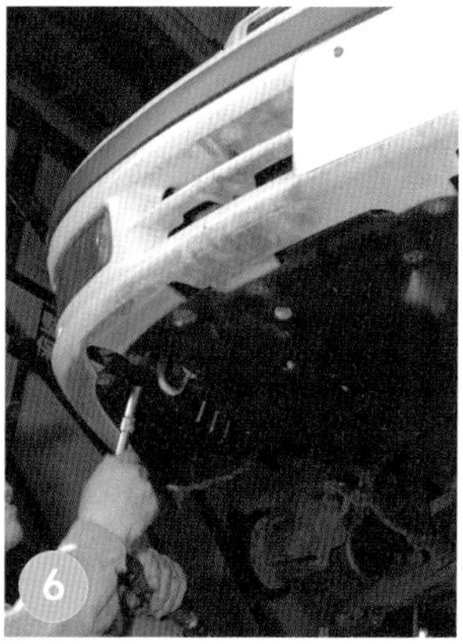

차체를 들어 올리고 타이어를 뺀 다음 언더 커버를 벗긴다. 이런 작업이 의외로 시간을 잡아먹는다.

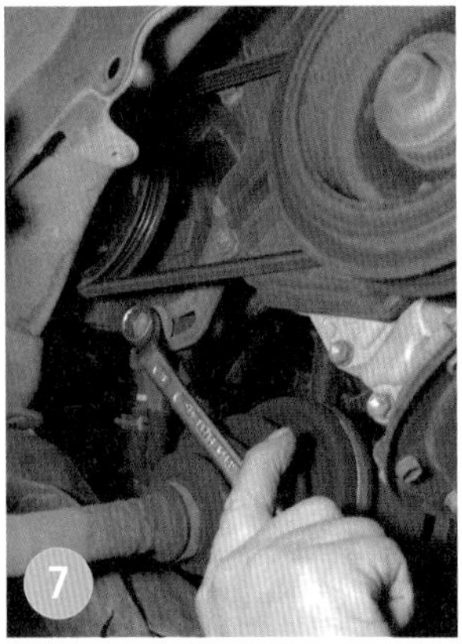

장력 조절용 볼트를 푼다. 작업은 앞에서 분리한 알터네이터의 경우와 같다.

낡은 벨트를 풀리에서 벗겨서 뺀다.

새 벨트를 풀리에 확실히 건다. 보조장치의 위치를 조금 옮기면 빠지지 않는다.

자동차를 내려놓고 조절용 볼트를 조여서 벨트를 팽팽하게 만든다. 그런 다음 장착 지점 쪽의 볼트도 조인다.

벨트의 장력을 확인한다. 두 풀리의 중간을 엄지손가락으로 조금 세게(약 10킬로그램) 눌렀을 때 1센티미터 정도 들어가는 것이 정상적인 장력이다.

벨트 교체가 끝났다. 이것으로 벨트 관련 문제를 미연에 방지할 수 있다.

ATF의 교환

작업 시간
30분

부품 총액
25,000원

사용 공구
ATF 교환기(진공 펌프), 주입 용기, 깔때기, 호스

정비소가 아닌 곳에서 ATF를 교환하기는 어렵다. 하지만 정비 과정을 익혀둔다면 도움이 될 것이다.

교환해서 자동 변속기의 성능을 유지한다

ATF는 자동 변속기의 자동 변속과 내부 기구의 윤활 등을 담당하는 매우 중요한 액체다. FF 자동차의 경우, ATF는 구동력을 좌우 바퀴에 분배하는 디퍼렌셜 기어의 윤활까지 담당한다. 10만 킬로미터에 가까운 거리를 교환 없이 주행한 자동차의 ATF를 교환하면 변속 포인트가 헝클어지는 문제가 발생할 우려가 있다는 말이 있다. 하지만 ATF도 긴 거리를 주행하는 사이에 열화되는 것이 사실이다. 자동 변속기의 성능을 안정적으로 유지하기 위해서는 정기적으로 교환해주는 편이 좋다. 자동 변속기는 내부가 복잡하기 때문에 한꺼번에 ATF를 전부 빼고 교환하기는 불가능하다. 그러므로 압축 펌프로 레벨 게이지의 구멍을 통해 ATF를 뽑아낸 다음, 뽑아낸 양만큼 새로운 ATF를 넣고 엔진을 돌리는 일을 반복한다.

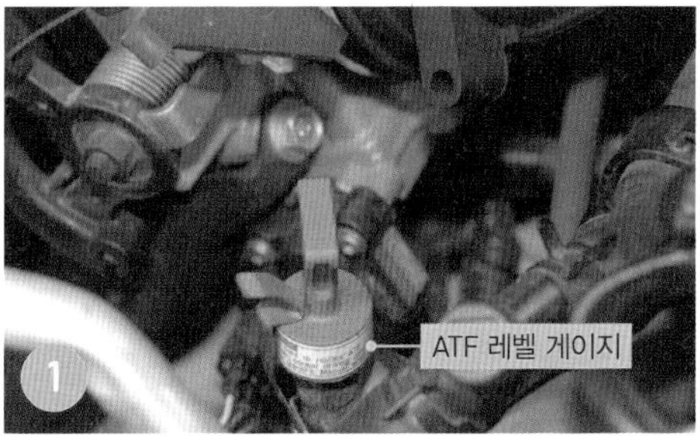

레벨 게이지의 삽입구를 이용해 ATF를 교환한다. ATF의 레벨 게이지를 뽑고 구멍으로 가는 파이프를 밀어 넣은 다음 압축 펌프로 빨아들인다.

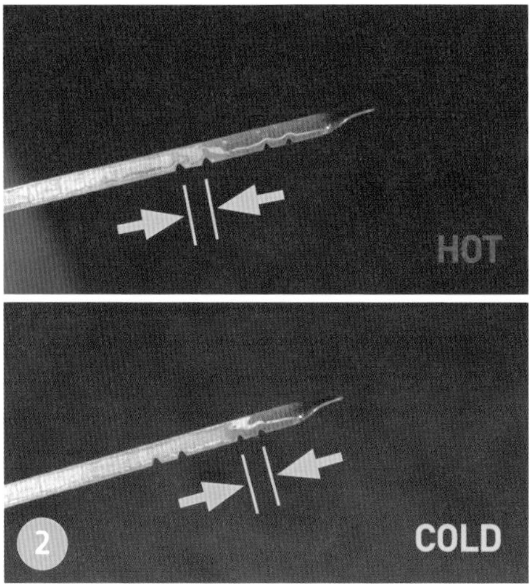

먼저 예열 운전을 해서 ATF가 규정된 양만큼 들어 있는지 확인한다. 엔진이 따뜻할 때는 ATF가 4개의 홈 중에서 위쪽의 두 홈 사이에 묻어 있으면 규정량이 들어 있다고 할 수 있다.

엔진룸 너머로 보이는 것이 ATF 교환기다. 계량기가 달려 있어 빨아들인 ATF의 양을 눈으로 확인할 수 있다.

레벨 게이지를 뽑고 펌프의 흡입 호스 파이프를 안으로 밀어 넣는다. 바닥에 닿을 때까지 넣지 않으면 ATF가 남는다.

펌프를 작동시켜 작업을 시작한다. 파이프가 가늘기 때문에 조금 시간이 걸리지만 ATF를 확실히 빨아들인다.

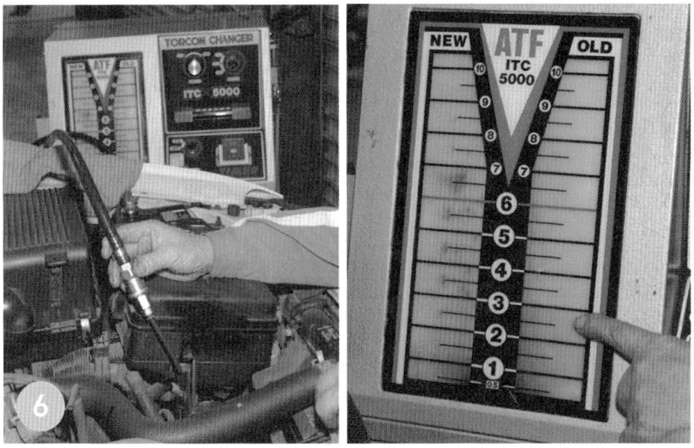

오일 팬 바닥의 ATF까지 빨아들일 수 있도록 호스를 세밀하게 움직이면서 작업한다. 4~5분 동안 약 3리터의 ATF를 빨아들일 수 있었다.

뽑아낸 양만큼 주입하기 위해 새 ATF의 양을 용기로 정확히 잰다.

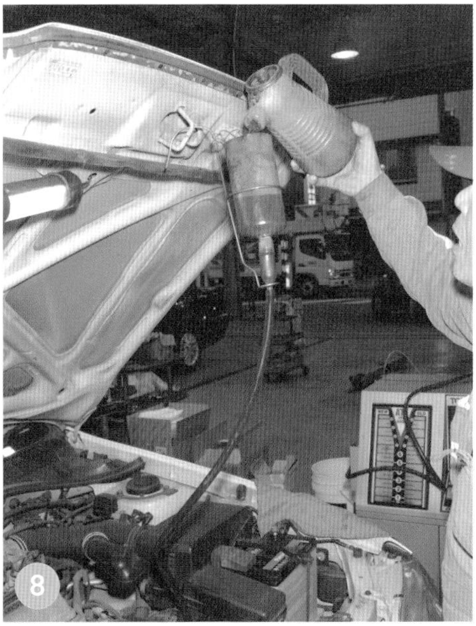

ATF 교환기로 새 ATF를 주입할 수도 있지만, 깔때기와 호스를 사용한 자유 낙하 방식으로도 가능하다. ATF가 호스를 통해 미션 안으로 들어간다. 그 후 엔진 시동을 걸어 새로운 ATF를 순환시키고 다시 한 번 같은 작업을 반복한다.

2회의 흡인으로 빼낸 양은 약 6리터였다. 몇 퍼센트 정도는 오래된 ATF가 섞여 있다는 계산이 나오지만, 이 작업만으로도 ATF의 성능을 충분히 유지할 수 있다.

수동 변속기/ 디퍼렌셜 오일의 교환

작업 시간
1시간

부품 총액
18,000원

사용 공구
복스 렌치, 잭, 오일 펌프

기어 오일은 순정품과 점도가 같은 제품을 선택하면 틀림없다.

주기는 길지만 정기적으로 교환을 하자

수동 변속기 자동차의 트랜스미션이나 디퍼렌셜 기어에는 오일이 꼭 필요하다. 문제가 없으면 오랫동안 사용할 수 있지만, 2년에 1회 정도는 차체를 잭업해서 점검 플러그를 빼고 점검한 다음 필요하면 교환해주자. 참고로 자동 변속기를 장착한 자동차의 경우는 ATF가 기어 오일의 역할을 겸하기 때문에 이 항목에 해당하지 않는다. 교환 방법은 미션 오일과 디퍼렌셜 오일 모두 드레인 플러그를 통해 뽑아내고 주입구에 가득 찰 때까지 새 오일을 넣는 방식이다. 기어 오일은 점도가 높기 때문에 펌프를 사용해야 한다. 사용할 오일은 자동차 제조사에서 지정한 제품을 고르는 것이 가장 좋다.

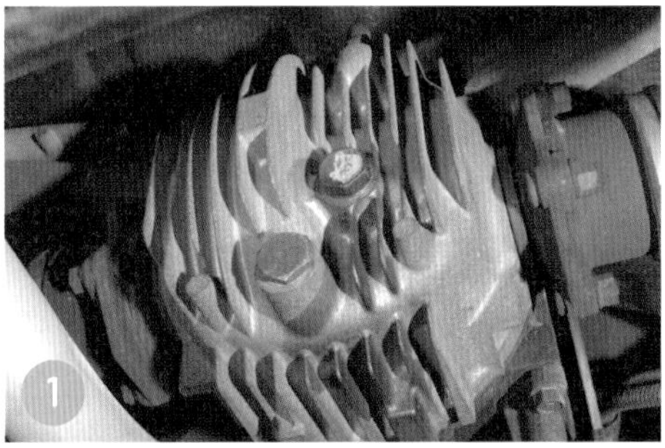

FR 자동차의 디퍼렌셜. 내부에는 선회 시에 발생하는 좌우 바퀴의 거리 차이를 조절하는 차동(디퍼렌셜) 기어와 기어 오일이 들어 있다.

복스 렌치를 건 곳이 점검구다. 볼트를 풀고 봤을 때 구멍 하단에 가득히 오일이 들어 있으면 된다.

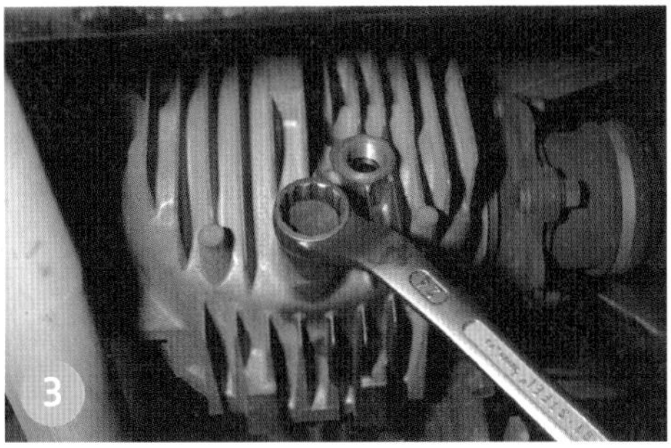

오일을 교환할 때는 아래에 있는 드레인 볼트를 푼다. 오일이 흘러내리므로 폐유 받이를 준비한다.

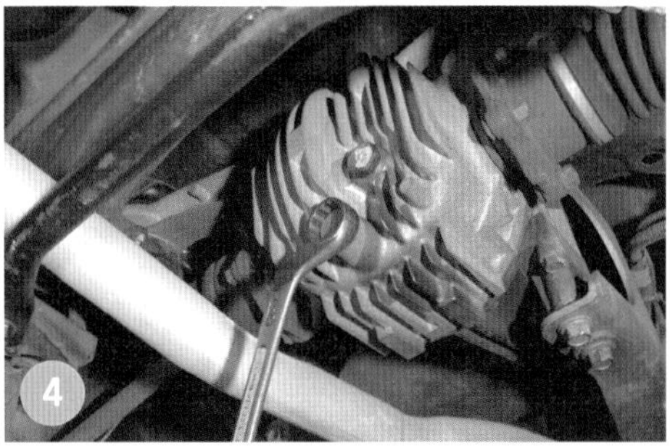

배출 직전. 기어 오일은 기본적으로 더러워질 일이 없다. 상당한 거리를 주행했더라도 깨끗한 오일이 흘러나올 것이다.

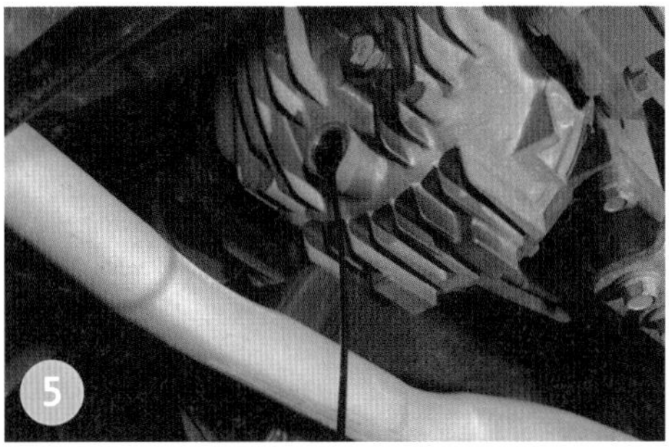

디퍼렌셜 오일은 점성이 높아서 전부 흘러나올 때까지 시간이 걸리므로 잠시 기다려야 한다.

디퍼렌셜의 드레인 볼트 끝에는 금속 가루를 흡착하기 위한 자석이 심어져 있다. 장착 전에 기름걸레 등으로 닦아준다.

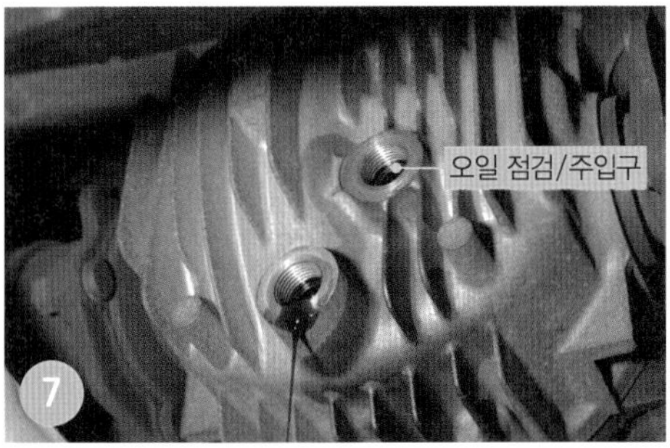

오일이 다 빠졌으면 구멍 주변을 기름걸레로 깨끗하게 닦은 뒤에 드레인 볼트를 조인다. 새 오일은 위에 있는 주입구를 통해 펌프로 주입한다.

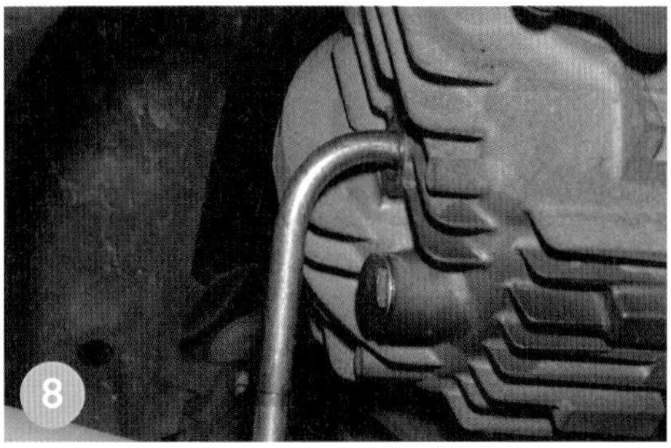

주입구에 펌프의 호스를 삽입한다.

주입 상태를 보면서 수동 펌프로 오일을 주입한다. 주입구에서 살짝 흘러넘쳤을 때 중지한다.

오일 주입구의 볼트를 조이면 교환 작업이 종료된다.

수동 변속기에도 바닥에 드레인 볼트(위 사진)가 있으며, 옆에는 레벨 점검구를 겸한 주입구(아래 사진)가 있다. 디퍼렌셜 오일과 같은 순서로 교환한다.

댐퍼의 교체

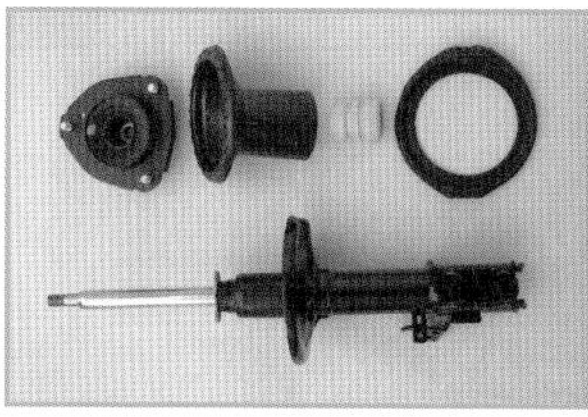

작업 시간
4시간

부품 총액
58,850원(댐퍼 1개)

사용 공구
스프링 컴프레서, 소켓 렌치, 토크 렌치, 잭

교체용 서스펜션 부품. 위쪽 왼편에서부터 서스펜션 서포트, 언더 인슐레이터, 범프 러버, 로워 인슐레이터. 아래는 댐퍼 본체다.

승차감과 주행 성능이 되살아난다

쇼크 업소버라고도 부르는 댐퍼는 서스펜션의 구성품으로, 주행 중에 타이어를 통해 전달되는 크고 작은 충격을 흡수하는 동시에 스프링의 반동을 억제해 양호한 승차감과 주행 성능을 확보해준다. 물총처럼 생긴 댐퍼는 내장 피스톤으로 밀어낸 오일이 가는 구멍을 통과할 때 발생하는 저항력을 이용해 서스펜션의 움직임을 원활히 하고 타이어의 접지성을 향상한다. 댐퍼는 소모품이어서 수만 킬로미터를 주행하면 반동을 억제하지 못하는 상태가 된다. 그럴 때 댐퍼를 교체하면 쾌적한 주행감이 되돌아온다.

프런트 FRONT

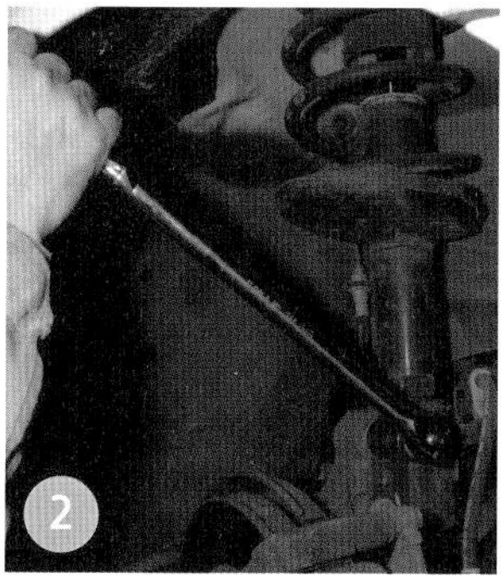

① 전형적인 FF 자동차의 프런트 서스펜션. 스프링과 한 세트인 댐퍼가 차륜부를 위에서 지지하는 구조다. 차체에서 댐퍼 전체를 뽑아내야 한다.
② 댐퍼와 차륜부는 두 쌍의 굵은 볼트와 너트로 고정되어 있다. 먼저 이 볼트를 빼는 작업부터 시작한다.

브레이크 호스도 댐퍼의 하단에 고정되어 있으므로 장착용 지지대를 분리한다.

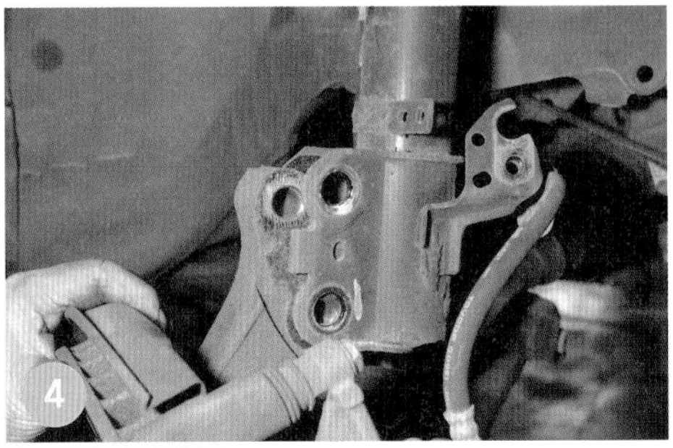

이것으로 댐퍼 하단은 자유로운 상태가 되었다. 좌우 바퀴의 움직임을 통제하는 스태빌라이저도 분리해 댐퍼를 빼내기 쉽게 한다.

댐퍼 상부는 엔진룸 안의 양쪽 끝에 있는 스트럿 타워에 고정되어 있다. 차종에 따라 다르지만 고정용 너트 2~3개를 푼다.

댐퍼와 스프링은 상당히 무겁다. 힘을 주면서 신중하게 차체에서 뽑아낸다.

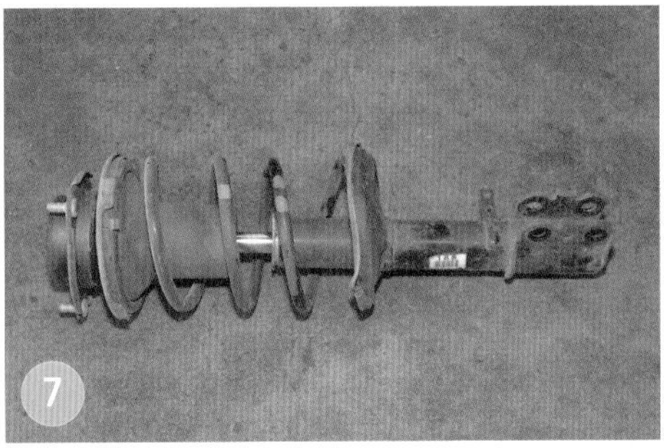

차체에서 분리한 댐퍼와 스프링. 해체하고 분해해 새로운 댐퍼와 교체하는 작업에 들어간다.

댐퍼 하부를 바이스에 끼워 고정한다. 이 정도의 각도로 세팅하면 일련의 작업이 수월해진다.

주의! 상면 중앙의 너트를 살짝 푼다. 이대로 계속 풀면 스프링이 늘어나는 힘에 서스펜션 서포트나 너트가 튀어나가 큰 부상을 입을 우려가 있으니 절대 더 풀어서는 안 된다.

스프링을 압축된 상태로 유지하기 위한 특수 공구인 스프링 컴프레서를 설치한다. 대각선으로 배치하고 너트를 조이면서 스프링을 같은 크기로 누른다.

스프링이 압축되면 상부의 고정 너트도 쉽게 돌릴 수 있고 서스펜션 서포트나 그 밑의 고무 부품도 손쉽게 분리할 수 있다.

스프링을 댐퍼에서 조심스럽게 분리한다. 스프링은 계속 컴프레서로 압축해 놓는다.

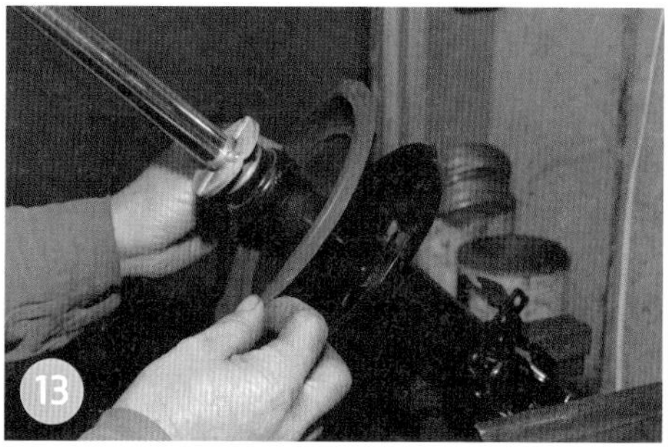

새로운 댐퍼를 바이스에 물리고 스프링의 하부를 지지하는 시트 부분에 로워 인슐레이터(단열, 방진, 절연 작용을 하는 부품)를 설치한다. 시트와 러버의 모양을 정확히 맞춘다.

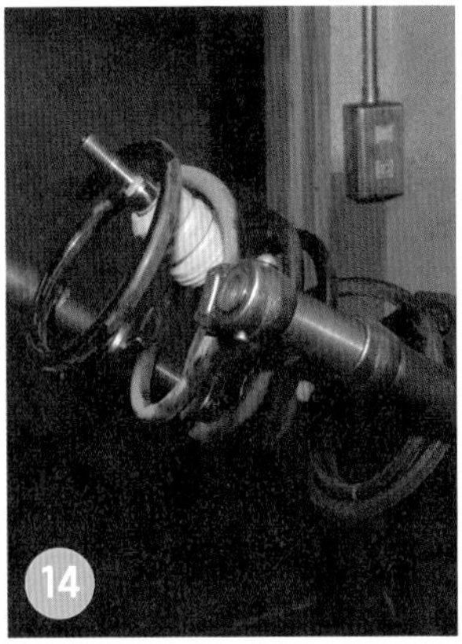

범프 러버(쇼크 업소버의 상부 등에 장착되어 있는 완충 부품)를 넣은 다음 앞에서 뺐던 스프링을 넣는다. 그리고 신품 어퍼 인슐레이터와 서스펜션 서포트를 장착한 뒤 상부의 너트를 조인다.

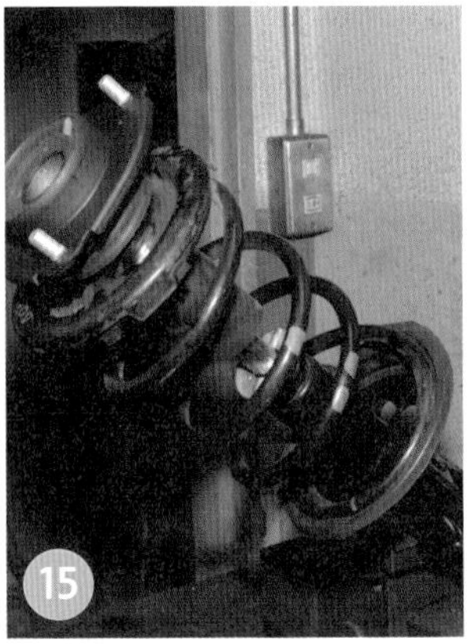

스프링 컴프레서를 풀면 교체 완료. FF 자동차의 경우는 최상부의 서스펜션 서포트에 조타 방향에 맞춰 회전하는 기구가 들어 있으니 댐퍼와 동시에 교체하자.

분해할 때와 정반대의 순서로 다시 차체에 장착한다. 무겁기 때문에 상당한 힘이 필요하다.

오래된 댐퍼의 열화 상태

낡은 댐퍼를 압축하고 방치했더니 사진과 같이 압축된 로드가 원래의 길이로 돌아오는 속도가 명백히 달랐다. 조타 안정성이나 승차감에 영향을 끼쳤음을 예상할 수 있다. 댐퍼 상부를 지지하는 어퍼 서포터도 외관상 상당히 피로한 상태로 보인다. 베어링의 움직임도 부드럽지 못한 인상을 받았다. 이런 핵심 부분은 분해했을 때 신품으로 교체하는 것이 장기적으로 봤을 때 이익이다.

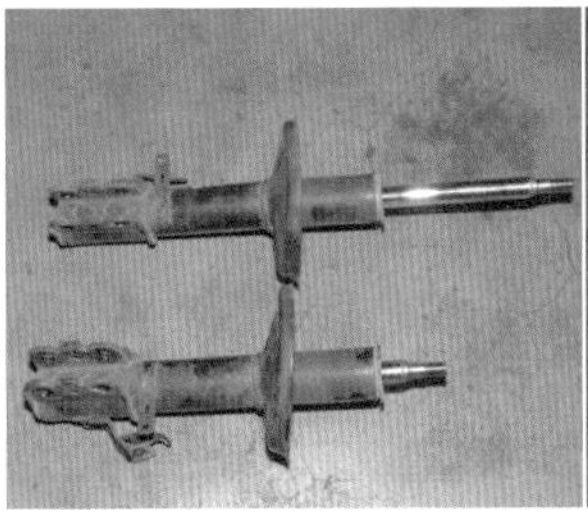

상부의 볼트에 엔진룸 쪽에서 너트를 끼워 매달아놓고 하부를 차륜부와 결합한다. 이런 중요한 부분은 규정된 토크로 조여야 하므로 마지막에 토크 렌치로 조인다.

댐퍼 상부의 볼트를 조인다. 너트 밑에 깔려 있는 금속판은 보강용 플레이트다. 이런 부품을 잊지 말고 끼우는 것도 분해 수리를 할 때 중요한 포인트다. 댐퍼 로드 상단의 너트도 토크 렌치를 사용해 규정치까지 조인다.

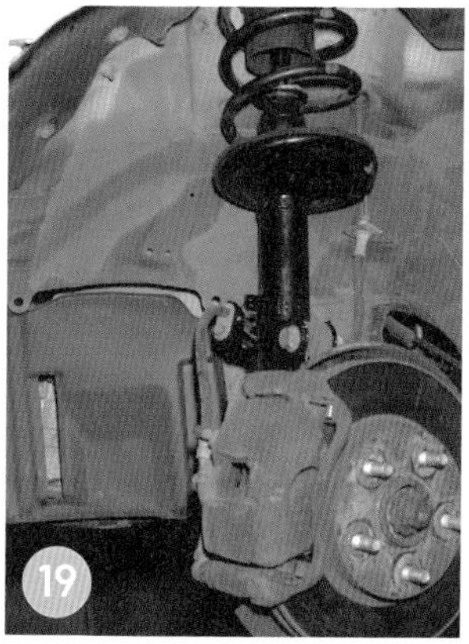

완성. 반대쪽도 동일한 순서로 작업하면 프런트 서스펜션 작업이 완료된다.

리어 REAR

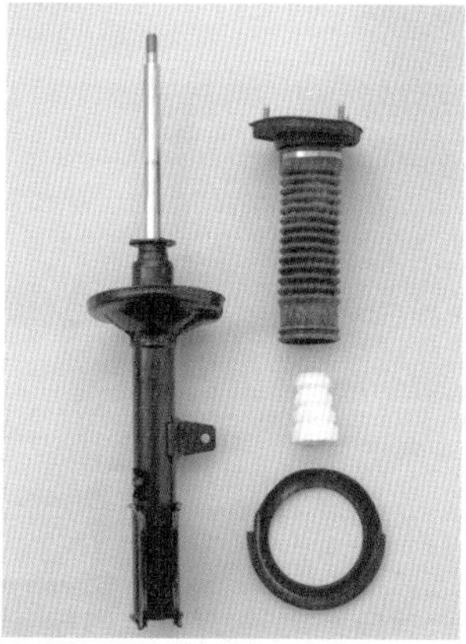

리어도 프런트와 구성이 같다. 다만 프런트와 달리 조타가 필요 없기 때문에 서스펜션 서포트와 어퍼 인슐레이터가 일체형이다.

리어 서스펜션도 프런트와 매우 비슷하다. 작업의 내용과 난이도도 거의 차이가 없다.

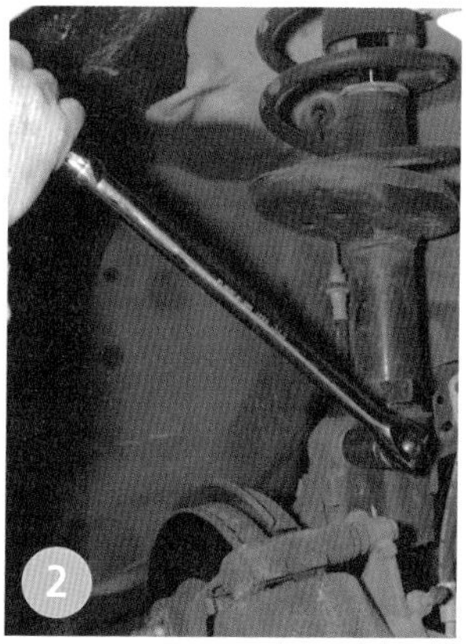

좌우 바퀴를 막대 모양의 용수철로 연결해 주행 시의 안정성을 높이는 스태빌라이저를 분리한다.

댐퍼 하부를 고정하고 있는 볼트를 제거하고 서스펜션 암을 밑으로 눌러 댐퍼를 빼기 쉽게 한다.

사진 속 자동차의 경우는 댐퍼가 리어 시트 후부에 고정되어 있다. 시트를 분리해 댐퍼를 차체에 고정하고 있는 너트를 풀고 분리한다.

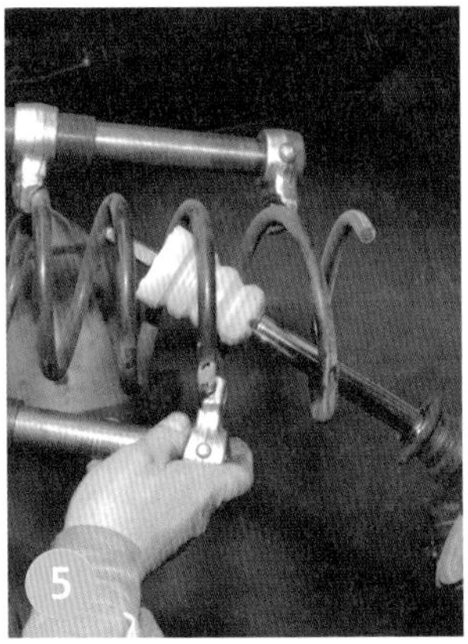

분리한 댐퍼를 바이스에 끼우고 스프링을 스프링 컴프레서로 압축한 상태에서 뺀 뒤에 댐퍼를 교체한다.

로워 인슐레이터, 밸런서, 서스펜션 서포트 등을 순차적으로 장착한 다음 상부의 너트를 조인다.

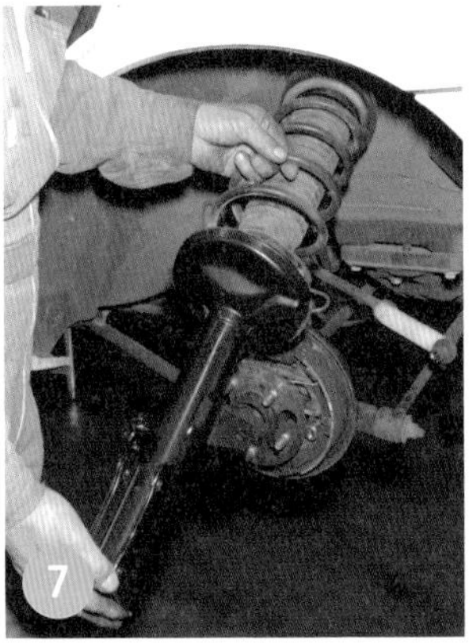

차체에 장착한다. 순서는 프런트와 같은데, 댐퍼로 휠 아치 등을 손상하지 않도록 주의하자.

각 부분을 확실히 고정했으면 교체 작업은 완료된다. 댐퍼 교체로 안정성과 승차감이 크게 향상될 것이다.

브레이크 패드의 교체

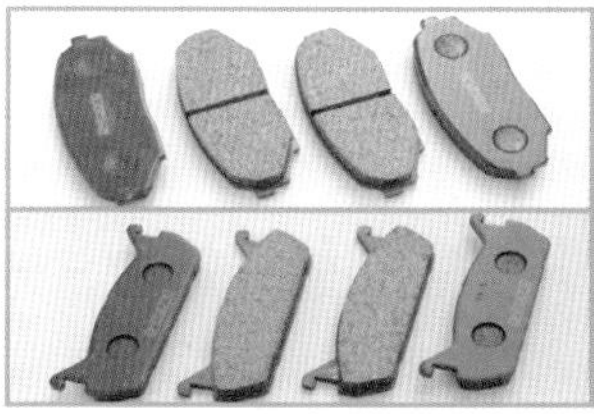

작업 시간 2시간

부품 총액 44,000원

사용 공구 복스 렌치, 그루브 조인트 플라이어, 잭

신품 디스크 패드. 큰 것이 프런트용이고 작은 것이 리어용이다. 인기 차종의 경우는 스포츠용으로 설정된 패드로 브레이크 튜닝을 할 수도 있다.

피스톤을 밀어서 원위치시키는 작업이 포인트

디스크 브레이크 패드를 교체하는 일은 그다지 어려운 작업이 아니다. 기본적으로는 고정용 볼트를 빼고 캘리퍼를 들어 올려 마모된 패드를 신품과 바꾸면 끝이다. 구조를 이해한 다음 하나씩 신중하게 작업하고, 모르겠으면 반대쪽을 분해해보면 된다. 다만 패드가 마모된 만큼 밀려나온 피스톤을 밀어서 원위치시키는 작업은 조금 어려울 수도 있다. 이때 부츠가 손상되지 않도록 신중하게 작업을 진행하자. 패드 교체 후에는 로터와 패드가 길들 때까지 신중하게 운전해야 하지만, 그 후에는 안심하고 브레이크를 밟아도 된다.

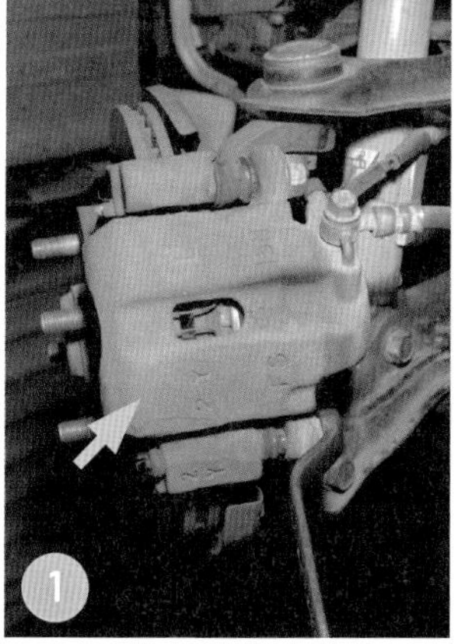

① 잭업을 하고 타이어를 빼면 브레이크 캘리퍼가 나타난다. 하부의 볼트를 풀어서 뺀다.
② 캘리퍼는 위로 들어 올린 다음 옆으로 밀면 뺄 수 있다. 분리한 캘리퍼는 호스에 무리한 힘이 가해지지 않도록 철사로 매달아놓는다. 캘리퍼의 피스톤은 패드가 닳은 만큼 밀려나와 있으므로 원위치로 되돌려놓는 작업이 필요하다.(→사진 ⑤)

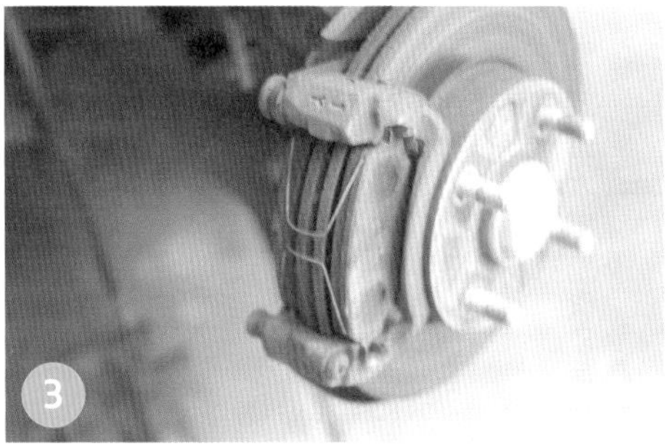

캘리퍼를 제거하면 패드 주위의 부품 배치를 잘 이해할 수 있다. 로터 양쪽에 있는 패드에는 가는 스프링이 걸려 있어서 주행 시에 패드와 로터 사이에 틈을 만드는 역할을 한다. 먼저 이 스프링을 조심스럽게 분리한다.

스프링을 떼어냈으면 패드는 자유로운 상태가 되므로 쉽게 분리할 수 있다. 패드의 위아래에 끼워져 있는 금속을 잃어버리지 않도록 주의한다.

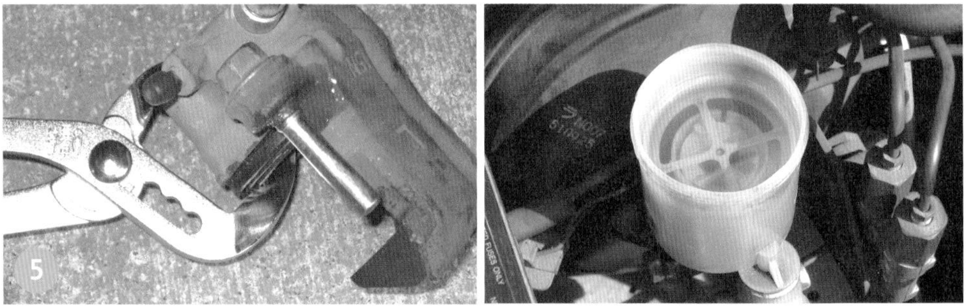

신품 패드가 들어갈 수 있도록 입이 큰 플라이어를 사용해 밀려나와 있는 피스톤을 원위치로 되돌린다. 브레이크 플루이드를 부주의하게 채워넣었다면 이때 플루이드가 탱크에서 흘러넘칠 가능성이 있으니 주의한다.

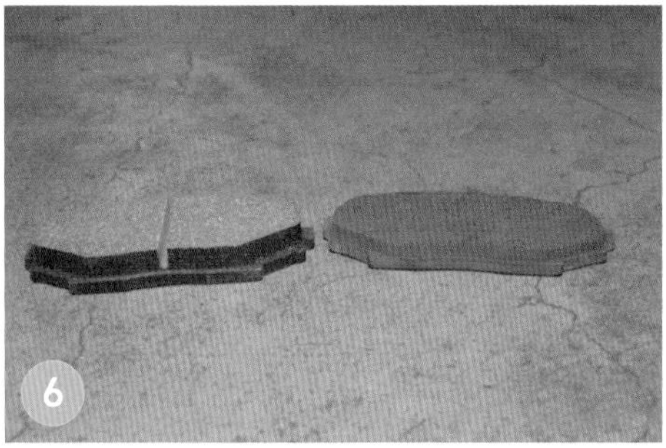

신품과 구품의 두께를 비교했다. 오른쪽의 오래된 패드도 아직 쓸 수는 있지만 두께가 1센티미터 정도인 신품에 비하면 상당히 닳았음을 알 수 있다.

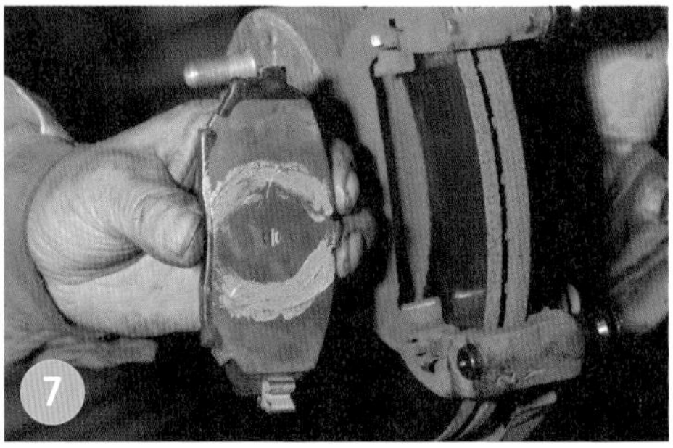

오래된 패드의 등에 붙어 있는 얇은 금속판(소음 방지용)을 떼어내 신품 패드에 이식한 다음, 피스톤이 닿는 부분에 브레이크 전용 내열 그리스를 바른다. 이것으로 브레이크의 소음을 방지할 수 있다.

로터 양쪽에 2장을 세팅한다. 캘리퍼의 돌기가 닿는 부분에도 브레이크 전용 내열 그리스를 바른다. 패드의 면은 약하므로 떨어트리거나 단단한 물건에 부딪히지 않도록 주의한다.

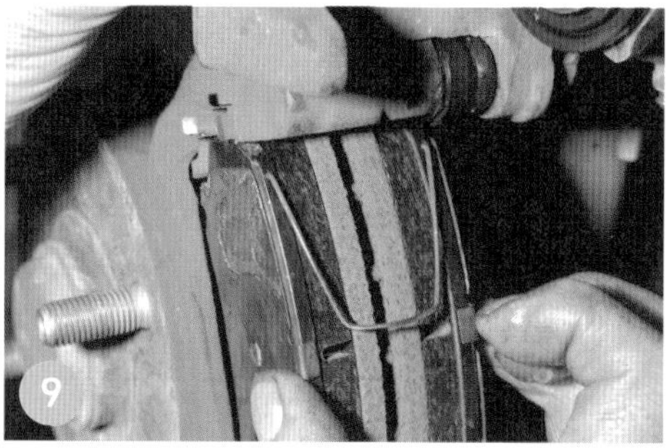

상하에 스프링 2개를 장착한다. 장착하면 패드가 빠져서 떨어질 가능성이 높아지므로 패드를 양쪽에서 누르면서 캘리퍼를 끼운다.

캘리퍼를 원래의 상태로 맞추면 완성된다. 패드의 두께가 믿음직해 보인다. 반대쪽 브레이크도 똑같은 요령으로 작업한다.

리어 디스크 브레이크도 패드 교체 작업의 내용과 순서는 프런트와 똑같다.

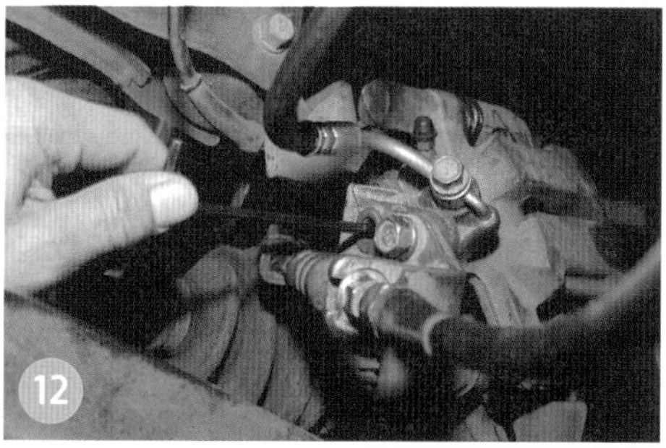

사이드 브레이크에 디스크 방식을 채택한 자동차 중에는 사진 속 자동차처럼 피스톤을 원위치로 되돌릴 때 나사를 이용하는 유형도 있으니 확인이 필요하다. 사진은 육각 렌치를 회전시켜 피스톤을 되돌리는 모습이다.

브레이크 호스/ 클러치 호스의 교체

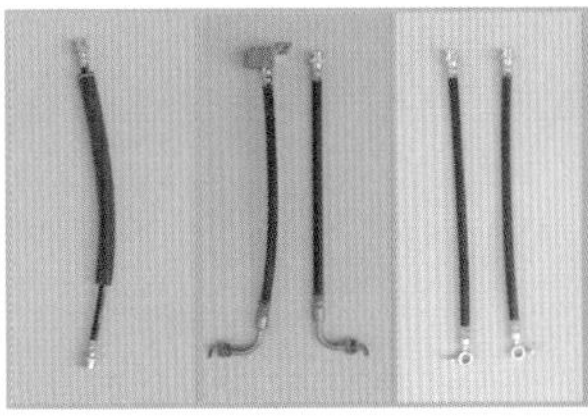

작업 시간
1.5시간

부품 총액
19,000원(1개)

사용 공구
복스 렌치, 플레어 너트 렌치, 잭

브레이크 호스와 클러치 호스는 양쪽 끝에 금속 장식이 달린 고압 호스다. 주행 거리가 긴 자동차는 안전을 위해 교체하자.

만에 하나의 사태를 대비한 정비

브레이크와 수동 변속기 자동차의 클러치는 플루이드로 힘을 전달해 제동을 걸거나 엔진의 회전을 단속하는 구조다. 그 파이프 라인의 일부에 고내압(高耐壓)의 고무호스를 사용한다. 튼튼하게 만들어져 있기는 하지만 오래되면 파손되기 쉽다. 그 전조가 호스 표면의 균열이다. 열화가 진행되었다면 빠르게 교체하자. 또 주행 거리가 길고 연식이 오래된 자동차의 경우는 균열이 없더라도 유비무환이라는 생각으로 교체해두면 좋다. 교체 작업은 비교적 간단하지만 파이프와 호스를 분리하고 접속할 때 특수한 플레어 너트 렌치가 필요하다. 호스를 교체한 뒤에는 반드시 공기 빼기 작업을 해줘야 한다.

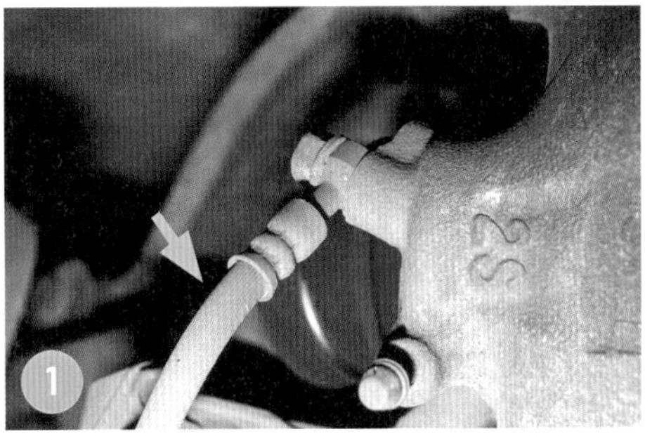

호스의 양쪽 끝은 열화가 진행되기 쉬운 부분이다. 조금 구부려봤을 때 균열이 생긴 것 같다면 교체해야 할 시기라고 판단한다.

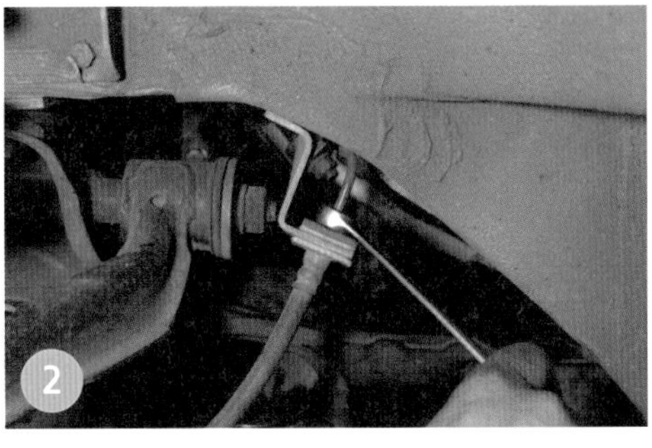

브레이크 호스는 차체 쪽의 가는 파이프와 너트로 단단히 결합되어 있을 뿐만 아니라, 휠 하우스 안의 지지대에 고정되어 있다.

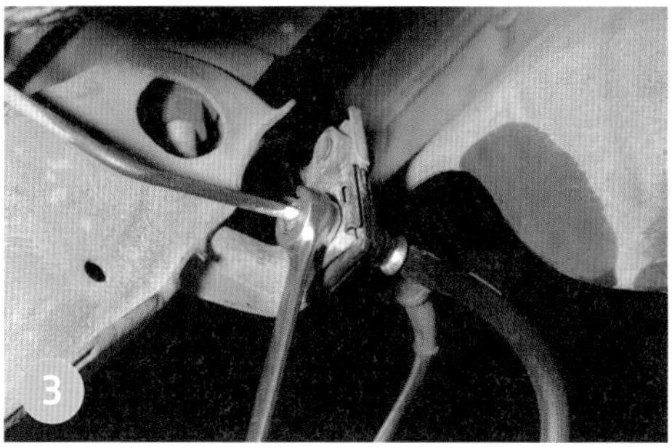

너트의 둘레 전체에 힘을 가할 수 있는 플레어 너트 렌치로 너트를 푼다. 그런 다음 호스를 지지대에 고정하고 있는 클립을 빼면 호스를 분리할 수 있다. 호스를 분리한 뒤에는 브레이크 플루이드가 흘러나오는 것을 방지하기 위해 파이프에 고무 캡을 끼운다.

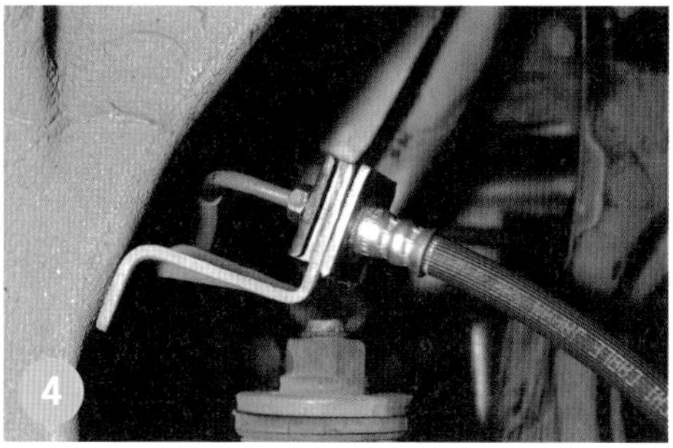

새 호스를 브레이크 파이프에 접속하고 마지막으로 클립을 끼워 고정한다. 다른 캘리퍼에 대해서도 같은 작업을 한다.

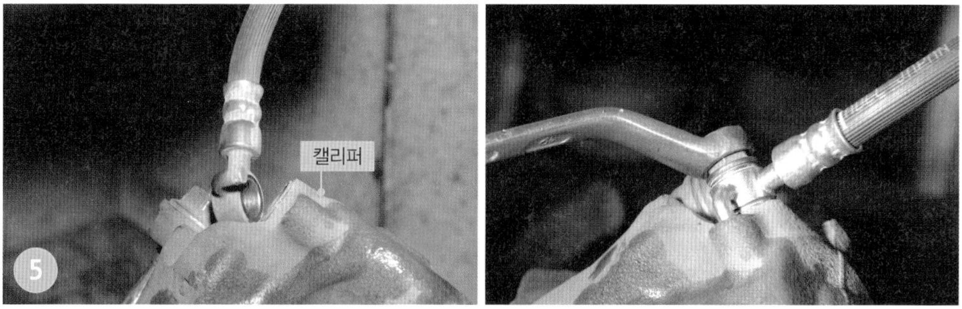

호스를 교체한다. 교체 작업을 할 때는 호스 끝 금속 장식의 양쪽에 넣는 구리 와셔도 신품으로 바꿔준다.

클러치 호스는 엔진룸 안의 뒤쪽 벽 근처에 붙어 있다. 클러치 마스터 실린더에서 파이프를 따라가면 쉽게 접속부를 찾을 수 있다.

브레이크와 마찬가지로 플레어 너트 렌치로 너트를 푼 다음 클립을 빼면 분리할 수 있다.

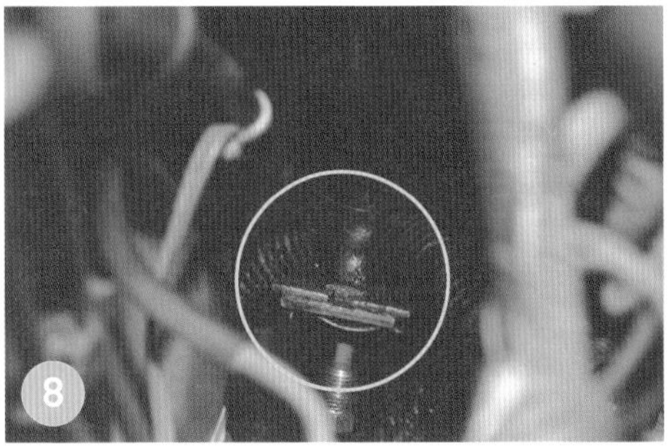

클러치 쪽의 접속부는 엔진 하부에 있기 때문에 좁아서 작업하기가 쉽지 않지만 앞과 같은 순서로 분리한다.

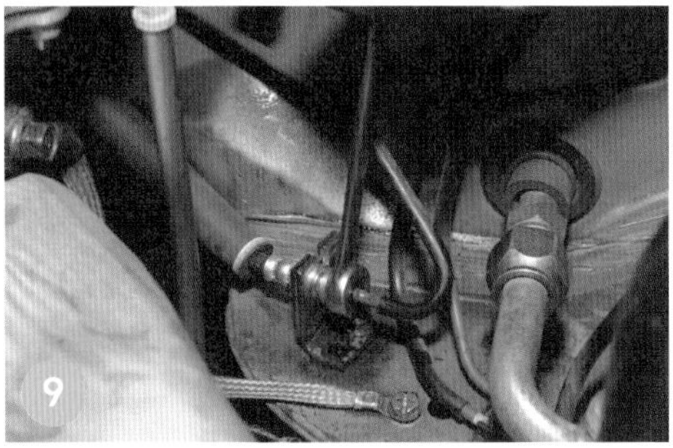

분리할 때와 반대 순서로 장착한다. 플루이드가 새지 않도록 접속부를 확실히 조인 다음 브레이크와 마찬가지로 공기 빼기 작업을 한다. 공기 빼기 작업의 자세한 방법은 189쪽을 참조한다.

브레이크 캘리퍼의 오버홀

작업 시간
4시간

부품 총액
6,000원(실1개)

사용 공구
복스 렌치, 플레어 너트 렌치, 드라이버, 잭

캘리퍼 안의 고무 부품을 교체한다

브레이크는 언제 어느 때 페달을 밟아도 확실히 제동이 걸려야 한다. 브레이크 캘리퍼는 이런 중요한 역할을 담당하는 기구다. 페달의 답력을 받으면 내부의 피스톤이 이동해 패드를 디스크에 압착시키면서 제동을 건다. 이 브레이크 캘리퍼를 오버홀(overhaul, 분해수리) 해주면 브레이크 시스템의 정비는 완벽해진다. 불안감이 단숨에 해소되며 자신 있게 페달을 밟을 수 있는 브레이크로 새로 태어난다. 교체 부품은 캘리퍼 각 부분의 실과 부츠다. 초보자에게는 어려운 작업도 포함되어 있다. 자신이 없는 사람은 전문가에게 맡기는 편이 좋다.

프런트 FRONT

프런트 브레이크 캘리퍼용 오버홀 키트. 피스톤의 실과 각 부분의 부츠가 한 세트로 구성되어 있다. 작고 빨간 봉투는 브레이크 전용 그리스다.

자동차에서 분리한 캘리퍼. 분리 순서는 패드를 교체할 때와 같다(→P167). 브레이크 호스도 당연히 뺀다.

캘리퍼를 대형 바이스에 물린다. 낮은 위치에서는 작업하기가 어렵다.

피스톤 앞에 판을 대고 브레이크 호스에서 압축 공기를 불어넣으면 피스톤이 단번에 튀어나온다. 여기까지 튀어나왔으면 간단히 뺄 수 있다.

피스톤을 손으로 잡아 뺀다. 피스톤 바깥 둘레에 붙어 있는 오염물은 기름걸레로 깨끗하게 닦는다. 바깥 둘레 면에 녹이 심한 경우는 피스톤을 교체해야 한다.

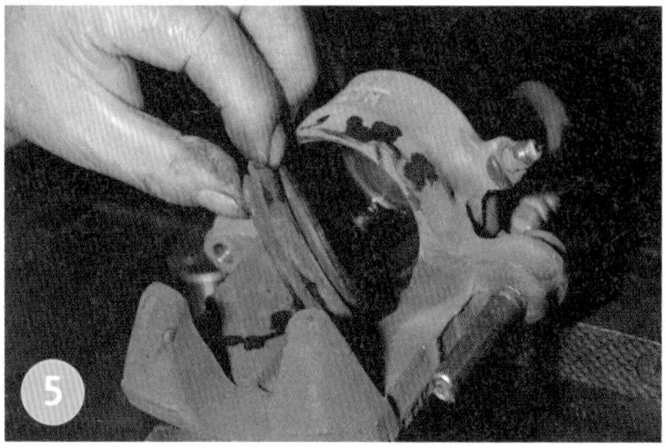

피스톤을 빼면 더스트 실은 간단히 분리할 수 있다.

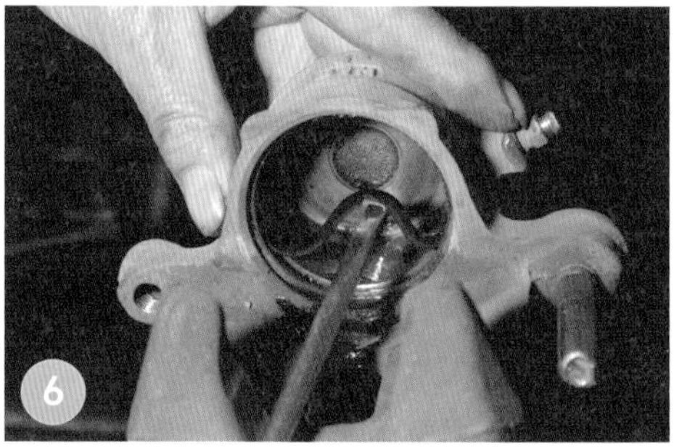

다음에는 캘리퍼 실린더의 벽면에 끼워져 있는 링 모양의 피스톤 실을 마이너스 드라이버 같은 끝이 뾰족한 공구로 걸어서 빼낸다.

캘리퍼를 세워서 바이스에 다시 물린 다음 드라이버 끝에 기름걸레를 끼워 실린더 주변의 먼지와 오염물을 닦아낸다.

깨끗해진 캘리퍼 내부의 실린더. 이물질이 들어가지 않도록 신중하게 작업해야 한다.

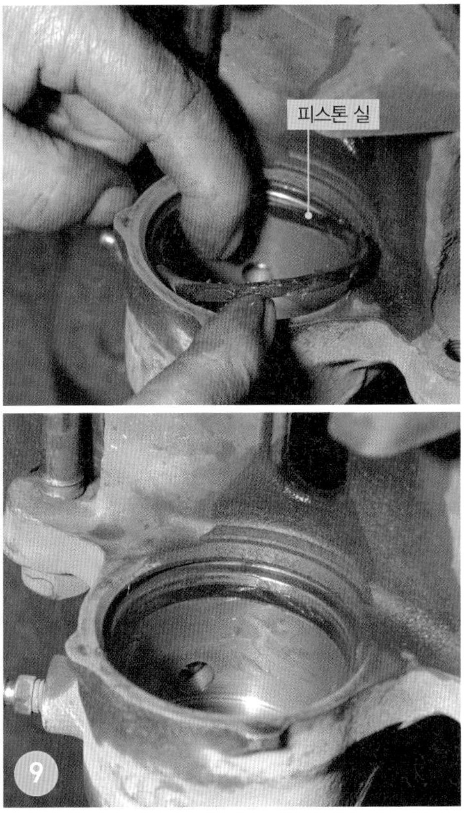

피스톤 실의 둘레에 그리스를 골고루 바른 다음 피스톤 실을 실린더 안의 홈에 끼운다. 이 실이 플루이드를 가두는 역할을 한다.

더스트 실을 피스톤에 씌운다. 실의 방향이 틀리지 않도록 주의하자. 보이는 면이 실린더의 안쪽으로 들어간다.

캘리퍼의 실린더 테두리에 맞춰서 실의 위치를 잡는다.

실 끝을 캘리퍼 실린더의 가장자리에 조심스럽게 집어넣는다.

피스톤을 실린더 안으로 밀어 넣는다. 실이 깔끔하게 끼워졌다면 부드럽게 들어간다.

어느 정도 밀어 넣으면 손으로 밀어서는 더 들어가지 않으므로 입이 크게 벌어지는 플라이어를 사용해 피스톤을 바닥까지 밀어 넣는다.

실의 교체가 끝난 프런트 캘리퍼. 이제 자동차에 장착하기만 하면 끝이다.

마스터 실린더의 오버홀

4개의 휠에 달려 있는 브레이크 캘리퍼로 브레이크 플루이드를 보내는 마스터 실린더에도 캘리퍼와 마찬가지로 고무 실을 끼운 피스톤이 들어 있다. 그래서 엄밀히 말하면 마스터 실린더도 오버홀을 해야 하는데, 마스터 실린더는 브레이크 플루이드를 2년에 한 번 정도의 주기로 교환하면 충분하다고 알려져 있기 때문에 현실적으로는 캘리퍼를 오버홀하면 일단 안심할 수 있다. 그러나 브레이크 플루이드를 교환하지 않고 장기간 계속 사용했을 경우는 꼭 그렇지만도 않으니 주의하자. 이것은 자동차에 사용되는 각종 오일과 플루이드의 정기적인 교환이 중요하다고 말하는 이유 중 하나이기도 하다.

리어 REAR

리어 브레이크 캘리퍼용 오버홀 키트. 실의 지름이 프런트용보다 작다.

리어 브레이크의 캘리퍼도 기본 구조는 프런트와 같지만, 사이드 브레이크도 디스크를 사용하는 유형은 일부 다른 작업이 기다리고 있다.

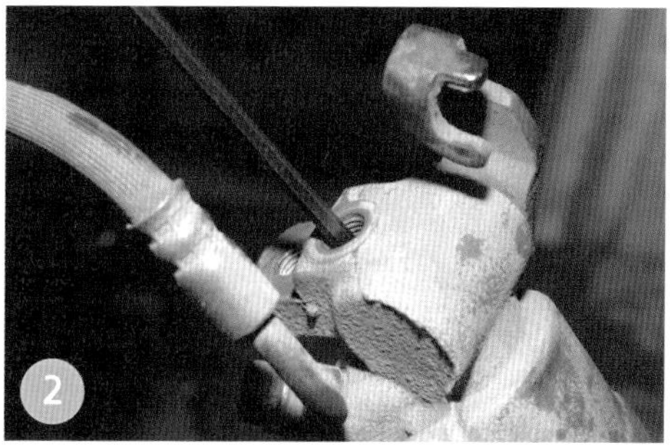

사진에서 보는 자동차는 스크류 기구로 피스톤의 위치를 조절할 수 있다. 육각 렌치로 나사를 돌리면 피스톤의 위치가 바뀐다.

육각 렌치로 나사를 계속 돌리면 피스톤에서 나사가 빠져 자유로워진다. 이 상태에서 브레이크 호스를 통해 고압의 공기를 불어넣으면 피스톤이 나온다. 이때 캘리퍼의 돌기 부분에 널빤지를 놓지 않으면 피스톤이 날아가 위험하니 주의해야 한다.

프런트와 마찬가지로 피스톤을 빼냈으면 먼저 더스트 실을 빼낸다.

피스톤 실을 잡아 뺀다. 실린더의 지름이 작기 때문에 프런트 쪽을 작업할 때보다 잘 안 빠질지도 모른다.

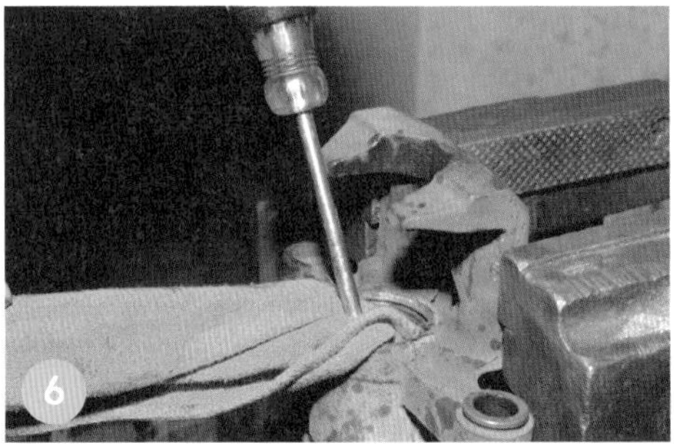

기름걸레를 드라이버의 끝에 걸고 실린더에 밀어 넣어 오염물을 닦아낸다. 이때 실린더 벽을 손상하지 않도록 주의한다.

컴프레서의 힘을 빌려 공기로 먼지나 오염물을 불어낸다.

깨끗해진 캘리퍼의 실린더. 안에 붙어 있는 것이 피스톤 위치 조절용 나사(빨간 원 부분)이며, 그 밑으로 플루이드의 통로도 보인다.

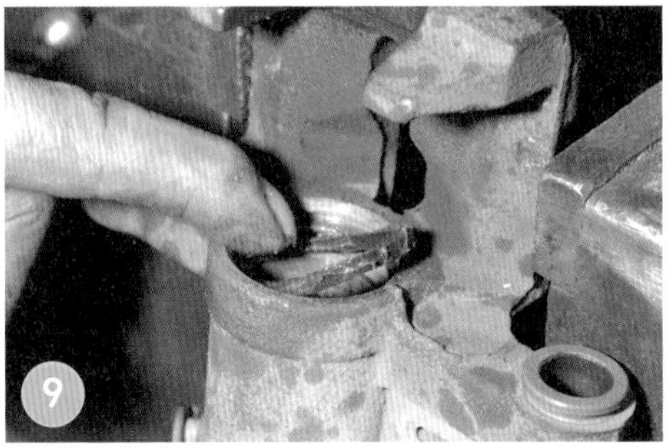

피스톤 실을 밀어 넣는다. 키트에 들어 있는 전용 그리스를 실 전체에 듬뿍 바른다.

더스트 실을 씌운 피스톤을 천천히 밀어 넣는다.

둘레 전체를 둘러보면서 실을 조심스럽게 집어넣는다. 실을 훼손하지 않는 것이 무엇보다 중요하다.

중간까지 밀었으면 피스톤 위치 조절용 나사와 피스톤의 나사 구멍을 맞춘 다음 육각 렌치를 이용해 피스톤을 실린더 안으로 집어넣는다.

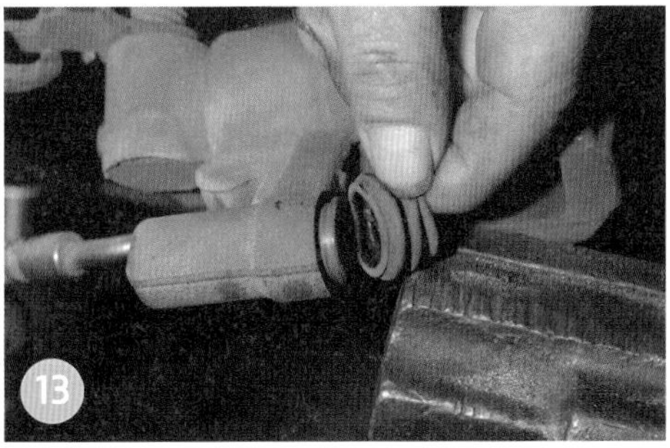

먼지와 진흙으로부터 슬라이드 핀을 보호하는 부츠도 교체한다. 이런 부품도 오버홀 키트에 포함되어 있다.

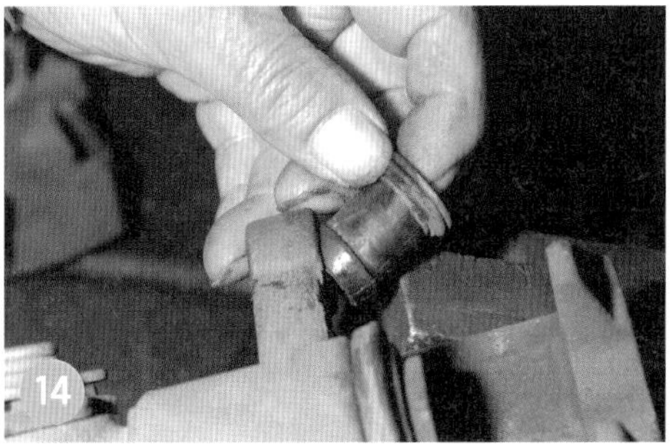

캘리퍼 하부의 가이드 핀이 지나가는 고무 부싱도 교체한다.

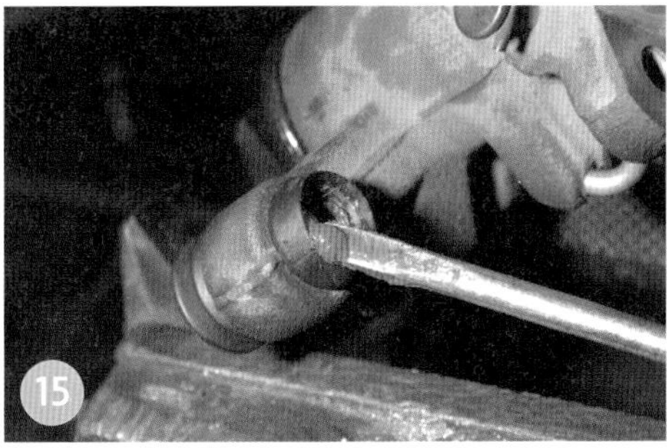

캘리퍼 지지부의 부싱을 교체한다. 잘 미끄러지도록 내부에 그리스를 발라놓는다.

다른 쪽 부츠도 교체하면 완료. 이제 자동차에 부착하고 피스톤 위치 조절과 공기 빼기 작업을 한다(공기 빼기 작업은 189쪽을 참조).

타이 로드 부츠의 교체

작업 시간
1시간

부품 총액
12,000원(1개)

사용 공구
멍키 스패너, 스패너, 잭

타이 로드의 더스트 부츠는 지름 수 센티미터 정도의 주름진 통이다. 부츠 양쪽 끝을 고정하기 위한 밴드와 와이어가 포함되어 있다.

방치하면 조타 계통의 수명을 줄인다

서스펜션과 구동 계통을 비롯한 차체 하부의 기구에 사용되는 각종 더스트 부츠는 점검이나 정비를 할 때 중요한 포인트다. 더스트 부츠는 내부의 기구를 진흙이나 모래, 물 등으로부터 보호하는 동시에 그리스를 보호하는 중요한 역할을 한다. 따라서 파손된 채로 내버려두면 커다란 문제로 발전할 위험성이 있다. 스티어링 휠의 조타력을 앞바퀴에 전달하는 타이 로드를 먼지나 진흙으로부터 보호하는 타이 로드 부츠는 주행 중에 끊임없이 수축되기 때문에 시간이 지나 경화되면 찢어질 위험이 있다. 부츠를 점검했을 때 찢어진 자리나 균열이 발견되면 즉시 교체해야 한다.

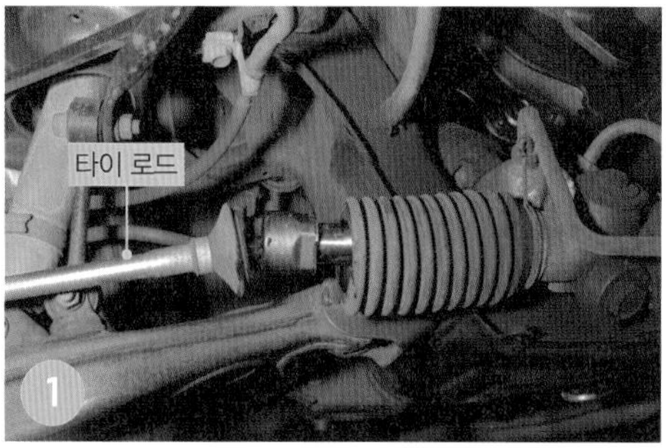

찢어진 타이 로드 부츠. 오랜 수축과 이완에 의한 경화가 원인이다. 다른 한쪽도 역시 찢어졌을 가능성이 있으니 동시에 교체한다.

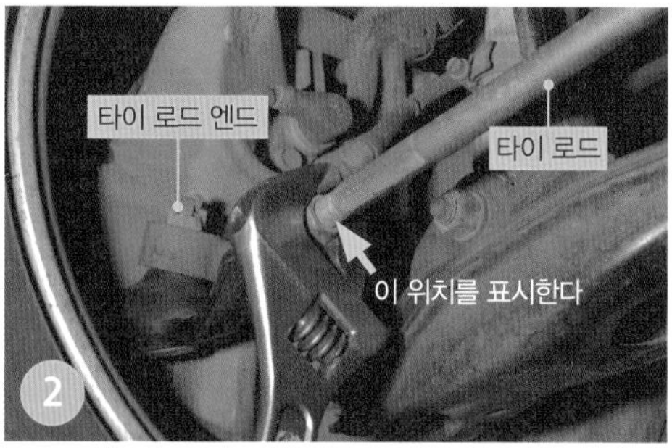

양쪽 끝의 타이 로드 엔드와 타이 로드는 더블 너트 구조로 되어 있다. 스패너로 너트를 푼 다음 너트를 타이 로드 엔드와 가볍게 접촉할 때까지 다시 손으로 가볍게 조이고, 그 위치를 타이 로드에 표시해 다시 조립할 때의 기준으로 삼는다.

타이 로드는 가늘고 긴 볼트처럼 생겼다. 왼쪽으로 돌리면 나사를 따라 늘어나다 빠진다. 그런 다음 너트를 뺀다.

낡은 부츠를 갈고리 모양의 특수 공구로 잡아당겨 뺀다. 달라붙어 있으면 윤활제를 뿌린다. 떼어낼 때 앞에서 타이 로드에 해놓은 표시가 지워지지 않도록 주의한다.

새 부츠를 끼운다. 내부의 샤프트에 오물이 있으면 깨끗하게 닦고 그리스를 발라놓는 것도 중요하다.

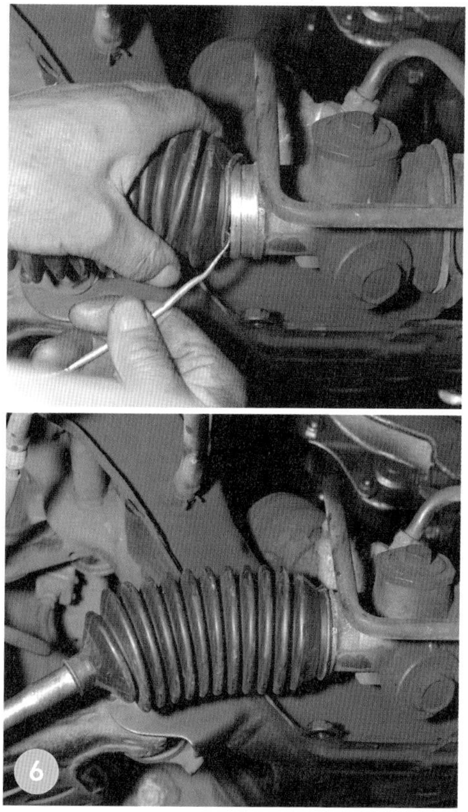

부츠의 한쪽을 스티어링 락 케이스에 꼭 맞도록 안쪽까지 충분히 밀어 넣는다.

밴드 대신 와이어를 이용해 부츠 끝을 이중으로 감싼다.

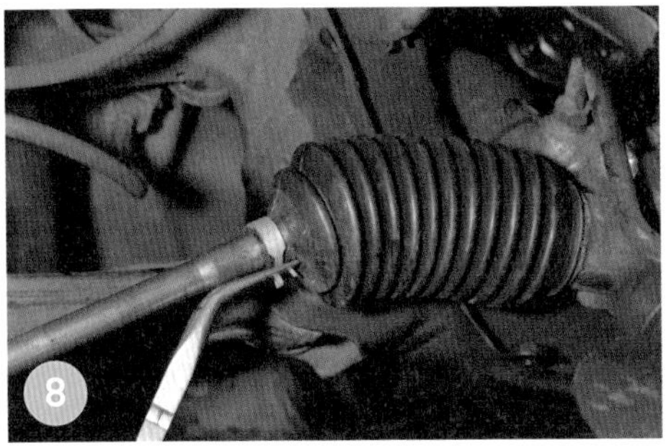

타이 로드의 샤프트 쪽은 밴드로 단단히 고정한다.

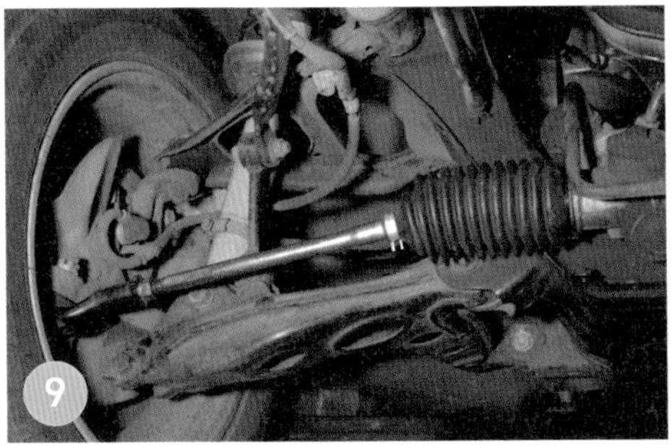

너트를 앞에서 표시한 위치까지 돌려 넣는다. 그 후 타이 로드와 타이 로드 엔드를 결합하고 잠금 나사를 확실히 조이면 작업이 완료된다.

타이 로드와 타이 로드 엔드를 분리했으면 사이드슬립 테스터로 토인을 측정한다. 적정값이 아니면 직진성 등 주행 성능이 영향을 받는다.

헤드라이트 렌즈의 교체

작업 시간 1.5시간

부품 총액 120,000원(1개)

사용 공구 스패너, 드라이버, 헤드라이트 테스터

신품 렌즈는 그냥 봐도 투명도가 높다. 부속품으로 나사를 끼우기 위한 플라스틱 받침대 등이 들어 있지 않을 경우는 사용하던 렌즈에서 떼어내 재사용한다.

밝기와 외관의 인상이 완전히 달라진다

헤드라이트는 야간 주행의 생명줄이다. 밝기가 부족하면 전방 확인이 불확실해져 안전에도 영향을 끼친다. 헤드라이트를 더 밝게 만들려고 강력한 고전압 전구를 끼우는 사람이 많은데, 렌즈 자체가 흐려져 밝기가 부족한 자동차도 적지 않다. 특히 최근 자동차는 헤드라이트 렌즈가 플라스틱으로 되어 있어서 기존의 유리 제품보다 흠집이 나거나 변색되기 쉽다. 그렇기 때문에 오래된 헤드라이트 렌즈는 과감하게 교체하는 방법밖에 없다. 작업은 헤드라이트 전체를 바꾸기만 하면 되므로 비교적 간단하지만, 교체 후에는 반드시 헤드라이트 테스터로 광축을 조절해야 한다.

1

10년도 더 지난 세월 탓에 변색이 된 렌즈. 표면에는 작은 흠집이 무수히 나 있어 투명도를 떨어트리고 있다.

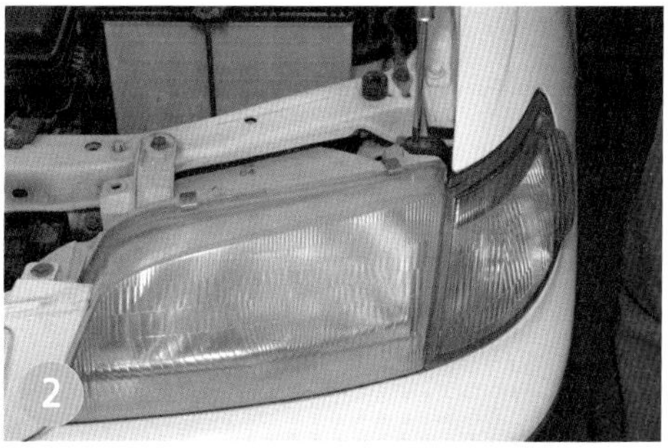

2

헤드라이트 렌즈의 장착 부분은 방향 지시등 렌즈나 라디에이터 그릴에 숨어 있기 때문에 이 상태로는 분리할 수가 없다.

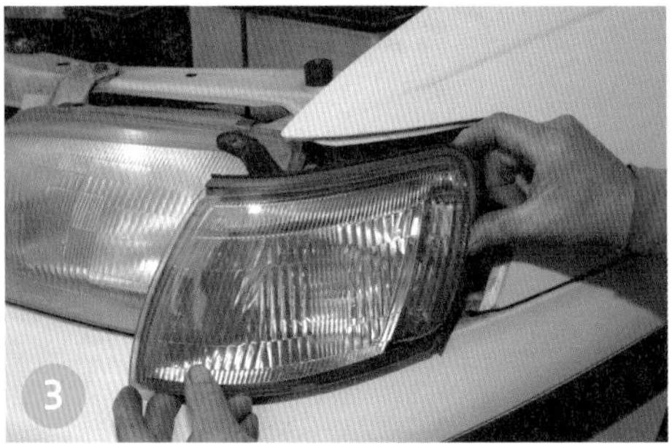

방향 지시등 렌즈를 분리한다. 가이드 구멍에 끼워져 있으므로 나사를 풀고 앞으로 잡아 뺀다.

라디에이터 그릴이 라이트를 덮고 있는 모양새다. 그릴을 떼어내는 작업에 들어간다.

고정하고 있는 모든 나사를 제거하면 그릴을 간단히 떼어낼 수 있다. 나사 등을 잃어버리지 않도록 주의한다.

드디어 렌즈 전체가 노출되었다. 옆과 상부에 있는 지지대의 볼트를 푼다.

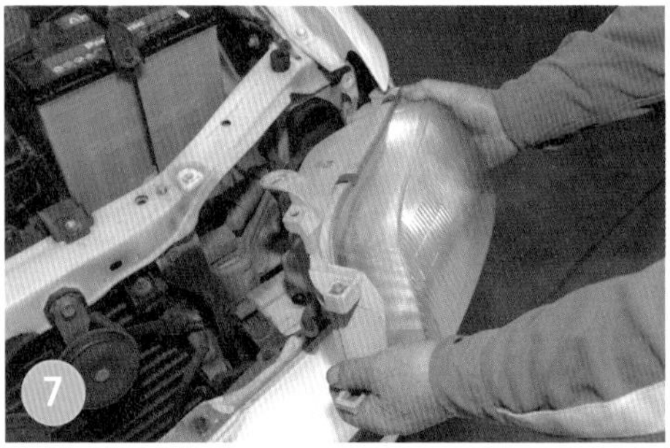

차체에서 떨어져 나온 렌즈를 꺼낸다. 렌즈 뒷부분의 배선 커넥터를 뽑으면 렌즈를 완전히 분리할 수 있다.

장착 순서는 분리할 때와 정반대다. 렌즈를 떨어트리거나 흠집을 내지 않도록 조심스럽게 확실히 작업하자.

라디에이터 그릴을 원래대로 장착하면 교체 작업은 끝이 나지만, 아직 광축 조절 작업이 남아 있다.

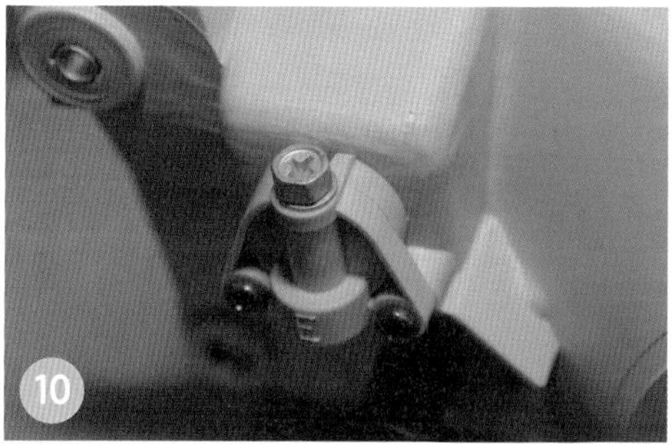

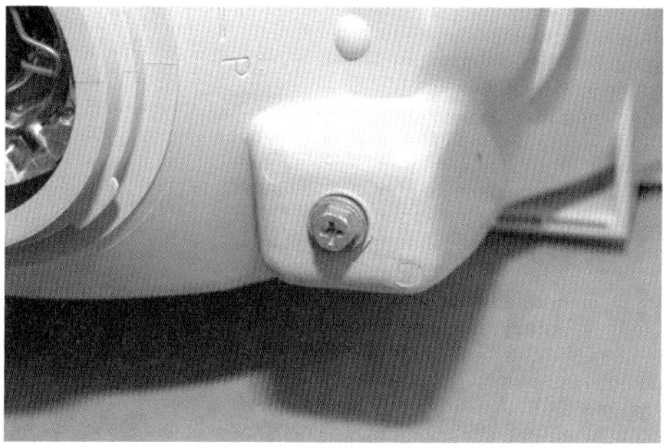

광축 조절용 나사는 헤드라이트 렌즈의 뒷면에 달려 있다. 좌우 방향용과 상하 방향용의 두 나사를 돌려서 광축을 올바른 방향으로 맞춘다.

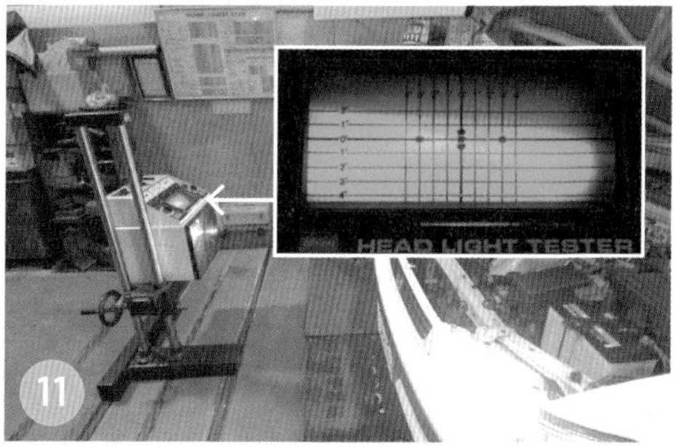

헤드라이트 테스터를 이용해 광축을 조절하는 모습. 테스터의 화면에 광축의 방향과 배광 패턴이 표시되므로 이것을 보면서 렌즈의 방향을 조절한다.

헤드라이트 렌즈를 교체하자 밝기뿐만 아니라 외관도 향상되어 말쑥한 인상을 준다.

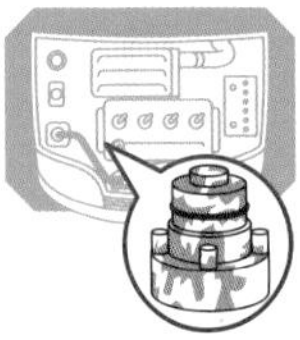

실린더 헤드의 누유 대책

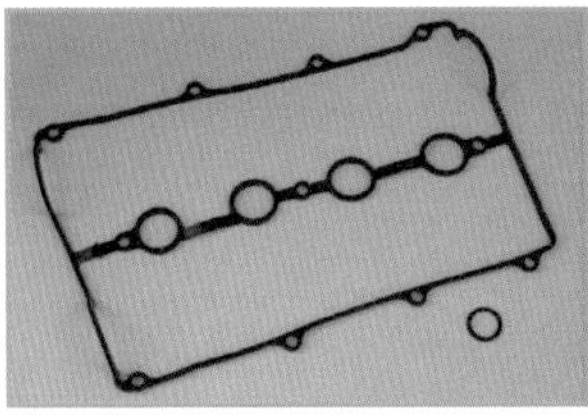

작업 시간
1.5시간

부품 총액
15,000원(패킹)

사용 공구
소켓 렌치, 박스 렌치

실린더 헤드 커버의 패킹과 디스트리뷰터의 오일 실(오른쪽 아래의 작은 링 모양의 부품)

고무 패킹의 열화가 원인

자동차의 상태 자체는 좋은데 오일이 번지거나 새는 문제가 발생하면 난감하기 마련이다. 특히 엔진 상부에서 새어나온 오일은 엔진의 측면을 따라 광범위하게 퍼져 트랜스미션까지 끈적끈적하게 만들고, 급기야는 주차장에 커다란 검은색 얼룩을 남길 때도 있다. 오일이 벨트에 부착되면 슬립 현상이 발생하는 등 다른 문제를 유발할 위험성도 크다. 이런 문제를 일으키는 실린더 헤드 주변의 누유는 고무 패킹의 열화 때문에 생긴다. 분해해서 패킹을 교체하는 비교적 간단한 작업으로 문제를 해결할 수 있다.

실린더 헤드에서 오일이 새면 엔진뿐만 아니라 트랜스미션에 이르기까지 광범위하게 더러워진다.

원인은 대개 엔진의 헤드 커버 주위에 있다. 점화 플러그 코드를 뽑고 주위를 고정하는 볼트를 풀어 헤드 커버를 벗기는 작업에 들어간다.

헤드 커버는 고착되는 일이 적어 대부분 쉽게 벗길 수 있다.

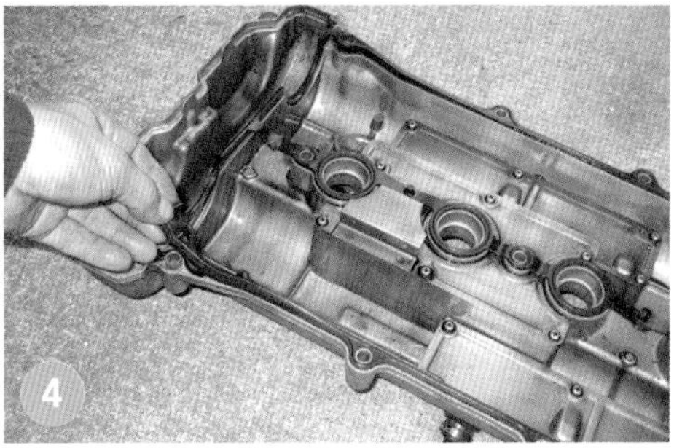

뒷면을 보면 일체형의 커다란 고무 패킹이 홈에 끼워진 형태로 장착되어 있으니 이것을 빼낸다.

헤드 커버의 뒷면에 부착되어 있는 오일과 오염물을 제거한 뒤에 패킹을 교체한다. 일체형이므로 교체는 쉽지만, 일부가 오므라들지 않도록 조심스럽게 장착한다.

사진 속 차의 경우 점화 플러그에 점화 신호를 보내는 디스트리뷰터(크랭크 앵글 센서)가 엔진의 끝부분에 장착되어 있다. 이 부분의 기밀성이 안 좋으면 누유의 원인이 된다. 디스트리뷰터는 장착 각도가 중요하므로 옆에 있는 조절 나사의 위치를 표시해둔 다음 분리한다.

위치를 살짝 옮기면 캠샤프트가 풀린다. 신호를 전달하는 코드의 커넥터를 뽑으면 디스트리뷰터를 분리할 수 있다.

분리한 디스트리뷰터의 아랫면. 고무로 된 오일 실을 넘어 오일이 흘러나온 흔적을 볼 수 있다. 오일 실이 상당히 경화된 상태다.

오일을 닦아내고 오일 실을 교체한 다음 그리스를 바른다.

원상태로 장착한다. 앞에서 해놓은 표시에 맞춰 디스트리뷰터의 장착 각도를 분해 전과 똑같이 만드는 것이 중요하다. 각도가 다르면 점화 타이밍이 어긋나고 만다.

패킹 교체를 마친 헤드 커버를 실린더 헤드에 씌우고 볼트를 조이면 작업은 완료된다. 헤드 커버 고정용 볼트는 전체적으로 균일하게 조여 놓는다.

브레이크의 공기 빼기

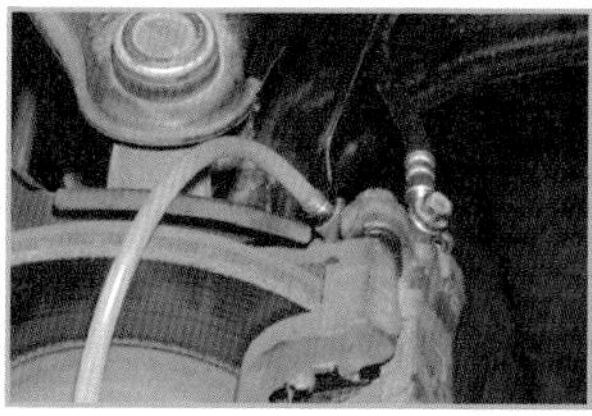

작업 시간
1시간

부품 총액
약 15,000원
(브레이크 플루이드)

사용 공구
스패너, 잭, 투명 호스

페달을 밟아도 브레이크가 잘 듣지 않을 때는 공기 빼기를 하면 좋아질 가능성이 있다. 호스를 교체할 때는 반드시 공기 빼기를 해야 한다.

브레이크 라인에 혼입된 공기를 빼낸다

브레이크 라인에 공기가 들어가면 페달에 가해진 답력을 공기가 흡수하기 때문에 브레이크의 효율이 나빠진다. 이런 상황을 방지하기 위해 캘리퍼를 분해하거나 호스 교체를 했을 때 반드시 실시해야 하는 작업이 공기 빼기다. 캘리퍼에 달려 있는 브리더 플러그에 투명 호스를 연결하고, 다른 사람이 페달을 밟아 압력을 걸었을 때 브리더를 열어 플루이드와 함께 공기를 밀어낸다. 이 작업을 계속 반복해 라인 속의 공기를 완전히 없애는 것이다. 원인이 무엇이건 공기가 혼입된 자동차에 이 작업을 하면 브레이크의 효율이 원상태로 돌아온다.

차체를 잭업하고 타이어를 빼낸 뒤에 캘리퍼에 달린 브리더 플러그의 캡을 벗기고 투명 호스를 연결한다.

공기 빼기를 하면 리저버 탱크 속의 플루이드가 흘러나오므로 미리 조금 많은 양을 넣어 놓고 작업 중에도 때때로 보충한다. 절대 공기를 빨아들이지 못하게 한다.

다른 사람이 운전석에 앉아서 브레이크 페달을 힘껏 밟는다.

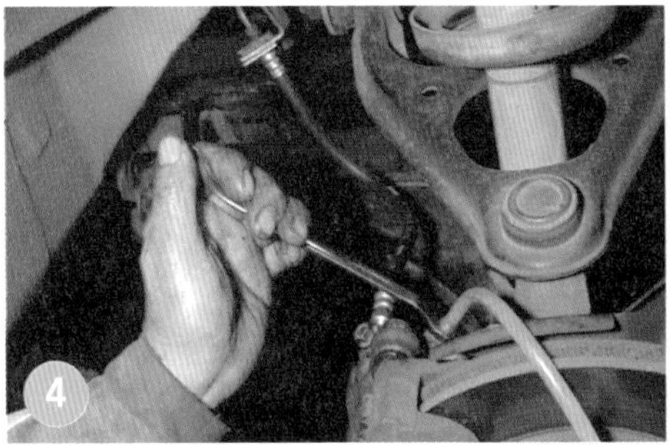

브리더 플러그를 풀면 플루이드에 섞여서 공기 방울이 나온다. 브레이크 페달이 완전히 내려가기 전에 브리더를 잠그고 운전석에 앉은 사람에게 페달을 다시 밟도록 지시한다. 이 작업을 계속 반복해 기포가 나오지 않으면 작업이 완료된다. 물론 네 개의 바퀴 모두 실시한다. 마지막으로 리저버 탱크의 플루이드양을 점검한다.

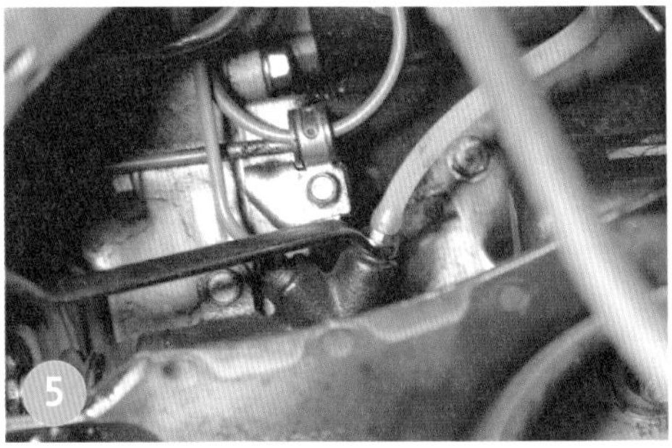

클러치의 브리더는 릴리즈 실린더에 달려 있다. 작업 방법은 브레이크와 똑같다.

INDEX

Chapter 5 내 차를 업그레이드하자

자동차의 기능이나 성능을 높여서 사용 편의성을 향상하는 자동차 용품. 좋은 제품을 올바르게 설치하면 자동차를 업그레이드할 수 있다. 기기 설치는 장착 순서를 지키면 누구나 할 수 있다.

카 내비게이션

사진 속 내비게이션은 7인치 와이드 터치패널 모니터, 30GB HDD, 50w×4앰프 등을 채용해 카 내비게이션 기능과 함께 CD/DVD 영상 재생 등 AV 소스를 폭넓게 즐길 수 있는 기기다.

AV 내비게이션도 내 손으로 장착한다

카 내비게이션 장착이라고 하면 왠지 어렵게 느껴지겠지만, 사실 극히 일부를 제외하면 그리 어렵지 않다. 다른 오디오 제품과 마찬가지로 전원을 연결하고 안테나와 차속 센서를 연결하면 작동한다. 연결 작업보다 기존의 오디오나 라디오 등을 분리하고 내비게이션을 콘솔 패널에 깨끗하게 장착하는 작업이 더 오래 걸릴지 모른다. 그리고 유일하게 고생할 가능성이 있는 작업은 차속 센서의 연결이다. 차량의 제어 컴퓨터와 연결되어 있는 수많은 코드 중에서 차속 신호선을 찾으려면 자동차 제조사의 서비스 매뉴얼이나 카 내비게이션 제조사가 만든 설치 매뉴얼을 참조해야 한다.

그러나 그 문제만 해결하면 장착은 끝난 것이나 다름없다. GPS 안테나의 감도를 확보하기 위해 동봉된 철판 시트를 밑에 까는 등 기본을 지키고, 설치 매뉴얼대로 배선을 연결하면 내비게이션은 분명 제대로 작동할 것이다.

차에 붙어 있는 데크를 꺼낸다. 콘솔 패널을 벗기고 고정 나사를 푼 다음 배선을 빼면 꺼낼 수 있다.

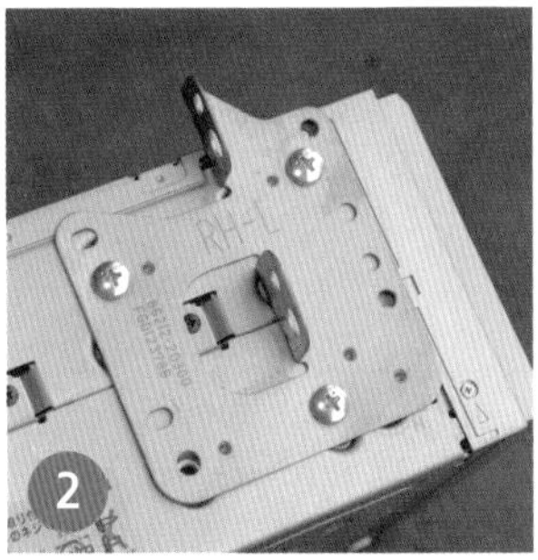

내비게이션 본체에 설치용 브라켓을 단다. 콘솔에 대보고 나사 구멍의 위치가 맞는지 확인한다.

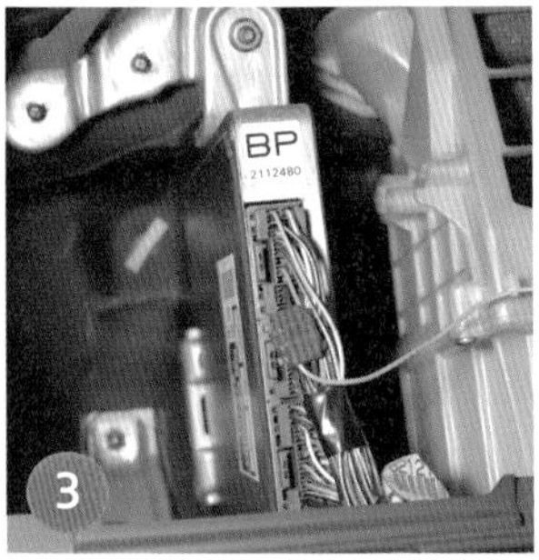

차속 신호는 차내 컴퓨터의 차속 신호선을 전원 브리지 터미널로 분기해 추출한다. 차속 신호를 추출할 수 없는 자동차를 위해 차속 펄스를 만들어내는 어댑터가 별도로 준비되어 있다.

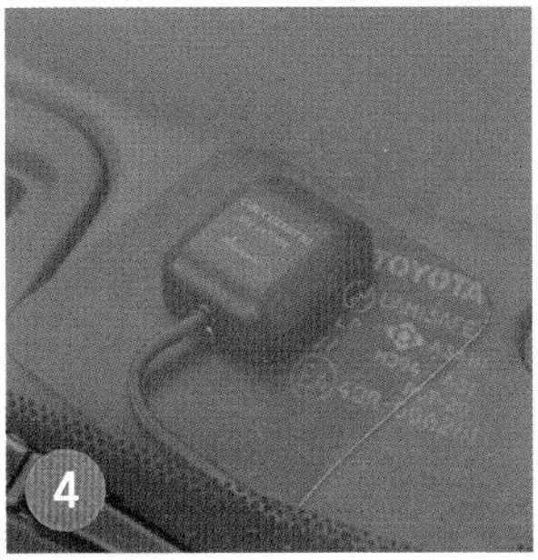

GPS 안테나를 대시보드 위에 설치한다. 잊지 말고 부속 철판을 밑에 깔자. 철판이 없으면 충분한 감도를 얻을 수 없을 때가 있다.

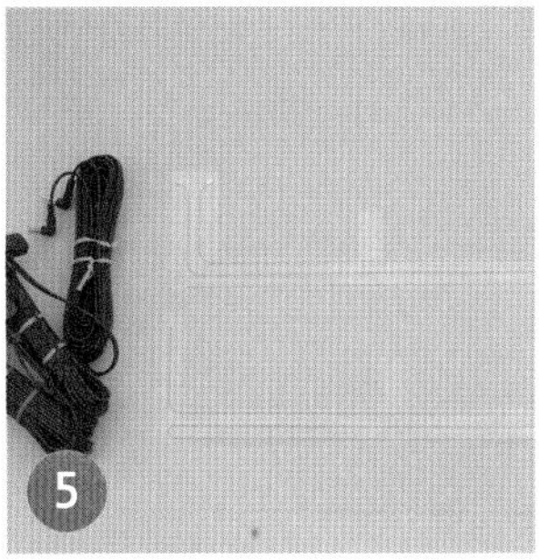

동봉된 필름 안테나. 극세 안테나 소자와 앰프, 안테나 케이블로 구성되어 있다. 앞 유리에 붙인다.

실제로 장착하면 안테나 소자는 거의 보이지 않는다.

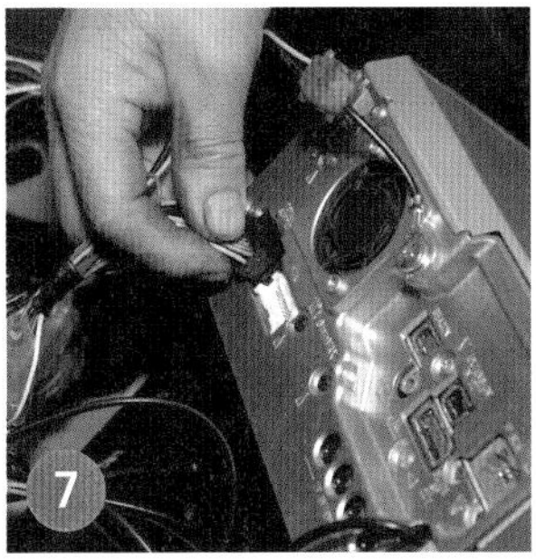

전원과 안테나, 스피커 코드 등의 선을 연결한다. 장착 전에 연결하지 않은 선이 없는지 확인하는 것이 중요하다.

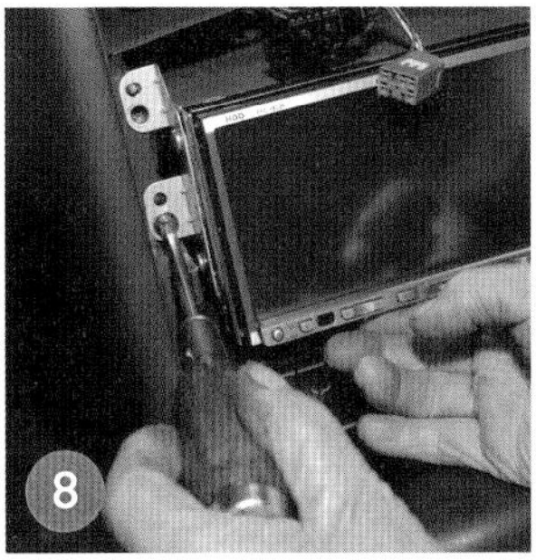

내비게이션 본체를 고정한다. 본체를 밀어 넣었을 때 배후에서 코드가 엉키거나 붙지 않았는지도 점검하자.

이 시점에서 내비게이션의 전원을 켜 정상적으로 작동하는지 확인한 다음 콘솔 패널을 원상태로 되돌린다.

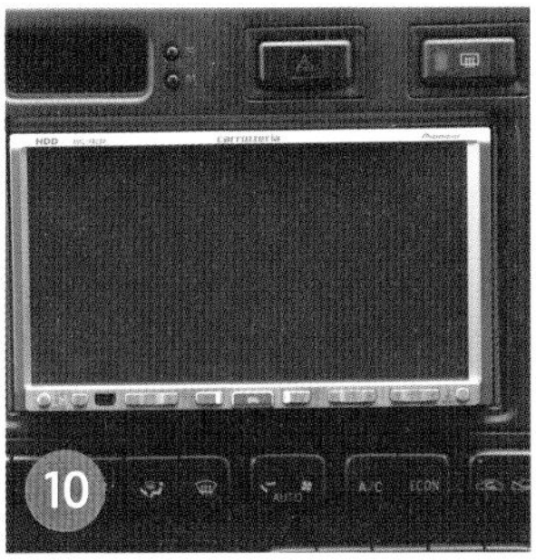

장착 완료. 내비게이션의 프런트 패널이 부드럽게 열리는지 확인하는 것도 잊지 말자.

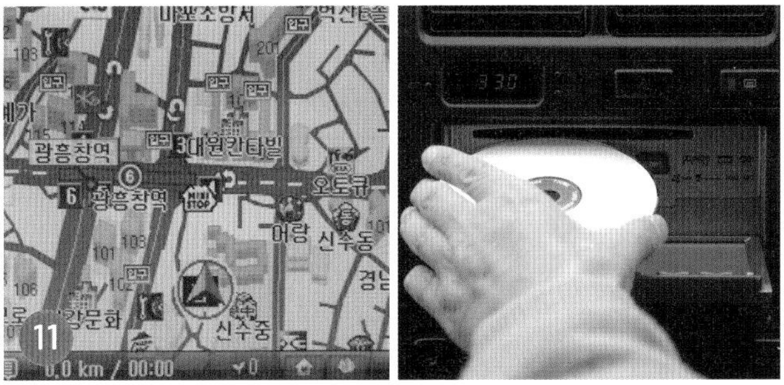

터치 패널 모니터를 채용했기 때문에 손가락으로 패널을 건드리는 방법으로 조작을 할 수 있다. CD를 넣으면 내비게이션 화면을 표시하면서 음악 감상도 가능하며, 경로 주행 중에는 음악이 재생되는 사이에 내비게이션의 음성 안내가 나온다.

후방 카메라

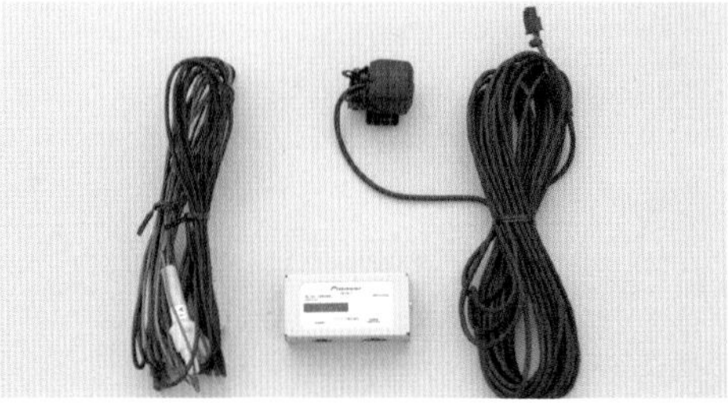

사진 속 후방 카메라는 27×27×26mm의 작은 카메라(약 27만 화소)와 전원 박스, RCA 케이블이 달린 전원 코드, 장착용 부품으로 구성되어 있다. 카메라는 차체 후방에 손쉽게 부착할 수 있다.

후진 시 안전을 확인해주는 강력한 도우미

차 뒤쪽의 영상을 보여주는 후방 카메라의 보급이 최근 크게 늘고 있다. 손가락 크기만 한 카메라를 차체 후방에 달고 간단한 배선 작업을 하면 금방 사용할 수 있다. 장착할 때 어려운 점은 하나도 없지만, 카메라를 어디에 부착하고 코드를 어떻게 연결할 것인가는 조금 검토가 필요하다. 너무 눈에 띄지 않으면서도 최대한 넓은 범위를 확실히 보여주며, 빗물이 스며드는 일을 방지하면서 코드를 차 안으로 끌어올 수 있는 장소를 찾아야 한다. 카메라는 RCA 단자로 모니터와 접속하므로 선택할 수 있는 AV 모니터와 내비게이션의 폭이 넓다.

후진 기어와의 연동은 모니터의 입력 전환으로 실시하는 방식이기 때문에 후진 기어에 대응하지 않는 모니터는 별도로 스위치를 설치해야 한다. 실제로 장착해보면 큰 효과를 실감할 수 있다. 후방의 안전 확인이 힘든 미니밴이나 대형 자동차에는 필수품이다.

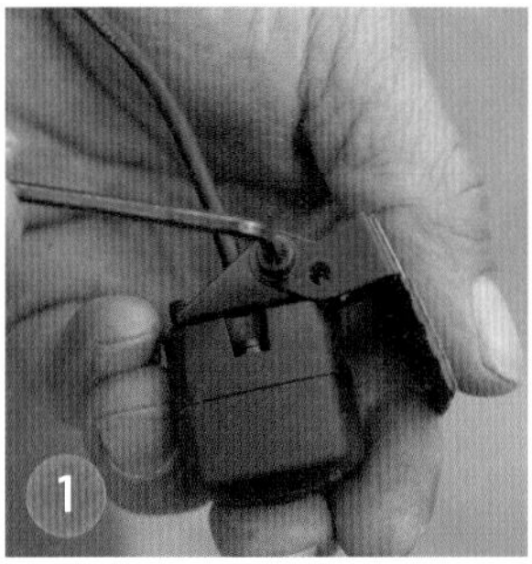

카메라를 지지하는 브라켓에는 나사 구멍이 2개 있어서 장착 위치에 맞춰 선택할 수 있다. 카메라의 각도도 이 나사로 조절한다.

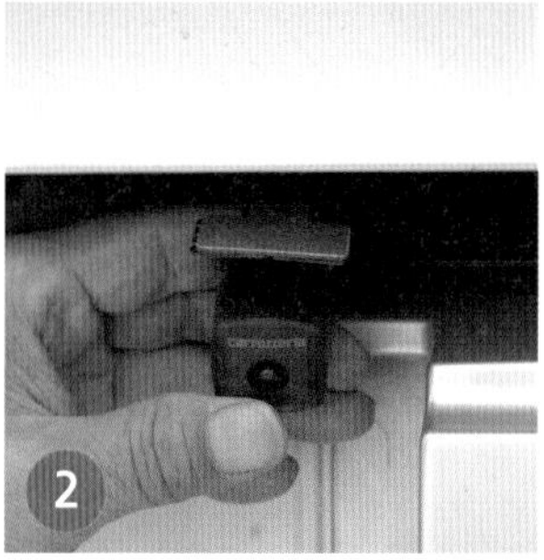

카메라는 아주 가벼워서 양면 테이프로 차량 후방에 붙이면 된다. 케이블을 연결할 것을 고려해 위치를 결정한다.

웨더 스트립 위로 케이블을 끌어올 때는 동봉된 방수 패드를 붙인다.

방수 패드는 양면 테이프로 고정한다. 케이블 때문에 발생하는 틈을 방수 패드가 메워 빗방울의 침입을 방지한다.

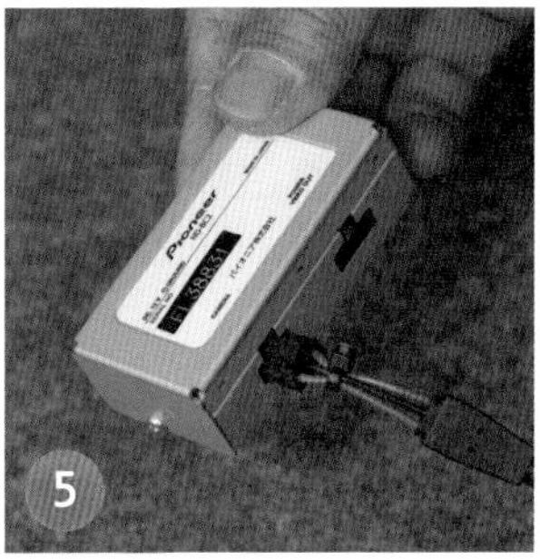

카메라의 케이블을 전원 박스에 접속한다. 케이블의 길이가 7미터나 되므로 빙 돌려서 설치해도 상관없다.

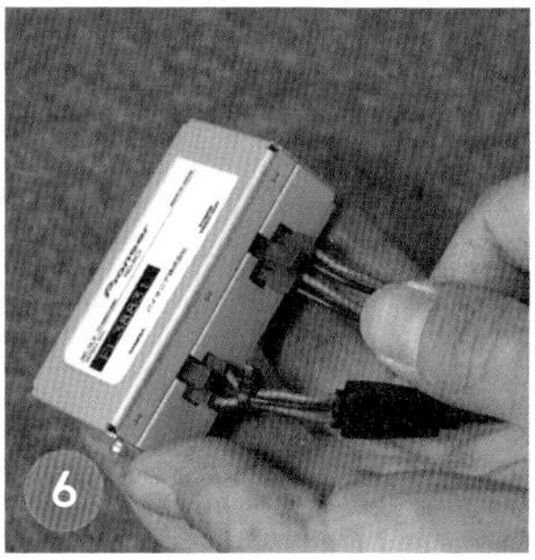

전원 커넥터를 접속한다. 전원 박스에 접속하는 것은 이 커넥터 2개뿐이다.

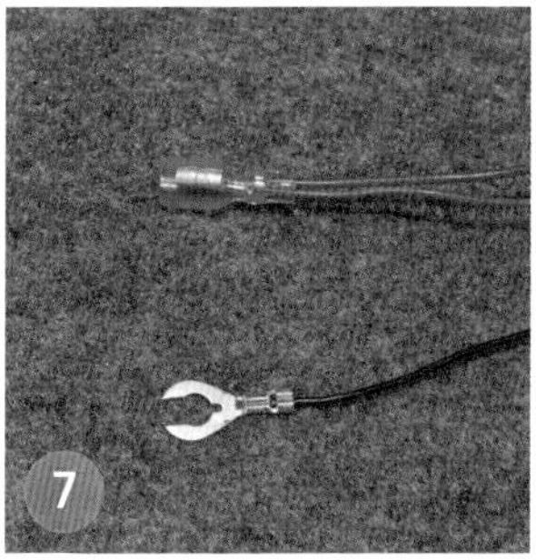

전원은 ACC의 플러스와 접지뿐이다.

전원 박스는 크기가 70×23×35mm로 작다. 동봉된 매직 테이프를 붙여 카펫에 고정한다.

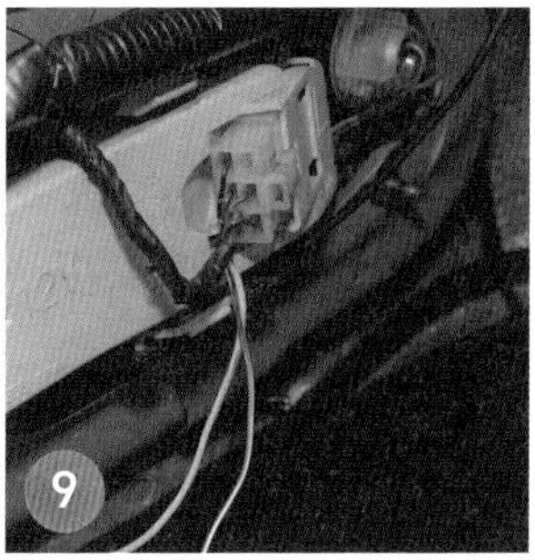

내비게이션과 AV 헤드의 리버스 코드에 접속하는 일도 잊지 말자. 이것을 접속하지 않으면 카메라 영상이 전환되지 않는다. 후진등의 코드에서 분기한다.

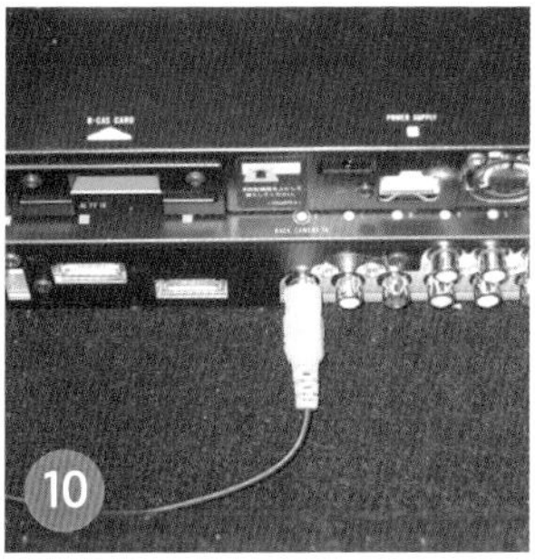

카메라의 RCA 단자를 내비게이션의 영상 입력 단자에 접속한다.

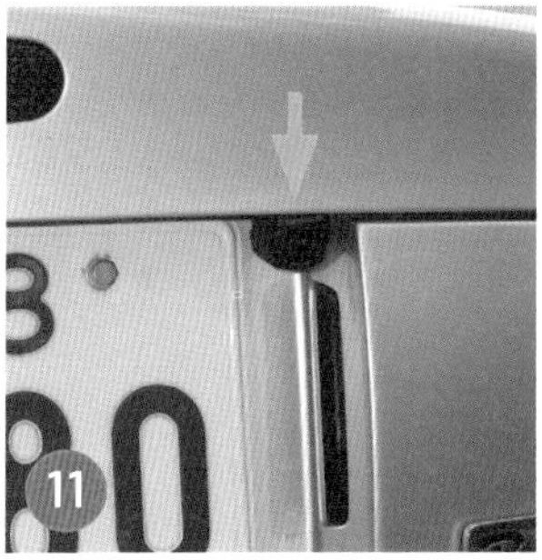

후방 번호판의 오른쪽에 카메라를 설치한다. 눈에 띄지 않으므로 외관을 해치지 않는다.

기어를 후진으로 바꾸면 화면이 카메라 영상으로 전환된다.

블랙박스

차에 가해진 충격이나 가속도 변화에 반응해 동영상을 메모리에 기록하는 블랙박스. 센서를 내장한 본체와 소형 카메라, 마이크, 임의 녹화용 스위치 등으로 구성되어 있다.

충격을 감지해 전방의 상황을 동영상으로 기록한다

운전석 근처에 장착된 카메라로 사고 같은 긴급 상황을 동영상으로 기록하는 장치가 블랙박스다. 택시 회사에서 이것을 도입하자 사고가 감소했다는 사례도 보고되었듯이 여러 긴급 상황에 대처하는 데에 효과적인 카드가 될 가능성이 있다. 이번에 장착한 블랙박스는 본체에 내장된 G 센서로 충격이나 가속도를 감지해 감지 전 12초와 감지 후 8초, 합쳐서 20초의 영상과 음성을 CF 카드에 기록한다. 본체에서 빼낸 CF 카드를 컴퓨터에 삽입해 기록 또는 재생할 수 있다. 그리고 리모트 스위치가 있어서 임의로 기록할 수도 있다. 자동차에 장착할 때는 카메라의 각도를 조금 신경 써야 하지만 그 외에는 매우 간단하다.

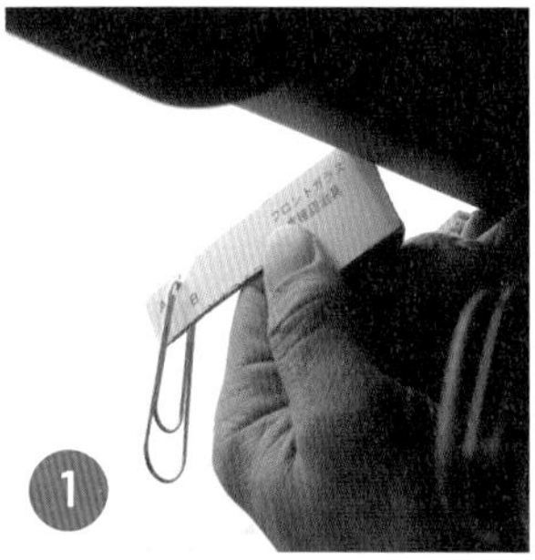

앞 유리의 각도를 측정하는 측정기도 첨부되어 있다. 클립을 매달아서 측정해 카메라의 설치 위치를 결정한다.

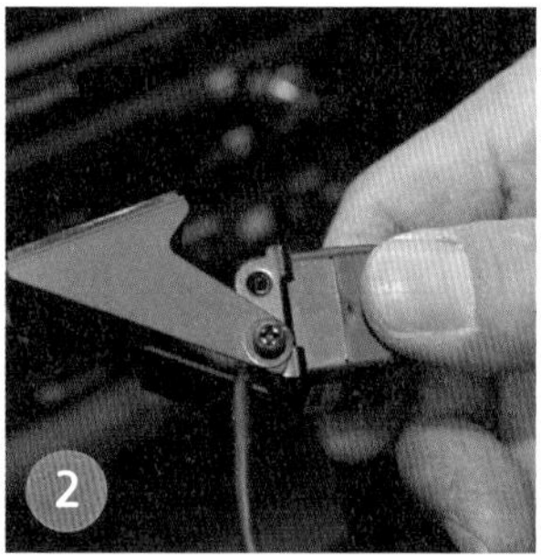

측정 결과에 맞춰 카메라를 고정한다. 카메라는 23×21×20mm의 소형이다.

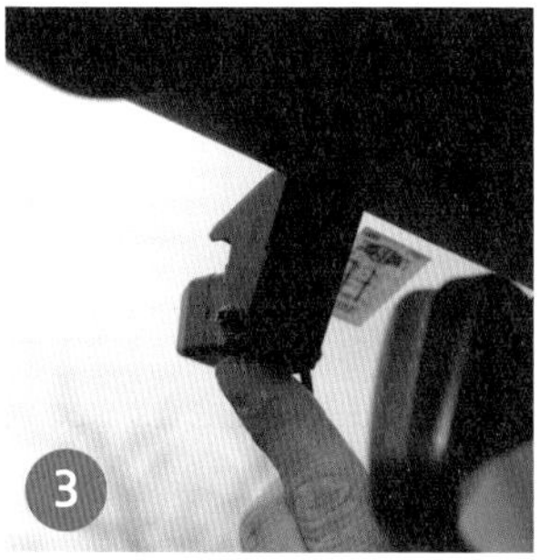

카메라는 브라켓에 붙어 있는 강력한 접착 테이프로 앞 유리 상단에 붙인다.

블랙박스 본체에 전원 커넥터를 접속한다. 본체에 연결하는 커넥터는 이것 하나뿐이다.

여기에 쓰인 블랙박스는 영상과 함께 음성도 기록할 수 있다. 콘솔 옆에 마이크를 설치한다.

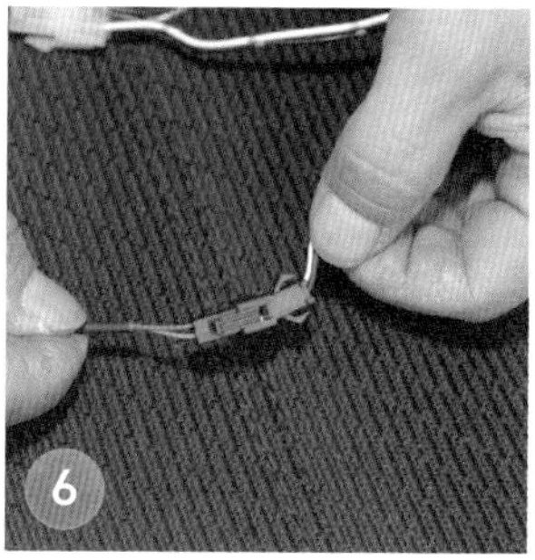

마이크 케이블을 전원부에서 빠져나온 커넥터에 접속한다.

임의로 기록을 하기 위한 수동 스위치. 운전석 근처의 조작하기 용이한 장소에 붙인다.

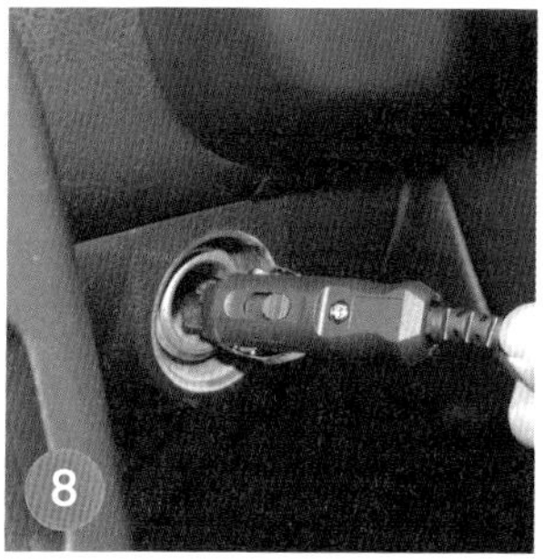

전원은 차량 배선 외에 시가 라이터 소켓으로도 공급할 수 있다.

CF 카드는 어댑터에 끼워 본체에 삽입한다.

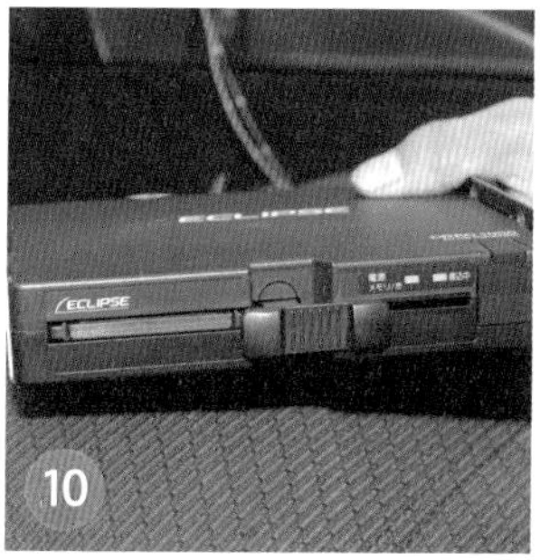

본체에 삽입한 뒤 프런트 패널의 슬라이드식 잠금 장치를 건다.

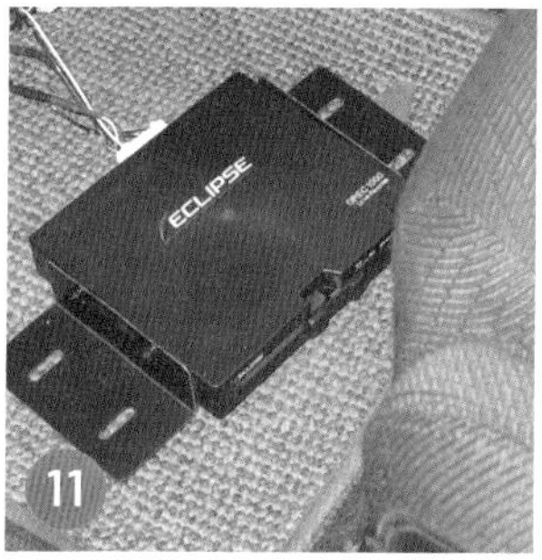

드라이브 레코더 본체를 프런트 시트 아래에 고정한다. 충격을 정확히 감지할 수 있도록 카펫의 일부를 자르고 본체를 끼운 다음 확실히 고정한다.

기록한 동영상은 컴퓨터에서 재생할 수 있다. 화면은 상상 이상으로 선명할 뿐만 아니라 음성도 기록되기 때문에 상당히 현실감 있다.

하이패스 단말기

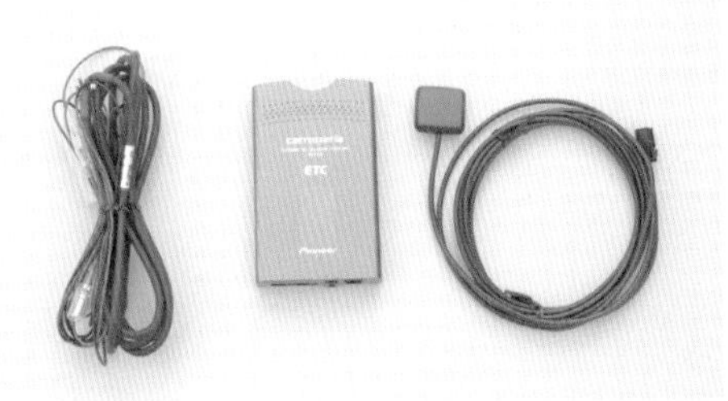

사진 속 제품은 설치 자유도가 높은 안테나 분리형이다. 단독으로 사용할 수도 있고 같은 브랜드의 카 내비게이션과 연결할 수도 있다.

설치 작업은 순식간에 완료

하이패스 단말기는 자동차 용품점 등에서 구입해서 장착과 셋업까지 의뢰하는 경우가 일반적이지만, 내가 원하는 장소에 장착하고 싶다면 스스로 직접 설치해보는 것도 방법이다. 분리형 모델은 하이패스 카드를 삽입하는 본체와 안테나 그리고 전원 코드로 구성되어 있어서 눈에 띄지 않는 곳에 장착하기에는 최적의 사양이다. 안테나는 대시보드 위나 전용 쇠장식을 별도로 구입해 앞 유리 상부에 배치하지만, 본체는 사용성과 겉모습을 고려하며 장착 위치를 검토할 수 있다. 다만 셋업은 용품점에서 해야 한다.

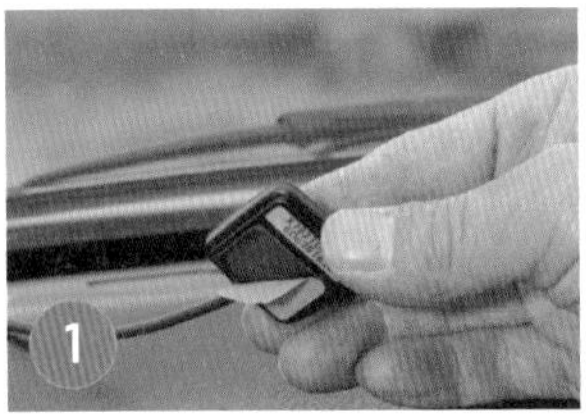

하이패스 단말기의 안테나는 대시보드 위에 수평에 가까운 각도로 설치하는 것이 기본이다.

안테나는 매우 작아서 양면 테이프로 붙이기만 하면 된다. 케이블은 대시보드의 빈틈에 숨긴다.

하이패스의 수신기에 안테나선을 접속한다.

전원 커넥터를 접속한다. 전원은 액세서리 전원(ACC)과 접지뿐이다.

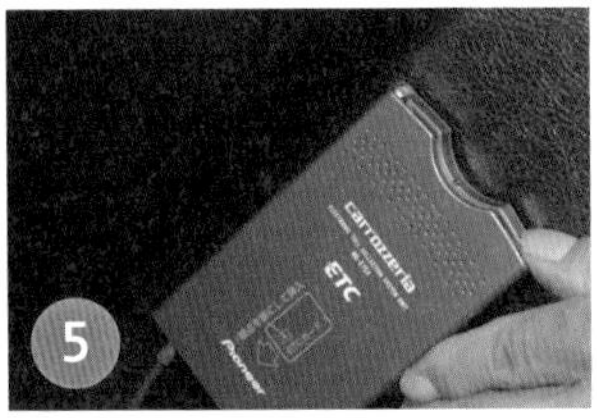

수신기 본체를 장착한다. 직접 장착한다면 눈에 보이지 않는 곳에 장착할 수도 있다.

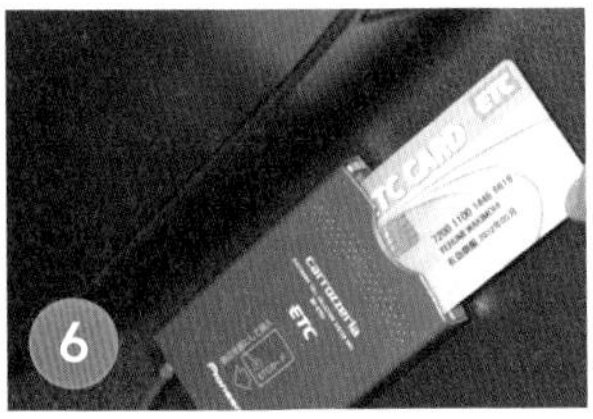

용품점에서 셋업을 하면 하이패스를 사용할 수 있다.

이리듐 플러그

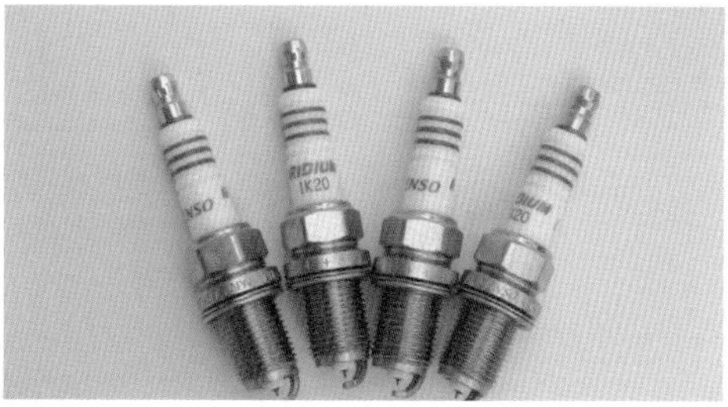

중심 전극이 고온에 강한 이리듐 합금을 사용한 덴소의 이리듐파워. 자동차 용품점에 비치되어 있는 차종별 적합표를 보면 순정 플러그와의 호환성을 확인할 수 있다.

극세 전극으로 강력한 점화 성능을 발휘한다

좋은 불꽃은 엔진 성능을 최대한으로 이끌어내기 위해 꼭 필요한 요소다. 보통은 표준 점화 플러그로도 충분하지만, 한 단계 높은 점화 성능을 원한다면 고성능 플러그로 바꿔보는 것도 효과적인 방법이다. 이번에 장착한 플러그는 이리듐 합금을 이용해 만든 지름 0.4밀리미터의 극세 사이즈 전극을 달아 착화 성능이 매우 좋다. 교체 순서는 물론 통상적인 플러그와 똑같다. 불꽃이 강력해졌기 때문인지 교체 후에는 아이들링이 안정되고 저속에서 고속까지의 모든 속도 대역에서 가속이 확실히 부드러워졌다.

직경 0.4밀리미터의 중심 전극은 순정 플러그와 비교하면 바늘처럼 가늘다. 이 점이 우수한 착화 성능의 비밀이다.

고성능 플러그라고 해도 엔진에 장착하는 방법은 일반 점화 플러그와 똑같다. 플러그 렌치에 끼워 엔진에 넣는다.

익스텐션 바를 손으로 돌려 멈출 때까지 조인다.

렌치를 사용해 반 바퀴 조인다. 이것으로 신품 와셔가 뭉개져 고정된다.

모든 실린더의 점화 플러그를 교체했으면 플러그 코드를 원래대로 끼운다.

장착 완료. 아이들링 회전이 안정되고 가속이 부드러워지는 효과가 있다.

스포츠 에어 클리너

사진 속 제품은 순정 에어 클리너보다 흡기구가 커서 원활한 공기 흐름을 실현할 수 있다. 흡기구가 깔때기처럼 생겼다

흡기 계통을 간단하게 튜닝한다

에어 클리너는 엔진이 연소를 위해 흡입하는 공기를 깨끗하게 만드는 것이 목적인데, 그 모양이나 흡기 파이프의 길이 등이 엔진 성능에 영향을 준다. 스포츠 에어 클리너는 그런 점에 착안한 제품이다. 순정품과 같은 크기로 흡기 저항을 줄이는 제품도 있지만, 이번에 장착한 것은 순정 에어 클리너를 제거하고 새로 공기 흡입부를 부착하는 유형이다. 흡입 공기량을 측정하는 에어 플로 미터를 에어 클리너 케이스에서 분리하는 등 여러 작업이 필요하지만, 중고 회전역의 응답 속도가 향상되는 등 스포츠 에어 클리너라는 이름에 걸맞은 효과를 얻을 수 있다.

순정 에어 클리너는 커다란 상자 모양으로, 크게 주름진 흡기 파이프가 연결되어 있다.

순정품은 상자 모양의 에어 클리너 케이스 위에 에어 플로 미터가 고정되어 있다. 에어 플로 미터를 분리한다.

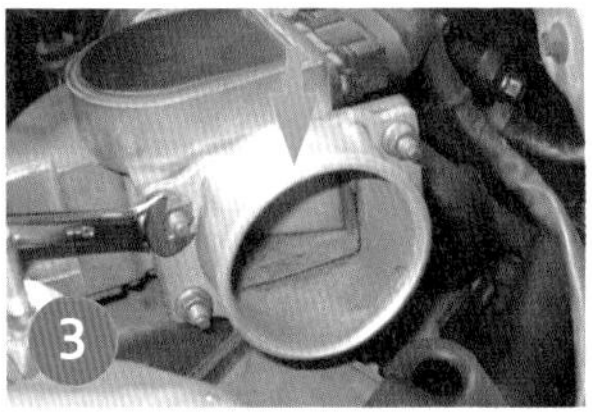

에어 플로 미터의 흡기 쪽에 어댑터를 장착한다.

에어 플로 미터를 흡기관에 연결한다. 금속 밴드로 지지대와 함께 고정한다.

에어 클리너를 장착한다. 금속 밴드로 확실히 조인다.

완성된 모습. 순정품보다 훨씬 작고 엔진룸에 날렵한 분위기를 연출한다.

간이 보안 시스템

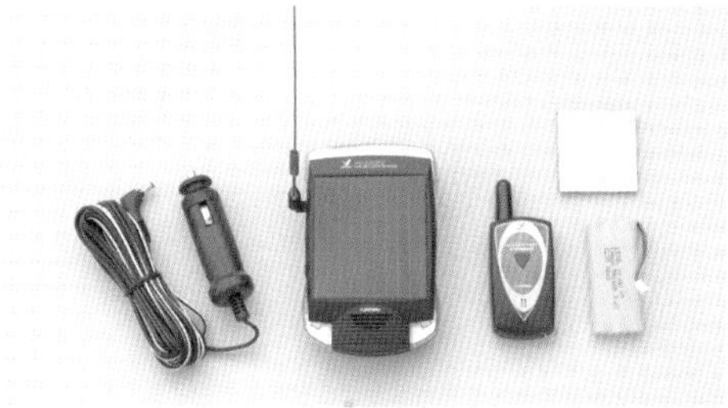

사진 속 제품은 차량의 이상을 무선으로 알리는 통신 기능을 갖추었으며 태양광 충전 기능이 있다. 설치가 매우 간단한 제품이다.

간단한 설치로 안도감을 얻다

급증하는 자동차 테러나 도난에 대응하기 위해 보안 시스템이 고급차를 중심으로 늘고 있다. 하지만 제대로 된 시스템은 고가일 뿐만 아니라 설치도 만만치 않기 때문에 망설이는 사람이 많다. 그럴 경우에 고려할 수 있는 것이 설치와 취급이 간편한 간이형 보안 시스템이다. 이번에 장착한 제품은 작고 비교적 저렴하면서 차에 충격이 가해지거나 문이 열렸을 때 차주에게 무선으로 상황을 알려준다. 고급형 모델처럼 다기능은 아니지만 장착해놓으면 그래도 안심이 된다.

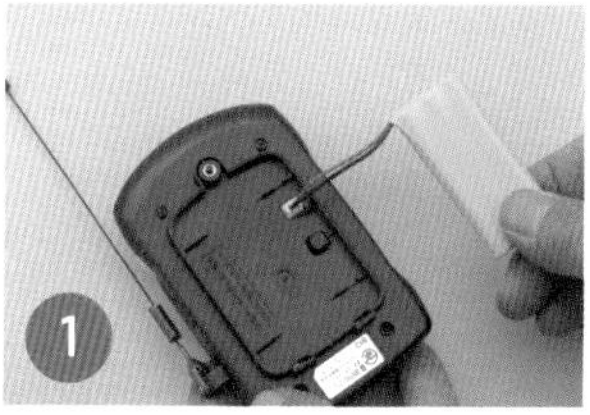

먼저 본체 안에 충전지를 끼운다.

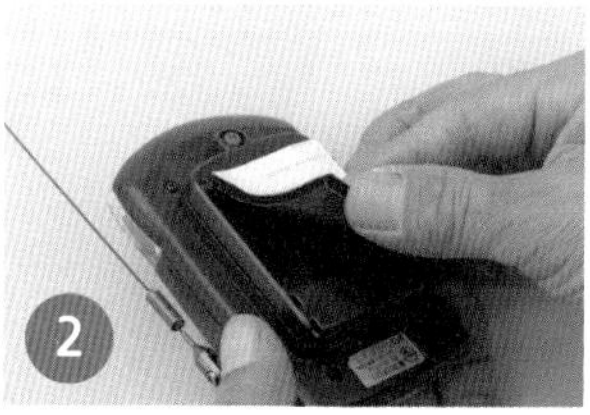

본체는 매직 테이프로 대시보드에 부착한다.

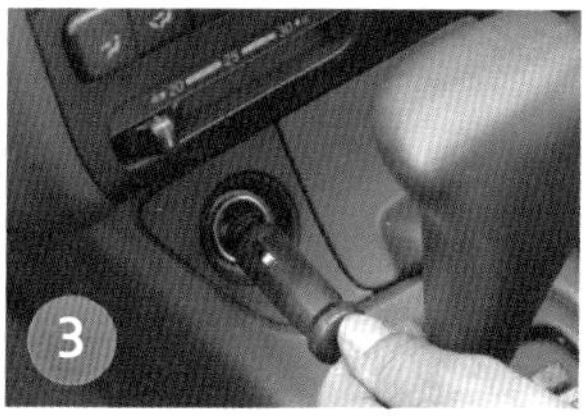

시가 라이터 소켓에서 전원을 공급받아 본체 내의 전지를 충전한다. 태양광 충전은 보조 역할을 한다.

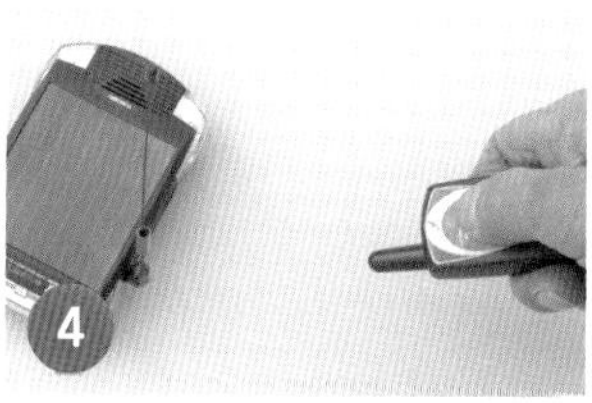

경계와 해제는 리모컨으로 전환한다.

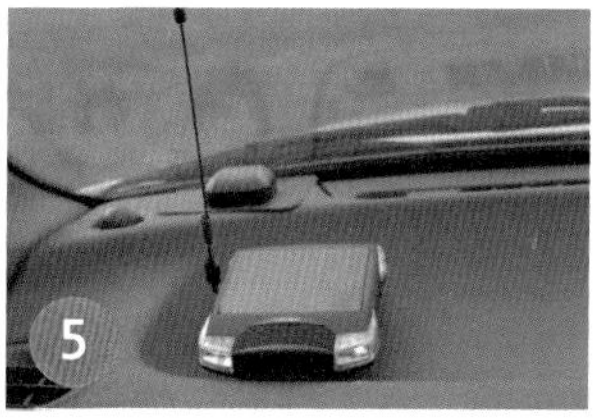

경계 중인 본체는 LED를 간헐적으로 점멸해 위협 효과를 낸다.

제진재

특수한 제진 수지와 알루미늄 판을 맞붙인 제진재다. 검은 시트는 점착제가 묻어 있는 스펀지다.

잘라서 붙이기만 하면 되는 간단 시공

주행 중에 자동차의 각 부분에서 전해지는 소리나 진동이 줄어들면 차 안이 확실히 쾌적해진다. 제진재는 이 같은 차내 환경의 개선에 효과를 발휘하는 제품이다. 원래는 카오디오를 장착할 때 불필요한 진동을 억제하기 위해 사용하는 제품이지만, 제진 효과가 우수하니 정숙성 향상을 위해서도 적극적으로 사용하자. 설치는 진동이 많은 부분을 찾아내 적당한 크기로 자른 다음 붙이면 끝이다. 이 간단한 작업만으로 진동이나 울림을 크게 줄일 수 있다. 어디에 얼마나 붙여야 할지는 각자 시험해보기 바란다.

뒷면의 종이를 벗기고 붙이기만 하면 설치가 끝난다.

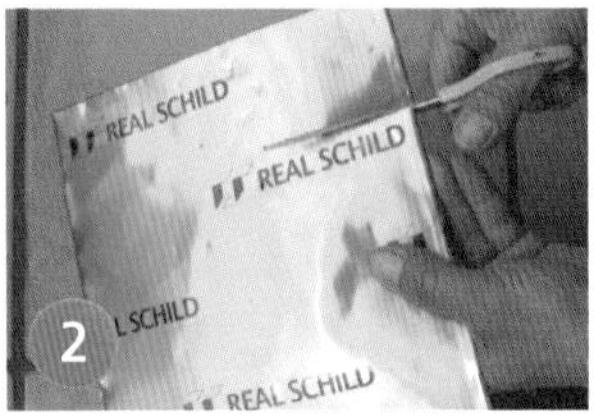

앞면은 얇은 알루미늄 판이지만 일반 가위로도 쉽게 자를 수 있다. 사용할 곳에 맞춰 적당하게 가공한다.

손으로 가볍게 두드려 봤을 때 울림이 큰 장소에 붙인다. 힘을 줘서 누르면 변형되어 차체 패널에 찰싹 달라붙는다.

플라스틱 부품은 진동이 발생하기 쉽다. 대시보드 아래에 붙인 모습.

스펀지 시트는 빈틈을 메울 때 최적이다. 붙일 장소에 맞춰 자른다.

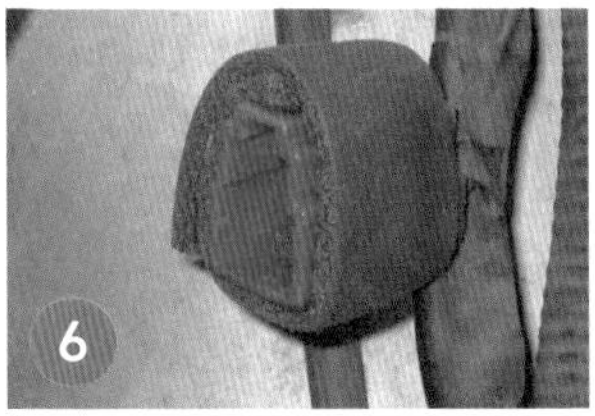

스펀지 시트로 전기 배선의 커넥터를 감아주면 효과적이다.

INDEX

Chapter 6

여러 문제 상황이 발생했을 때의 대처법

자동차는 기계이므로 때로는 망가질 때가 있다. 예상치 못한 문제가 발생했을 때를 대비해 대처법을 알아두자. 적절하게 대응하면 자동차의 피해를 최소한으로 줄이고 안전을 지킬 수 있다.

CASE 1

엔진이 과열됐다

수온계의 바늘이 최대로 치솟고 엔진도 힘이 없어지는 증상이 나타나면 무조건 엔진을 천천히 식히는 것이 중요하다. 그늘에 자동차를 세우고 아이들링 상태를 유지하며 엔진이 충분히 식은 것을 확인한 다음 엔진을 정지시킨다. 그리고 냉각 계통이나 엔진 오일을 점검한 뒤 다시 시동을 건다.

엔진이 멈춰버렸을 경우는 그대로 기다리는 수밖에 없는데, 빨리 식힌다고 엔진에 물을 끼얹어서는 절대 안 된다. 뜨거워진 엔진이 부분적으로 급속히 식으면 각 부분에 비틀림이 발생해 엔진이 망가질 수도 있으니 주의해야 한다. 또 과열 증상이 나타난 자동차는 빨리 정비소로 몰고 가 점검을 받자. 원인을 규명해 문제가 있는 곳을 수리하지 않으면 재발할 우려가 있다.

CASE 2

시동이 잘 걸리지 않는다

요즘 자동차에서는 시동이 전혀 걸리지 않는 증상을 찾아보기가 어렵다. 하지만 한 번에 기분 좋게 시동이 걸리지 않는다면 배터리의 성능 저하를 의심할 수 있다. 엔진을 켜는 스타터 모터는 극히 짧은 시간이지만 수백 암페어나 되는 대전류가 필요하다. 따라서 배터리가 열화 등의 원인으로 그만큼의 전류를 공급하지 못하면 회전력이 부족해 시동이 잘 걸리지 않는다.

특히 겨울철에는 배터리의 성능이 저하되기 때문에 이런 현상이 발생하기 쉽다는 점도 기억하기 바란다. 대처 방법은 단자의 접속 상태를 포함한 배터리의 점검이다. 경우에 따라서는 배터리 교체가 필요할지도 모른다. 다른 원인이 있을 경우는 진단이 어려우므로 정비소에 의뢰하는 수밖에 없다.

CASE 3

제동을 걸 때마다 소리가 난다

패드나 슈의 라이닝(마찰재)을 디스크 로터나 드럼에 압착해 제동하는 것이 브레이크의 구조다. 따라서 제동을 걸면 크든 작든 소리가 발생한다. 보통은 들리지 않지만, 운전 중에도 신경이 쓰일 만큼 큰 소리가 난다면 점검할 필요가 있다.

브레이크에서 나는 끼익 하는 소리는 불쾌한 인상을 주지만 제동력에는 문제가 없다. 시간이 지나도 소리가 사라지지 않을 때는 패드 뒤에 소음 방지제를 발라주면 효과적이다. 패드의 마모를 알리는 웨어 인디케이터는 더욱 날카로운 느낌의 소리를 낸다. 패드가 한계 이상으로 마모되어 금속이 직접 로터와 접촉하면 큰 소리가 난다. 그럴 때는 브레이크를 밟을 때마다 로터가 손상되기 때문에 큰 비용을 지출하게 된다. 그때는 빨리 대응한다.

CASE 4

자동 변속기의 변속이 부드럽지 못하다

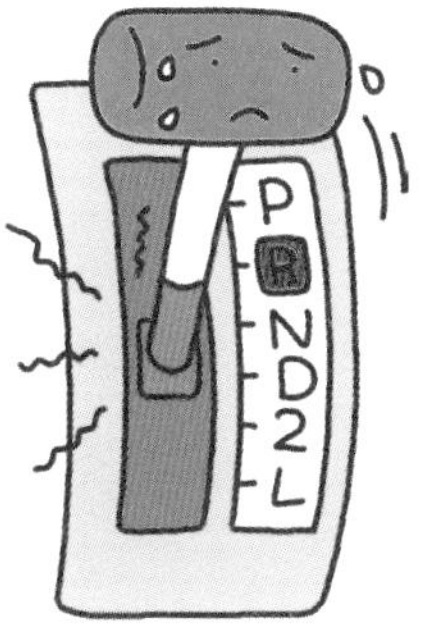

최근 자동 변속기는 대부분 엔진 회전수나 차속 등을 바탕으로 사전에 정해진 시프트 스케줄에 따라 컴퓨터가 변속 명령을 내리는 전자 제어식이다. 이처럼 어떤 상황에서도 쾌적하게 탈 수 있도록 설계되어 있는데, 변속 충격이 커졌거나 변속 타이밍이 어긋나는 등 전과는 명백히 다른 증상이 나타났다면 원인을 규명해야 한다.

그러나 자동 변속기에 관해 운전자가 직접 할 수 있는 점검은 ATF 점검뿐이다. 다른 것은 공장에 맡기는 수밖에 없다. 다만 점검을 의뢰할 때 어떤 상황에서 어떤 증상이 나타나는지를 정확히 알린다면 원인 해명에 커다란 실마리가 된다. 자동 변속기는 잘 고장 나지 않지만, 혹시 고장이 났다면 상당한 지출이 발생한다. 그러니 빨리 손을 쓰자.

CASE 5

방향 지시등의 점멸 간격이 이상하다

방향 지시등은 좌우 회전의 의사를 주위의 자동차나 보행자에게 알리는 중요한 기구다. 문제가 발생하면 사고의 원인이 될 가능성이 높으니 다른 램프보다 더 보수 점검에 신경을 쓰자. 방향 지시등에서 가장 많이 발생하는 문제는 점멸 간격의 이상일 것이다.

평소보다 점멸 간격이 짧아지는 문제인데, 원인은 전구의 끊김이다. 어딘가 한 곳의 전구가 끊어졌을 테니 해당 전구를 교체하면 원래의 점멸 회수로 되돌아온다. 이와 같이 방향 지시등은 운전자에게 이상을 알리도록 만들어졌다. 계기판에 전구가 끊어졌음을 알리는 표시등이 있다면 그 표시로도 알 수 있다. 몇 년씩 전구 교체를 하지 않은 자동차라면 다른 전구와 함께 교체해놓으면 안심할 수 있다.

CASE 6

스티어링 휠이 무거워졌다 가벼워졌다 한다

이제 파워 스티어링은 자동차의 기본 사양이 되었다. 덕분에 큰 힘을 들이지 않아도 스티어링 휠을 돌릴 수 있는데, 일단 파워 스티어링이 고장 나면 스티어링 휠을 돌리는 것이 얼마나 힘든지 깨닫게 된다. 스티어링 휠이 무거워졌다가 가벼워졌다가 하는 증상은 바로 파워 스티어링 고장의 전조 현상이다.

그 원인은 플루이드의 부족에 있다. 공기가 혼입되어 파워 어시스트가 되다 안 되다 하기 때문에 스티어링 휠의 무게가 불안정해진다. 소량의 누액에 따른 불량이라면 플루이드를 보충하는 것만으로 해결할 수 있지만, 타이로드 부츠가 부풀어 오를 만큼 대량으로 플루이드가 샜다면 분해 정비를 해야 한다. 또 다른 원인으로는 벨트의 슬립(slip, 미끄러짐)도 생각할 수 있다.

CASE 7
타이어가 한쪽만 마모되었다

타이어의 안쪽 혹은 바깥쪽만 닳는 편마모는 자동차의 크기에 맞지 않는 타이어나 휠을 장착했을 경우 또는 휠 얼라인먼트(차륜 정렬)가 어긋났을 때 발생한다.

자동차의 서스펜션은 표준 장착 또는 옵션 설정된 휠이나 타이어의 크기를 전제로 설계되어 있다. 따라서 허용치에서 벗어난 크기의 타이어를 장착하면 해당 타이어의 접지 상태가 변해 편마모가 발생할 확률이 높아진다. 그러므로 표준 또는 옵션 설정된 크기의 타이어로 다시 교체하는 것이 현명하다. 얼라인먼트는 사전에 서스펜션에 주어진 각종 설정 각도다. 이것이 어긋나면 주행 성능이 저하되고 타이어가 편마모된다. 이것은 정비소에 의뢰해 바로잡는 수밖에 없다.

CASE 8
수동 변속기 자동차가 발진할 때 진동이 발생한다

수동 변속기 자동차는 직관적인 주행 감각이 매력이지만, 발진할 때 반클러치를 능숙하게 구사해야 한다. 그리고 그 클러치 미트 시에 저더(judder)라고 부르는 진동이 발생할 수 있다. 이것은 클러치 디스크의 편마모 또는 불규칙 마모로 엔진 회전이 전해졌다 전해지지 않았다 하는 바람에 발생하는 현상이다.

증상이 가벼울 때는 덜덜거리는 진동이 전해지는 정도이지만, 증상이 심해지면 차체 전체가 크게 흔들리기도 한다. 저더가 발생하는 자동차라도 일단 달리기 시작하면 반클러치 조작을 해도 진동이 발생하지 않는 것이 일반적이다. 이런 진동의 가장 큰 원인은 난폭한 클러치 조작이다. 그러므로 클러치를 조심스럽게 다루자. 근본적으로 문제를 해결하려면 부품을 교체해야 한다.

CASE 9

자동차가 계속 들썩여 승차감이 나쁘다

주행 중인 자동차가 울퉁불퉁한 길을 지나가더라도 차체는 항상 안정을 유지하는 것이 이상적인 상태다. 그래서 서스펜션은 스프링과 댐퍼를 조합하는데, 댐퍼가 열화되면 충격을 흡수하는 성능이 저하되어 진동이 가라앉지 않고 차도 계속 들썩이게 된다. 차체의 흔들림을 잘 흡수하지 못하기 때문에 코너링 성능도 악화된다.

댐퍼의 수명은 주행 도로나 운전 방식에 따라 다르기는 하지만 일반적으로 수만 킬로미터 정도가 한계다. 차체 아래가 덜커덩거리는 인상을 받았거나, 전보다 속도를 줄이지 않고 코너에 진입할 때 차체가 불안해진다면 댐퍼를 교체할 시기다. 댐퍼를 교체할 때는 서스펜션 서포트 등 승차감에 영향을 주는 부품도 동시에 교체하자.

CASE 10

카 내비게이션의 자차 위치가 부정확하다

카 내비게이션은 GPS 위성이 보내는 전파와 차량의 차속 센서가 보내는 신호, 본체에 탑재한 자이로 센서 등의 데이터를 바탕으로 차의 위치를 계산해 표시한다. 처음에 카 내비게이션이 등장했을 무렵에는 수십 미터, 때로는 100미터 이상 오차가 발생하는 일도 드물지 않았지만 현재는 어지간히 측위 조건이 나쁜 장소가 아닌 이상 거의 오차가 없는 수준에 이르렀다.

그런데도 오차가 발생한다면 GPS 안테나 위에 무엇인가가 덮여 있거나 차속 신호를 제대로 입력받지 못한 상황 등 여러 원인을 생각해볼 수 있다. 이런 문제를 해결하려면 시스템 체크 화면에서 접속 확인과 초기화를 하자. 이 같은 조치로 내비게이션의 성능을 충분히 끌어낼 수 있다.

CASE 11
엔진에서 이상한 소리가 난다

엔진에서 들리는 소리에도 여러 종류가 있는데, 가장 신경 쓰이는 것은 딱딱거리는 금속음이다. 그런 소리의 원인은 밸브 계통일 때가 많으며, 대부분의 경우 태핏 클리어런스(밸브 간극) 과다가 원인이다. 간극을 자동으로 조절하는 기구가 달린 엔진의 경우는 오일을 교환하면 소리가 사라질 때가 많다. 그래도 해결이 안 된다면 수리가 필요하다.

끽끽 하는 소리는 벨트에서 난다. 오래된 벨트는 아무래도 소리가 나기 쉬우니 정기적으로 교체하자. 드르륵거리는 소리는 워터 펌프의 베어링이 손상되었을 때 많이 난다. 방치하면 소리가 커질 뿐만 아니라 물이 샐 가능성도 있으니 수리해야 한다. 쿵쿵거리는 느낌의 낮은 연속음은 커넥팅 로드의 베어링 등에서 많이 나는데, 고장이라고는 할 수 없다.

CASE 12
라디오에서 잡음이 섞여 나온다

라디오에서 잡음이 섞여 나온다면 접촉 불량이나 배터리의 성능 저하 때문이다. 라디오의 전원 코드나 안테나의 접속부가 제대로 꽂혀 있지 않을 때가 있는데, 그때는 커넥터를 중심으로 점검하면 문제를 해결할 수 있다. 손으로 잡아 빼는 유형의 안테나는 빗물이 침입해 접촉 불량이 발생한 경우도 생각할 수 있다. 그럴 경우는 방청 윤활제를 뿌려주면 접촉이 회복되고 손으로 쉽게 뽑을 수 있다.

배터리의 성능 저하가 잡음의 원인이 된다는 것이 조금 의외로 느껴지겠지만, 배터리를 교체하자 거짓말처럼 잡음이 사라지는 사례가 많다. 배터리를 탑재한 지 2~3년 이상 지났고 라디오에서 잡음이 섞여 나온다면 배터리 교체를 생각하는 편이 현명하다.

CASE 13

고속 주행 시 바람 소리가 심하다

고속도로를 주행 중인 자동차가 받는 바람의 저항은 굉장히 크며 시속 100킬로미터 부근을 기점으로 급증한다. 물론 바람 소리도 한층 커진다. 그러나 바람 소리는 각 자동차마다 고유 특성이 있어서, 차체 표면의 공기 흐름을 바꾸는 에어로 파츠를 장착하거나 언더 커버가 벗겨지지 않는 한 크게 변하지 않는다.

다만 차내의 공기가 외부로 빠져나가는 소리는 각 부분의 기밀성을 유지하는 웨더 스트립 등의 고무 부품이 열화됨에 따라 점차 증가한다. 그렇기 때문에 바람 소리라고 생각했던 것이 실제로는 차내의 공기가 빠져나가는 소리일 경우가 많다. 가장 의심스러운 부분은 도어 주위의 웨더 스트립으로, 이것을 교체하면 정숙성을 상당히 회복할 가능성이 높다.

CASE 14

브레이크를 밟아도 반응이 시원찮다

브레이크는 안전과 가장 관계가 깊은 기구인 만큼, 제동력뿐만 아니라 페달의 조작감에도 주의를 기울여 불안한 점이 있으면 즉시 점검하는 것이 중요하다. 페달을 밟았을 때 바로 반응이 오지 않고 상당히 깊게 밟아야 제동이 걸린다면 페달의 유격이 너무 크거나 브레이크 라인에 공기가 혼입되었을 가능성을 생각해볼 수 있다.

원인이 무엇이든 불안감을 느낄 정도라면 최대한 빨리 정비소에 가서 차를 점검하고 필요하다면 수리를 받아야 한다. 브레이크의 공기 빼기를 하면 그때까지 반응이 늦던 브레이크가 즉각적인 반응을 보인다. 페달의 유격은 사람마다 느끼는 개인차가 있으므로 이상 유무는 전문가에게 판단을 부탁하는 것이 최선이다.

CASE 15

연비가 나빠졌다

연비는 자동차의 상태를 판단하는 중요한 척도다. 상태가 좋은 자동차는 적은 연료로도 쾌적하게 달리지만, 상태가 나쁘면 주행감이 떨어질 뿐만 아니라 연료도 필요 이상으로 많이 소비한다. 자동차에 무거운 짐을 실었거나 운전 방식을 바꾼 것도 아닌데 연비가 나빠졌다면 어떤 문제가 발생했을 가능성이 있다.

이를 확인하기 위해 가솔린 차의 경우 먼저 점화 플러그를 점검해보자. 모든 실린더의 플러그가 균일하게 옅은 갈색으로 탔다면 가솔린을 효율적으로 사용한다는 뜻이므로 다른 곳에 원인이 있다고 판단할 수 있다. 하지만 만약 검게 그을었다면 엔진에 문제가 있다는 의미다. 연료가 잘 타지 못하는 원인을 밝혀내야 한다.

CASE 16

고속 주행 시 스티어링 휠이 심하게 떨린다

자동차는 웬만한 속도라면 쾌적하게 주행할 수 있도록 만들어져 있지만, 어떤 원인으로 균형이 무너지면 문제가 발생할 수 있다. 그중 하나가 고속 주행 시의 스티어링 휠 떨림이다. 어떤 특정 속도에 이르면 갑자기 진동이 심해지거나 스티어링 휠이 좌우로 크게 흔들린다.

이런 현상은 휠 밸런스가 어긋난 것이 원인이다. 휠에 타이어를 끼울 때 중량 균형이 균일해지도록 휠의 뒷면이나 림 부분에 납덩어리를 다는데, 이것이 떨어져나가면 균형이 흐트러져 특정 속도에 들어섰을 때 진동이 발생할 확률이 높아진다. 고속도로에서 이런 증상이 나타났다면 빨리 정비소나 타이어 판매점에 가서 정비를 받을 필요가 있다.

CASE 17

빗물이 샌다

빗물 누수는 여러 문제 중에서도 상당히 골치 아프다. 어떨 때는 새고 어떨 때는 새지 않는 등 재현성이 떨어지기 때문이다. 그래서 의심이 가는 부분을 하나하나 점검하고 대책을 마련하는 수밖에 없다. 특히 판금 수리를 한 경력이 있는 자동차는 각 부분이 미묘하게 어긋나 있을 가능성이 있어서 원인을 찾는 일에 시간이 걸릴 때도 적지 않다.

빗물 누수를 막는 일은 이렇게 어려움이 따르는 작업이지만, 오래된 자동차의 경우 먼저 의심할 곳은 도어 주위의 웨더 스트립이다. 경화 또는 변형으로 틈이 생겨서 그곳으로 빗물이 침입하는 경우가 있다. 플로어가 젖었을 경우는 플로어 패널에 부착되어 있는 고무 플러그가 빠졌을지도 모른다. 유리창 주변의 실이 열화되어 물이 침입할 때도 있다.

CASE 18

자동차가 똑바로 달리지 않는다

자동차는 운전자가 스티어링 휠 조작을 하지 않는 한 똑바로 달리도록 만들어졌다. 특히 앞바퀴로 자동차를 이끌고 가듯이 주행하는 FF 자동차는 구조상 직선으로 잘 달리기 때문에 노면의 작은 주름 등에 영향을 받는 일은 거의 없다. 그런데도 똑바로 달리지 못할 때는 타이어와 휠의 크기가 자동차에 맞지 않거나 서스펜션에 장착된 고무 부품이 열화되었을 가능성을 생각할 수 있다.

타이어를 로테이션했을 경우도 트레드의 접지 상황이 불균일해지기 때문에 일시적으로 직진을 잘하지 못할 가능성이 있다. 원인이 무엇이든 자동차가 똑바로 달리지 않으면 운전할 때 항상 미묘한 스티어링 휠 조작을 하게 돼 피로가 가중되니 빨리 대책을 마련하자.

CASE 19

직진 상태인데 스티어링 휠이 꺾여 있다

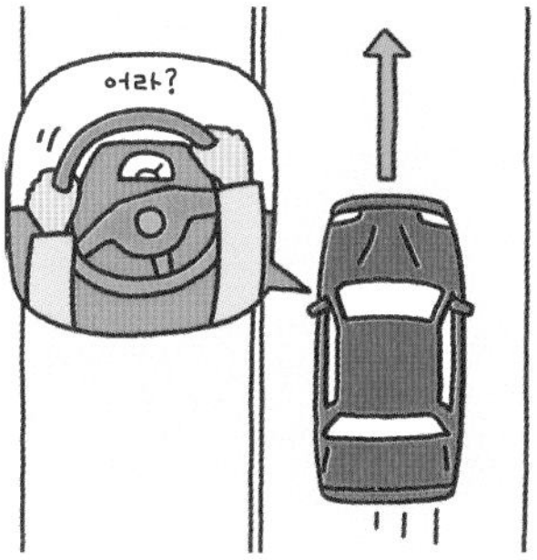

분명히 똑바로 달리고 있는데 어째서인지 스티어링 휠이 조금 기울어 있는 자동차가 의외로 많다. 스티어링 휠이 꺾여 있다고 해서 운전 자체에 지장을 초래하지는 않지만, 시각적으로 불안정하기 때문에 왠지 기분이 나쁘기 마련이다. 이것은 앞바퀴에 조타력을 전달하는 타이 로드의 위치가 살짝 어긋난 것이 원인이다.

타이 로드를 조절 하면서 한쪽만 토인을 맞췄을 때 발생하기 쉽다. 당시에는 딱 맞았는데 조금 주행을 하면 아주 살짝 꺾일 때도 있다. 이런 미묘한 위치 변화가 주행 성능 자체에 영향을 주는 일은 절대 없지만, 신경이 쓰인다면 교정을 받는 수밖에 없다. 다만 직접 작업하기가 거의 불가능하다.

CASE 20

방향 지시등 레버가 중립으로 돌아오지 않는다

방향 지시등 레버는 운전석에 붙어 있는 레버 중에서 가장 사용 빈도가 높으며, 그런 까닭에 문제도 자주 발생한다. 그중에서도 가장 많은 증상은 레버가 제자리로 잘 돌아오지 않는 것이다. 교차점을 선회해 스티어링 휠을 풀어도 레버가 중립으로 돌아오지 않아 필요 이상으로 방향 지시등이 점멸할 때도 있다. 또 반대로 교차점 도중에 아주 살짝 스티어링 휠을 풀었을 뿐인데 레버가 중립으로 돌아와 방향 지시등이 꺼지는 경우도 있다.

이때 먼저 해야 할 일은 레버가 시작되는 부분에 있는 캠에 윤활유를 주입하는 것이다. 급유를 했는데도 문제가 해결되지 않을 때는 캠을 비롯해 주변 부품의 마모가 진행되었을 가능성이 있으며, 이 경우는 부품 교체로 대응하는 수밖에 없다.

정비에 도움이 되는 용어 해설

아이들 Idle
원래는 '빈둥거리다'라는 의미이지만 액셀러레이터를 밟지 않은 채로 엔진이 돌아가고 있는 상태를 가리킨다. '아이들링' '아이들 회전수' 같은 용어도 함께 사용한다.

방전
과다 또는 지속적인 전기 사용으로 배터리가 정상적으로 기능하지 못하게 된 상태. 충전량보다 많은 전기를 사용하면 배터리가 방전되는 원인이 된다. 방전된 배터리는 수명이 단축되니 주의해야 한다. 참고로 방전의 원래 의미는 충전된 전지에서 전류가 흐르는 현상이지만 일상에서는 배터리를 다 쓴 상태를 의미하는 경우가 많다.

어저스터 Adjuster
조절 기구 혹은 조절 장치를 의미한다. 엔진부터 서스펜션까지 여러 부분에 어저스터가 장착되어 있으며, 자동차는 각 어저스터의 미묘한 조절 덕에 설계대로 성능을 잘 발휘할 수 있다.

유격
가동 부분에 미리 설정되어 있는 아주 작은 빈틈. 스티어링 휠, 액셀러레이터, 브레이크, 클러치 등에는 반드시 적정한 유격이 필요하며 유격이 없으면 정확한 조작을 할 수가 없다.

어셈블리 Assembly
미리 몇 가지 부품을 조합한 집합체를 가리킨다. 자동차를 정비할 때 부품보다는 어셈블리를 사용하는 일이 많다.

인젝터 Injector
전자 제어 연료 분사 장치의 일부로, 연료를 안개처럼 만들어 분사하는 장치. 최근에 많은 직분사 엔진은 연소실에 직접 연료를 분사한다.

기름걸레
수리를 할 때 부품에 묻은 오염물과 기름을 제거하거나 부품을 보호하기 위해 사용하는 천. 정밀한 부분에는 보풀이 일지 않는 천을 사용할 필요가 있다.

웜기어 Worm gear
스패너에서 입의 크기를 조절하는 기어를 가리킨다. 나선형으로 깎여 있다. 감속비가 크지만 그만큼 조합하는 기어를 큰 힘으로 회전시킬 수 있다. 상당히 오래된 자동차의 경우는 스티어링 기어로 웜기어를 채용했다.

오일 쿨러 Oil cooler
뜨거워진 오일을 식히기 위한 냉각기. 고성능 엔진을 탑재한 자동차에는 엔진 오일을 식히기 위해 장착되어 있는 경우가 있으며, 자동 변속기 자동차는 라디에이터의 하부에 플루이드가 지나가는 통로를 설치해 ATF를 냉각한다.

오버쿨 Over cool
냉각수의 유량을 조절하는 서모스탯의 고장이나 여러 이유로 엔진이 필요 이상으로 차가워진 상태. 오버쿨이 되면 엔진의 컨디션이 저하되고 연료 소비량도 증가한다.

오버홀 Overhaul
분해 정비를 의미한다. 엔진이나 트랜스미션 등을 완전히 분해해 부품을 일일이 점검하고 재조립할 때 사용하는 용어.

O(오)링
문자 그대로 둥근 고무링을 가리킨다. 자동차에서는 축 부분을 밀봉할 때 홈을 깎고 오링을 끼우는 경우가 많으며, 열화되었을 경우 링만 교체하면 밀봉 성능을 회복할 수 있다.

개스킷 Gasket
기밀성을 유지하기 위해 부품의 접합부에 넣는 패킹. 금속을 비롯해 비교적 단단한 재질로 만든 것을 개스킷, 무른 재질로 만든 것을 패킹이라고 부를 때가 많다.

크랭킹 Cranking
엔진을 점화시키지 않고 스타트 모터로 돌리는 것. 시험적으로 회전 상태를 볼 때 실시한다.

클립 Clip
도어 트림 등의 내장재를 고정하기 위한 플라스틱 또는 금속 부품. 패스너라고도 부른다.

그로밋 Grommet
차체의 철판이나 엔진룸 등에 뚫려 있는 구멍에 파이프나 코드 등을 끼울 때 사용하는 고무로 된 보호 커버. 단순히 구멍을 막기 위한 고무마개는 플러그라고 부른다.

kPa(킬로파스칼)
압력의 단위로, 타이어의 공기압계 등에는 이 표시가 많다. 1kg/㎠=약 98kPa로, 지정 공기압이 1.8kg/㎠인 타이어라면 약 176kPa, 2.0kg/㎠라면 약 196kPa로 환산된다.

서펜틴 Serpentine
엔진 보조 장치를 구동하는 벨트가 하나뿐인 유형의 호칭. 서펜틴 벨트는 자동 조절 기구를 통해 일정한 장력을 유지하는 구조로 되어 있다.

서비스 홀 Service hole
점검이나 수리를 위해 설치되어 있는 구멍을 가리킨다. 도어의 서비스 홀은 크며 여러 군데 뚫려 있다.

서비스 매뉴얼 Service manual
자동차 제조사가 만든 점검 및 수리 안내서. 차종별로 마련되어 있으며, 그 내용을 따르면 문제없이 정비를 마칠 수 있다.

스터드 볼트 Stud bolt
실린더 블록이나 보디 등에 사용하는 커다란 부품으로, 사전에 심어져 있는 볼트를 가리킨다. 부품에 나 있는 설치용 구멍을 볼트에 끼우고 그 위로 너트를 조인다.

스탠딩 웨이브 현상
Standing wave

공기압이 부족한 타이어로 고속 주행을 했을 때 접지면의 후방에서 타이어가 물결치듯이 변형되는 현상. 이 상태가 계속되면 타이어의 발열이 심해지며, 결국은 파열된다.

더블 너트 Double nut
볼트 하나에 너트 2개를 연속해서 조여 너트끼리 강하게 연결하는 방법. 쉽게 풀리거나 빠지지 않는다.

결합 돌기
부품끼리 결합시키기 위한 돌기. 플라스틱 부품의 위치를 맞추거나 고정하기 위한 목적으로 달려 있다.

점화 시기
엔진의 실린더 안에 흡입, 압축된 혼합기에 점화 플러그로 불을 붙이는 타이밍. BTDC(Before Top Dead Center) 10°와 같은 식으로 표시되며, 이 표기는 상사점 전 10도가 아이들링 회전수에서의 점화 시기임을 의미한다.

노킹 Knocking
점화 시기가 너무 빠르거나 과도한 부하를 받아 엔진이 부정 폭발하는 현상. 강하게 두드리듯 노크하는 소리가 나며 엔진의 각 부분에 부담과 손상을 가한다.

하이드로 플래닝 현상
Hydro planing

비가 오는 길 위에 생긴 물웅덩이를 통과할 때 타이어가 수막을 타고 공회전하는 현상. 수막현상이라고도 한다. 타이어의 트레이드에 패인 홈의 배수 능력이 한계를 넘어설 때 발생한다. 마모된 타이어는 이 현상이 일어나기 쉬우니 주의가 필요하다.

진공압
부압(負壓)을 뜻한다. 자동차에서는 엔진 흡입관의 부압을 이용해 브레이크의 답력을 경감시킨다.

부품 리스트
차종별로 설정된 부품의 일람표를 정리한 책. 엔진에서 차체와 하체, 장비에 이르기까지 부품과 부품 번호, 가격 등이 명확히 기재되어 있어 부품을 주문할 때 편리할 뿐만 아니라 자동차의 구조를 이해하는 데도 큰 도움이 된다.

펑크 Punk
타이어의 공기가 빠지는 현상을 뜻한다. 공기가 천천히 빠지는 것을 슬로 펑크처(slow puncture), 타이어가 단번에 파열되는 것을 버스트(burst)라고 한다.

불꽃
점화 플러그의 발화를 뜻한다. 점화되면 '불꽃이 튄다' 점화되지 않으면 '불꽃이 튀지 않는다'라는 식으로 사용한다.

휠 실린더 Wheel cylinder
각각의 휠에 장착되어 있는 브레이크의 실린더. 마스터 실린더에서 전달되는 브레이크 플루이드의 압력으로 작동되며, 패드 또는 슈를 움직여 제동을 건다.

호스 밴드 Hose band
엔진이나 보조 장치에 많이 사용되는 고무호스 등을 고정하는 밴드. 점검이나 정비를 할 때 벗기는 일이 많은데, 깜빡하고 밴드를 끼우지 않으면 누수나 누유가 발생하기 쉬우니 주의해야 한다. 낡은 호스를 재사용할 경우는 밴드를 호스 끝에 남아 있는 밴드 자국에 맞춰서 끼우는 것이 원칙이다.

마스터 실린더 Master cylinder
브레이크와 클러치 페달의 답력을 받아서 플루이드를 보내는 역할을 하는 실린더.

래시 어저스터 Lash adjuster
엔진의 밸브 개폐 기구의 클리어런스(간극)를 자동 조절하는 장치. 정상적으로 작동하지 않으면 클리어런스에서 딱딱 하는 소리가 난다.

릴리즈 실린더 Release cylinder
클러치를 단속하는 릴리즈 밸브를 움직이기 위해 클러치 하우징 옆에 장착되어 있는 실린더. 클러치 마스터 실린더에서 발생하는 액압을 통해 작동한다.

와셔 Washer
볼트나 너트 밑에 까는 금속. 부품의 장착부를 보호하는 동시에 너트나 볼트가 풀어지지 않게 하는 역할을 한다. 둥근 구멍을 뚫었을 뿐인 플레인(평) 와셔, 나사처럼 조금 틀어져 있는 스프링 와셔가 있다.

원웨이 밸브 One way valve
기체나 액체를 한 방향으로만 흘려보내는 밸브. 워셔의 물이 탱크로 돌아가지 않게 하기 위해 부착하는 원웨이 밸브가 대표적인 예다.

옮긴이 김정환

건국대학교를 졸업하고, 일본외국어전문학교 일한통역과를 수료했다. 현재 번역 에이전시 엔터스코리아에서 출판 기획과 일본어 전문 번역가로 활동 중이다. 역서로《자동차 구조 교과서》《경영에 불가능은 없다》《사업에 불가능은 없다》《일과 인생에 불가능은 없다》《손정의 열정을 현실로 만드는 힘》《회사는 어떻게 강해지는가》《생각정리 프레임워크50》《머릿속 정리의 기술》등이 있다.

자동차 정비 교과서

카센터에서도 기죽지 않는 오너드라이버의 자동차 상식

1판 1쇄 펴낸 날 2014년 6월 20일
1판 13쇄 펴낸 날 2023년 6월 5일

지은이 | 와키모리 히로시
옮긴이 | 김정환
감 수 | 김태천

펴낸이 | 박윤태
펴낸곳 | 보누스
등 록 | 2001년 8월 17일 제313-2002-179호
주 소 | 서울시 마포구 동교로12안길 31 보누스 4층
전 화 | 02-333-3114
팩 스 | 02-3143-3254
이메일 | bonus@bonusbook.co.kr

ISBN 978-89-6494-138-6 13550

• 책값은 뒤표지에 있습니다.